Regina Bruder
Timo Leuders
Andreas Büchter

Mathematikunterricht entwickeln

Bausteine
für kompetenzorientiertes Unterrichten

SCRIPTOR

Die in diesem Werk angegebenen Internetadressen haben wir überprüft (Redaktionsschluss: 1.10.2007). Dennoch können wir nicht ausschließen, dass unter einer solchen Adresse inzwischen ein ganz anderer Inhalt angeboten wird.

Nicht in allen Fällen war es uns möglich, den Rechteinhaber ausfindig zu machen. Berechtigte Ansprüche werden selbstverständlich im Rahmen der üblichen Vereinbarungen abgegolten. Wir bitten um Verständnis.

Wir verwenden teils die männliche, häufiger die weibliche Form, meinen aber immer beide Geschlechter.

www.cornelsen.de

Bibliografische Information: Die Deutsche Bibliothek verzeichnet diese Publikation in der Deutschen Nationalbibliografie; detaillierte bibliografische Daten sind im Internet über http://dnb.ddb.de abrufbar.

Dieser Band folgt den Regeln der deutschen Rechtschreibung, die seit August 2006 gelten.

5.	4.	3.	2.	1.	Die letzten Ziffern bezeichnen
12	11	10	09	08	Zahl und Jahr der Auflage.

Redaktion: Susanne Hohmann, Frankfurt/Main
Herstellung: Brigitte Bredow, Berlin
Layout, Satz und Sachzeichnungen: Lennart und Rainer J. Fischer, Berlin
Umschlagkonzept: Bauer + Möhring, Berlin
Umschlaggestaltung: Torsten Lemme, Berlin,
unter Verwendung einer Illustration von Klaus Puth, Mühlheim
Druck und Bindearbeiten: Druckpartner Rübelmann GmbH, Hemsbach
Printed in Germany
ISBN 978-3-589-22569-9

 Gedruckt auf säurefreiem Papier,
umweltschonend hergestellt aus chlorfrei gebleichten Faserstoffen.

Inhalt

Vorwort

Ein Mann der Herrn K. lange nicht gesehen hatte, begrüßte ihn mit den Worten: „Sie haben sich gar nicht verändert." „Oh", sagte Herr K. und erbleichte.

(B. BRECHT, Geschichten von Herrn Keuner)

Das Einzige, was Bestand hat, so heißt es, sei die Veränderung. Diese Aussage kann man als das Stoßgebet eines Fatalisten lesen, der sich über ständig wechselnde (pädagogische) Moden beklagt. Im Munde eines Realisten kann es aber auch bedeuten: In unserer sich stetig verändernden Welt ist es eine natürliche Haltung, sein Tun immer wieder kritisch zu überprüfen und danach zu fragen, wo man sich selbst auch ändern sollte. In diesem Sinne veraltet die Frage nach der Qualität des von uns „veranstalteten" Mathematikunterrichts nie und ist Teil unseres professionellen Selbstverständnisses – oder kurz: Die stetige Bereitschaft zur Innovation gehört zum Lehrerberuf.

Auch wenn dieses Feld nicht ganz frei von Moden und zeitbedingten Entwicklungen ist, so hat sich der Mathematikunterricht der letzten Jahre wenn nicht verbessert, dann doch wenigstens nicht verschlechtert. Dennoch hat man den Eindruck, dass die Finger der Öffentlichkeit und der Bildungspolitik vehementer auf erkannte oder vermutete Defizite gerade in diesem Fach zeigen. Man kann dies als vorübergehende Welle an sich vorbeiziehen lassen, man kann es aber auch als Chance begreifen, Veränderungsbedürfnisse aufzuspüren und ihnen konsequent nachzugehen.

Was in den letzten Jahren stark zugenommen hat, ist die Diskussion über die *Ergebnisse* unseres Unterrichts. Bildungsstandards formulieren, was unsere Schülerinnen und Schüler können sollen; zentrale Tests werden entwickelt, die messen sollen, was sie tatsächlich können. Diese Bestrebungen bringen sicherlich eine größere Transparenz, aber auch eine ganz eigene Dynamik mit sich. Und so geschieht es mitunter, dass der Diskussion beobachteter Defizite ein großer Raum gegeben und darüber ganz vergessen wird zu planen, wie man die Beseitigung dieser Defizite *konkret* angehen will und vorhandene Stärken ausbauen kann.

Hier setzt dieses Buch an. Ziel ist es, neben empirisch gesicherten For-
schungsergebnissen zur Weiterentwicklung des Mathematikunterrichts
auch den reichen Erfahrungsschatz aus der Fachdidaktik und aus Lehrer-
fortbildungsinitiativen der letzten Jahre zu bündeln und breiter verfügbar
zu machen. Zu nennen sind hier beispielsweise die Lehrerinitiative MUED,
das Zentrum für Mathematik in Bensheim oder die vielen laufenden Multi-
plikatorenkonzepte in den Bundesländern. Zu nennen sind hier auch der
Modellversuch SINUS und sein Nachfolger SINUS-Transfer. Hier haben Lehrerinnen und Lehrer, gemeinsam mit Fachdidaktik und Schulverwaltung,
an den drängenden Fragen der Verbesserung von Unterricht praktisch und
vor Ort gearbeitet und setzen nun diese Arbeit auch nach dem Ende der
bundesweiten Förderung fort.

Was bietet dieses Buch?
Als Vorarbeit zu SINUS haben Experten diejenigen Bereiche benannt, die
als die bedeutsamen Entwicklungsfelder angesehen wurden (BLK 1997):
Die Weiterentwicklung der Aufgabenkultur, die Sicherung von Basiswissen,
der Umgang mit Fehlern, das Erleben von Kompetenzzuwachs beim sogenannten kumulativen Lernen, das eigenverantwortliche und kooperative
Lernen, um nur die wichtigsten zu nennen.
Dies alles sind mögliche Schwerpunkte, die man sich an einer Schule oder
in einem Fortbildungsverbund zum Thema machen kann. Da aber nicht
jeder und jede hier von vorne anfangen soll und kann, braucht es Unterstützung und Orientierungspunkte. Heutzutage gibt es dazu eine wachsende Zahl von Materialsammlungen, die über das Internet leicht zugänglich sind. Dazu gehören:
■ der Server des SINUS-Modellversuchs: *www.sinus-transfer.de*
mit anregenden Artikeln, Berichten aus den Arbeitsgruppen aller Bundesländer und viel konkretem und gut sortiertem Unterrichtsmaterial.
Bundesweit und in den Ländern gibt es viele weitere Materialserver, wie
z.B.:
■ die beständig wachsende Datenbank bei *www.lehrer-online.de* sowie
■ weitere Landesbildungsserver mit ihren Angeboten, zu finden über
  www.bildungsserver.de/Landesbildungsserver.html.
Darüber hinaus bieten z.B. auch die folgenden Webseiten ein breites Mate-
rialspektrum:
■ die Aufgabendatenbank *www.madaba.de* der TU Darmstadt sowie
■ die Lernplattform zur Aus- und Fortbildung *www.proLehre.de* und
■ die Materialien der Lehrerinitiative MUED: *www.mued.de*.
Wie sich in den letzten Jahren herausgestellt hat, ist die Verfügbarkeit solcher Materialien und Anregungen allein aber noch kein Weg zum Erfolg –
häufig fehlt eine übergreifende Orientierung für die Unterrichtsgestaltung.

Damit man bei der Arbeit mit Ziel und Konzept vorgehen kann, aber nicht erst ein breites Literaturstudium neben seinen alltäglichen Pflichten angehen muss, geben wir in diesem Buch konkrete, auf die Praxis gerichtete Anregungen. Wir haben dazu die Themen, die uns besonders tragfähig für eine schulische Arbeit erscheinen, gebündelt und die wichtigsten Vorschläge, Anregungen und bereits bestehende Erkenntnisse so aufbereitet, dass sie als ein hilfreiches „Startpaket" fungieren können.

Wer kann wie von diesem Buch profitieren?

Die Erfahrungen belegen, dass sich dort am ehesten Erfolg einstellt, wo eine Fachgruppe sich gemeinsam auf den Weg macht. Dabei ist erster Erfolgsfaktor, dass man sich nicht übernimmt, indem man alle Aspekte seines Unterrichts auf den Prüfstand stellt und umkrempelt. Vielmehr sollte man sich auf einen Aspekt konzentrieren, der einer Gruppe von Lehrkräften besonders am Herzen liegt.

Insofern ist dieses Buch als Anregung für Fachgruppen oder Jahrgangsstufenteams an Schulen gedacht. Es kann aber ebenso als Basislektüre für eine Fortbildung eingesetzt werden, an der Lehrerinnen und Lehrer aus verschiedenen Schulen zusammenkommen. Es verzichtet auf eine ausführlichere systematische theoretische Grundlegung, verlässt sich eher auf Beispiele und will zum forschenden Erproben ermuntern.

Regina Bruder,
Timo Leuders,
Andreas Büchter

1 Auf das Können kommt es an –

Unterricht an Kompetenzen orientieren

1.1 Was sind Kompetenzen und wofür sind sie gut?

Immer wieder geschieht es, dass Begriffe, die bisher ein Nischendasein geführt haben, die pädagogische Landschaft betreten und dann über die Zeit immer ausgiebiger verwendet werden, bis man ihrer schon überdrüssig wird. Das geschieht zurzeit mit dem Begriff der „Kompetenz". Solche Phänomene haben etwas Ambivalentes: Einerseits führt ein oberflächlicher und unreflektierter Gebrauch zur Abnutzung, andererseits zeigt die Verwendung aber an, dass der Begriff ein zentrales und tief liegendes Bedürfnis anspricht, dass er einem Wunsch, einer Sichtweise Ausdruck verleiht, der akute Bedeutung zukommt. Und so verhält es sich auch beim Kompetenzbegriff: Er ist Ausdruck der Tatsache, dass wir unzufrieden sind mit den Ergebnissen unseres Bildungssystems – und das eben nicht nur gemessen in PISA-Punkten, sondern schon aufgrund des tagtäglichen Erlebens. Wie viel von dem, was wir wollen, kommt tatsächlich bei unseren Schülerinnen und Schülern an? Was sollen sie in welchen Situationen nachhaltig wissen und können? Dieser Blick auf die Ziele und Resultate schulischen Lernens lässt sich durch den Begriff der „Kompetenz" gut umreißen.

Kompetenzen als Zielperspektive von Unterrichtsgestaltung haben manche Vorzüge:

- Kompetenzen umfassen Wissen und Können, aber eben auch die Fähigkeit und die Bereitschaft, diese flexibel und erfolgreich einzusetzen. Insoweit hat der Kompetenzbegriff viel mit allgemeiner Problemlösefähigkeit zu tun (vgl. WEINERT 2001).
- Die Kompetenzen des Einzelnen werden als **Maßstab für erfolgreichen Unterricht** ins Zentrum der Aufmerksamkeit gerückt: Wie gut Unterricht ist, entscheidet sich letztlich daran, was Schülerinnen und Schüler nachhaltig können.
- Kompetenzen werden, bezogen auf das jeweilige Fach, möglichst facettenreich beschrieben, wobei sich diese Beschreibung immer daran prüfen lassen muss, inwieweit dieses Können einerseits zur **Allgemeinbildung** beiträgt und inwieweit es andererseits gewinnbringend vom In-

dividuum in seinem privaten und beruflichen Lebensumfeld eingesetzt werden kann („**funktionale Bildung**").

■ Über diese auf das jeweilige Fach bezogenen Kompetenzen hinaus werden aber auch **übergreifende personale und soziale Kompetenzen** berücksichtigt, ohne die sich die Fachkompetenzen nicht gesellschaftlich sinnvoll entfalten könnten.

Allerdings gibt es nicht so etwas wie *den* verbindlichen Katalog aller zu erreichenden Kompetenzen. Bildungspolitik, Fachdidaktik und Schulpraxis haben hier in den letzten Jahren verschiedene Vorschläge entwickelt und vorgelegt, die einen immerhin doch breiten Konsens darüber widerspiegeln, was Schülerinnen und Schüler lernen und dann auch können sollten. Zu den wichtigsten Aspekten der aktuellen „Kompetenzmodelle" für den Mathematikunterricht gehört die komplementäre Sicht auf mathematische Fähigkeiten durch die Brille der Inhalte einerseits und durch die Brille der fundamentalen mathematischen Tätigkeiten andererseits. Damit ergeben sich:

■ *Inhaltsbezogene Kompetenzen,* wie z.B. „Zufall mathematisch erfassen", „Abhängigkeiten und Veränderung mathematisch beschreiben". Diese Perspektive auf mathematische Fähigkeiten ist wohl die geläufigste, da sie sich an den klassischen Inhaltsbereichen bzw. an den übergreifenden Leitideen (wie z.B. der des Messens) orientiert.

■ *Prozessbezogene Kompetenzen,* wie z.B. „Modellieren", „Problemlösen" oder „Argumentieren", die mathematisches Können aus der Perspektive allgemeiner, für das Fach charakteristischer fachlicher Handlungen sehen. Diese Sicht verdanken wir vor allem Vorreitern wie den amerikanischen Standards der NCTM (2000) oder den Überlegungen von NISS (2003).

Solche Kompetenzen bestehen dabei aus unterschiedlichen Facetten, um die sich die Didaktik schon lange bemüht hat (WINTER 1975). Der Kompetenzbegriff bündelt sie heutzutage nur neu:

■ Kenntnisse und Fertigkeiten, die sich daran zeigen, dass Schülerinnen und Schüler mathematisches Wissen abrufen können oder mathematische Verfahren sicher ausführen.

■ Fähigkeiten, die darüber hinausgehen und sich dadurch auszeichnen, dass Wissen und Kenntnisse in wechselnden Situationen flexibel angewendet werden können.

■ Haltungen und Einstellungen, wie z.B. Problemlösebereitschaft oder eine kritische Haltung gegenüber Lösungen und Argumenten, die die Voraussetzung für die Anwendung von Fähigkeiten bedeuten.

Es gibt inzwischen viele Sammlungen von Aufgaben, die diese Aspekte von Kompetenz konkretisieren, sowohl solche, die zum Messen von Kompetenzen entworfen wurden (wie etwa die Aufgabenbatterien aus Schulleistungsstudien oder zentralen Lernstandserhebungen), als auch solche, die die vielfältigen Aspekte von Aufgaben als Lerngelegenheiten zum Kompetenzerwerb darstellen (vgl. BLUM u. a. 2006, BÜCHTER/LEUDERS 2007). An dieser Stelle soll an einer einfachen Aufgabe angedeutet werden, wie die verschiedenen Kompetenzaspekte in einer komplexen Problemstellung zusammenkommen.

Beispielaufgabe: Schwimmbad

Wie lange dauert ein Wasserwechsel im Schwimmbad?

Diese Aufgabe fordert:

- Kenntnisse und Fertigkeiten im Bereich des einfachen Rechnens und Rundens;
- gegebenenfalls Fähigkeiten im Umgang mit proportionalen Zusammenhängen;
- Fähigkeiten der Volumenberechnung und des Arbeitens mit Einheiten (m^3, Liter);
- alltagsnahe Kenntnisse und Vorstellungen, etwa Stützvorstellungen zu Volumina und zu Durchflussmengen in Rohren;
- gegebenfalls die Fähigkeit und Bereitschaft, sich unbekannte Daten zu beschaffen, etwa durch Recherche oder durch Schätzen und Überschlagen;
- die Bereitschaft, auch mit ungenauen Daten näherungsweise zu rechnen;
- die Haltung, sich an eine zunächst unüberschaubare und scheinbar nicht lösbare Situation heranzuwagen.

Oft wird die „Anwendungsfähigkeit" als wesentliches Merkmal einer Kompetenz benannt. Das darf allerdings nicht auf die Anwendung in realen Problemsituationen verkürzt werden. Auch die Bewältigung innermathematischer Situationen fordert ein solches Kompetenzspektrum.

Beispielaufgabe: Pyramide

- Wie ist die Pyramide aufgebaut?
- Wann ist die Summe von zwei Stammbrüchen wieder ein Stammbruch? Finde weitere Beispiele.

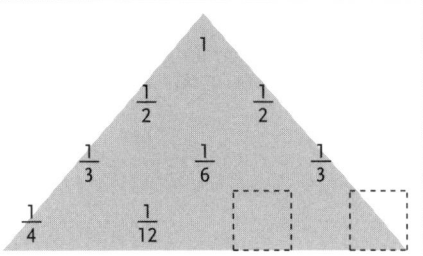

Wenn „Kompetenzen" nun die zentrale Ziel- und damit auch Planungsgröße des Unterrichts sind, dann stellt sich die Frage, über welche konkreten Kompetenzen unsere Schülerinnen und Schüler am Ende von Bildungsabschnitten (etwa: am Ende von Klasse 6, 8 und 10) verfügen sollen. Die verschiedenen aktuellen Anforderungslisten aus den curricularen Vorgaben („Bildungsstandards", „Kerncurricula", „Kernlehrpläne" usw.) sind in ihrer Struktur einander sehr ähnlich, enthalten aber auf der Ebene der einzelnen Begriffe auch leichte Verschiebungen oder Unklarheiten, sodass es mitunter nicht ganz einfach ist, sich zurechtzufinden. Die folgende Grafik beschreibt die Bereiche, die in den meisten Darstellungen (explizit oder implizit) auftauchen.

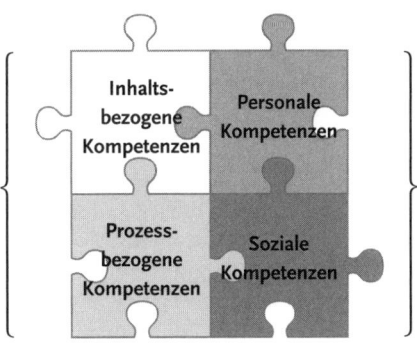

Kompetenzen, die auf mathematische Inhalte bezogen sind

- Figuren und Körper erfassen (messen, konstruieren, herstellen, ...)
- Mit Zahlen darstellen und operieren (rechnen, überschlagen, Terme umformen ...)
- Daten auswerten (erfassen, darstellen, interpretieren)
- Zufallsprozesse beschreiben (mit Wahrscheinlichkeiten)
- Abhängigkeit und Veränderung beschreiben (mit Variablen und Funktionen)

Kompetenzen, die auf mathematische Prozesse bezogen sind

- Problemlösen (in unbekannten Situationen strategisch, reflektierend arbeiten)
- Modellieren (die Wirklichkeit mit Mathematik erfassen)
- Argumentieren (begründen und beweisen)
- Kommunizieren (verstehend lesen, über Mathematik sprechen, präsentieren)

Beispiele für personale und soziale Kompetenzen

- Selbstständigkeit, insbesondere bei der Gestaltung des eigenen Lernens
- Kooperations- und Kommunikationsvermögen
- Toleranz
- gesellschaftliche Verantwortung und Mitwirkung
- Fähigkeit zur Selbstverwirklichung, Gestaltungswille, Kreativität, Interesse
- kritisches Urteilsvermögen
- …

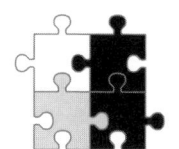

Neben diesen Kategorien, die im Großen und Ganzen die Basis jedes Kompetenzmodells sind, gibt es weitere Blickwinkel, unter denen Kompetenzen gesehen werden können. Insbesondere bei der Frage der möglichen Hierarchisierung von Kompetenzen gibt es allerdings weit weniger Konsens. Zwar weisen die nationalen Bildungsstandards in Deutschland und Österreich so etwas wie „Anforderungsbereiche" und „Kompetenzniveaus" aus. Ihre Nützlichkeit als Zielgröße für die Unterrichtsplanung oder die Erfassung von Schülerleistungen müssen diese Modelle aber erst noch nachweisen. Insgesamt lässt sich sagen, dass wir im Beschreiben und erst recht im Überprüfen von Kompetenzen noch am Anfang stehen. Dennoch scheint der Perspektivenwechsel von der „Stoffverteilung" in alten Lehrplänen auf die Kompetenzen in der neuen Lehrplangeneration die Entwicklung des Mathematikunterrichts positiv zu unterstützen.

1.2 Was bedeuten Kompetenzen für den Unterricht?

Wenn man sich über erwartete Kompetenzen mit Blick auf seinen Unterricht an Bildungsstandards oder Kerncurricula orientieren will, so muss man sich zunächst auch darüber im Klaren sein, dass die derzeit dazu verfügbaren Texte in verschiedener Hinsicht eingeschränkt sind:

- Die Texte konzentrieren sich auf *fachliche* Kompetenzen und unter diesen wiederum auf solche Kompetenzaspekte, die sich in Tests und Klassenarbeiten gut erfassen lassen. Aspekte wie beispielsweise Kooperationsfähigkeit oder Selbstständigkeit, die der Mathematikunterricht ja ebenso fördern soll, geraten dabei etwas aus dem Blick.

- Zum Zweiten beschreiben sie nur, was Schülerinnen und Schüler am Ende von bestimmten Bildungsabschnitten *können* sollen, und geben wenige bis gar keine Hinweise, wie sie diese Kompetenzen erwerben, sprich: wie sie es *lernen* sollen. Einige wesentliche fachliche Prozesse, die im Unterricht ablaufen, wie z.B. mathematische Begriffsbildungen, werden von den Standards nicht erfasst. (In dieser Hinsicht bilden die Standards der amerikanischen Vereinigung der Mathematiklehrkräfte (NCTM 2000) eine Ausnahme: Sie beschreiben neben den Kompetenzen auch förderliche Lernsituationen – wenn auch nur exemplarisch.)

- Die fachlichen Kompetenzen erscheinen nach inhaltsbezogenen und prozessbezogenen getrennt; dies ist allerdings eine künstliche, analytische Trennung, die der Wirklichkeit nicht ganz gerecht wird. „Mathematische Kompetenz" zeigt sich immer daran, dass Schülerinnen und Schüler mathematische Handlungen an konkreten Inhalten vollziehen. Auch sind die Übergänge, etwa zwischen Argumentieren und Kommunizieren, aber auch zwischen den Inhaltsbereichen fließend.

- Schließlich bemühen sich Kompetenzbeschreibungen, möglichst konkret zu sein („Schülerinnen und Schüler berechnen in geometrischen Situationen Längen mithilfe des Satzes von PYTHAGORAS"). Damit beschreiben sie eine *Art* der Anforderung, legen aber keine genaue *Anforderungshöhe* fest.

Dass die Kompetenzbeschreibungen in Standards solchen Einschränkungen unterliegen, mindert nicht ihren Wert. Insbesondere hat der Begriff der „Kompetenzorientierung" eine viel größere Tragweite als nur die Orientierung an Texten wie Bildungsstandards oder Kerncurricula, er weist deutlich darauf hin, dass schulische Inhalte und fachliches Arbeiten nicht für die nächste Klassenarbeit, sondern für die Bewältigung von Problemsituationen wichtig sind.

Vor der Einführung der neuen Lehrplangeneration war der Begriff „Kompetenzorientierung" zudem anders belegt: Er bezeichnete den Gegensatz zu „Defizitorientierung" und meinte, dass man bei der Einschätzung von Schülerleistungen und der darauf basierenden Planung von Lernprozessen das in den Blick nimmt bzw. auf das aufbaut, was Schülerinnen und Schüler schon können (vgl. WINTER 1985, SUNDERMANN/SELTER 2006).

In Standards und Lehrplänen werden Kompetenzerwartungen vorgegeben. Beim Erstellen von Klassenarbeiten können diese Kompetenzen eine nützliche Orientierung bieten: Welches Wissen und welche Fertigkeiten, welche darüber hinausgehenden Fähigkeiten, welche prozessbezogenen Kompetenzen möchte ich überprüfen?

Etwas anders verhält es sich bei der Unterrichtsplanung: Für den täglichen Unterricht müssen Lern*prozesse* geplant und angestoßen werden. Dabei dienen die Kompetenzerwartungen als Zielvision und bilden einen eher flexibel zu handhabenden Orientierungsrahmen – Lehrerinnen und Lehrer müssen (um mit H. Roth zu sprechen) die toten Sachverhalte, die geronnenen Kompetenzerwartungen, in lebendige Handlungen zurückverwandeln.

Kompetenzorientierung kann also – je nach Unterrichtssituation – Verschiedenes bedeuten. Eine Unterrichtssituation ist dabei eine zeitlich begrenzte Phase des Unterrichts, in der eine spezifische didaktische Funktion im Vordergrund steht (vgl. z. B. Bruder 1991 oder auch die Beschreibung von Mathematikaufgaben nach Büchter/Leuders 2007).

Kompetenzorientierung bedeutet in Phasen der **Erarbeitung neuer Inhalte, des Entdeckens und Systematisierens**

- genetisches, problemorientiertes Vorgehen;
- Anknüpfung an vorhandene Vorstellungen und Aufbau von Grundvorstellungen;
- Zusammenfassungen und Erarbeitung von Wissensspeichern;
- Reflexionen zum Zugewinn an mathematischen Einsichten, heuristischen Strategien und mathematischen Werkzeugen.

Kompetenzorientierung bedeutet bei der Diagnose und Förderung in Phasen des **Übens und Wiederholens, der Vertiefung und Anwendung**

- Sicherung von Basiswissen, intelligente Kopfübungen;
- Öffnen für Alltagsvorstellungen, Blick in die Realität durch die Mathebrille;
- verstehensorientierte Aufgaben und produktives Üben;
- Binnendifferenzierung;
- Explizieren heuristischer Hilfsmittel, Strategien und Prinzipien;
- eine sinnvolle Nutzung von Hausaufgaben.

Kompetenzorientierung bei der **Leistungsüberprüfung** berücksichtigt

- das gesamte Spektrum verschiedener Kompetenzaspekte;
- verschiedene Aufgabenformate zur Kompetenzüberprüfung;
- informative Reichhaltigkeit von Aufgaben zur Leistungsüberprüfung.

1.3 Baustellen für die Unterrichtsentwicklung

Die vorangehenden Ausführungen haben aufgezeigt, wie eine Kompetenzorientierung hilfreich für die Gestaltung von Unterrichtsprozessen sein kann. Die tatsächliche Unterrichtsentwicklung braucht neben einer solchen

Orientierung allerdings meist noch konkretere „Aufhänger", ganz handfeste Entwicklungsschwerpunkte, die ihren Ort im tagtäglichen Unterricht haben. In diesem Sinne hat der Modellversuch SINUS eine Reihe von Modulen benannt, die den teilnehmenden Schulen neun Jahre lang als solche Schwerpunkte gedient haben (BLK 1997). Viele der in diesem Buch dargestellten Anregungen beziehen sich auf Entwicklungsarbeiten und Fortbildungen, die im Rahmen des Modellversuchs, aber auch in vielen anderen Kontexten stattgefunden haben. Als bedeutsam und zentral für die Beteiligten in solchen Entwicklungsprojekten haben sich dabei Schwerpunkte erwiesen, auf die wir in den folgenden Kapiteln genauer eingehen.

Kapitel	Themen
2 Vielseitig mit Aufgaben arbeiten	Wie sollten Aufgaben und Unterrichtssituationen für einen nachhaltigen Kompetenzerwerb aussehen?
3 Basiskompetenzen sichern	Wie arbeitet man langfristig daran, dass gewisse Basiskompetenzen aufgebaut werden und verfügbar bleiben?
4 Mit Hausaufgaben Lernprozesse unterstützen	Welche produktive Rolle können insbesondere Hausaufgaben beim Kompetenzerwerb spielen?
5 Selbstständigkeit fördern	Wie kann man den Aufbau von Selbststeuerungskompetenzen beim Mathematiklernen unterstützen?
6 Kooperation fördern	Wie kann der Aufbau kooperativer und kommunikativer Kompetenzen beim fachlichen Lernen berücksichtigt werden?
7 Verstehensorientiert Leistungen überprüfen	Wie erfährt man in Klassenarbeiten etwas über die Kompetenzen von Schülerinnen und Schülern?

Diese Schwerpunkte eignen sich jeweils als Themen für eine schulische Fortbildung. Mit der Methode des Expertenpuzzles kann man sich z.B. innerhalb eines Jahrgangsteams gegenseitig fit machen, dann gemeinsam eigene Beispiele für den Unterricht entwickeln und erproben. Entscheidend für eine erfolgreiche Entwicklung des Mathematikunterrichts an einer Schule – das zeigen sowohl die empirische Forschung als auch vielfältige Fortbildungserfahrungen – sind Austausch und Zusammenarbeit an konkreten, überschaubaren Fragen der Unterrichtsgestaltung.

2 Vielseitig mit Aufgaben arbeiten –

Mathematische Kompetenzen nachhaltig entwickeln und sichern *Regina Bruder*

Das wichtigste „Werkzeug", das den Mathematiklehrkräften für ihre Unterrichtsplanung zur Verfügung steht, sind Aufgaben. Deshalb beschäftigen sich viele didaktische und unterrichtspraktische Publikationen in den letzten Jahren (wieder) mit möglichen und sinnvollen Aufgaben und dem Umgang mit ihnen im Mathematikunterricht.

Im Zusammenhang mit der Kritik von LENNÉ (1969) an der sogenannten Aufgabendidaktik war die Rolle von Aufgaben im Mathematikunterricht lange Zeit sehr umstritten. LENNÉ's Kritik richtete sich zu Recht gegen das verbreitete „Päckchenrechnen" und damit gegen eine einseitige Verwendung von Aufgaben zum meist sinnleeren Eintrainieren von mathematischen Verfahren.

Inzwischen wurde das Potenzial entdeckt, das in Aufgaben stecken kann, wenn man den Begriff der Aufgabe viel weiter fasst und auch versucht, Aufgaben zu „öffnen". Aufgaben sind *Aufforderungen zum Ausführen von Lernhandlungen.* Und die so vielfältig möglichen Lernhandlungen können und sollen das Spektrum der Lernziele zur Kompetenzentwicklung im Mathematikunterricht abdecken. Damit Aufgaben auch das in ihnen angelegte bzw. anlegbare Lernpotenzial entfalten können, bedarf es einiger Überlegungen, wie man mit Aufgaben im Unterricht geeignet umgehen kann. Dann spricht man vom *Arbeiten mit Aufgaben.* Das Ziel der Weiterentwicklung einer Aufgabenkultur unterstellt, dass es eine gewisse etablierte Aufgabenkultur gibt, deren kritische Aspekte in Kapitel 2.2 zusammengefasst und bzgl. möglicher Ursachen analysiert werden. Im zweiten Abschnitt geht es dann um Lösungsangebote in Form von praktisch erprobten Vorschlägen für das Arbeiten mit Aufgaben im Mathematikunterricht.

2.1 Aufgabe – Problemaufgabe – Arbeiten mit Aufgaben: Begriffliche Verständigung mit Beispielen

Den Ausführungen in diesem Kapitel wird ein *weiter* Aufgabenbegriff zugrunde gelegt, der sich inzwischen in der Unterrichtspraxis und in der Lehreraus- und -fortbildung als tragfähig und fruchtbar erwiesen hat:

Eine Aufforderung zum Lern-Handeln im Mathematikunterricht wird als **Aufgabe** bezeichnet.

Dazu gehören Aufforderungen zum (elementaren) Identifizieren und Realisieren von mathematischen Begriffen, Zusammenhängen und Verfahren sowie von Anwendungen und Problemlösestrategien ebenso wie Aufforderungen zum Erkennen von Zusammenhängen, Beschreiben, Verknüpfen, Ausführen, Begründen und Interpretieren bis hin zu solch komplexen Handlungen wie Planen einer mathematischen Projektbearbeitung, Suchen nach geeigneten mathematischen Werkzeugen einschließlich Softwaretools für ein Problem, Systematisieren möglicher mathematischer Zugänge zu einem Problemfeld, Kommunizieren und Beurteilen verschiedener Lösungsansätze bis hin zu den Wirkungen von Mathematik in der Gesellschaft.

Mit dieser Aufzählung soll deutlich werden, dass es eine noch größere, aber auch systematisch entwickelbare Aufgabenvielfalt geben kann, als von den Mathematiklehrbüchern her allgemein üblich und vertraut ist.

Hier einige Beispiele für an Schülerinnen und Schüler gerichtete Aufgabenstellungen, die insbesondere auf *Reflexion der eigenen Lerntätigkeit* abzielen und denen im Unterricht mehr Raum gegeben werden sollte, um nachhaltige Kompetenzentwicklung zu unterstützen:

Beispielaufgaben

■ Gib eine Situation an, in der man den Satz des PYTHAGORAS zur Berechnung fehlender Streckenlängen anwenden kann, und eine Situation, wo das nicht möglich ist!
Hier werden Identifizieren und Realisieren der Voraussetzungen eines Satzes gefordert, was die Anwendungsfähigkeit des Satzes in variierenden Situationen fördert.

■ Welche mathematischen Verfahren und Zusammenhänge haben dir geholfen, die (gegebene) Aufgabe zu lösen? Welche Strategien und Hilfsmittel hast du verwendet?
Hier geht es um einen Ansatz zu einer Verallgemeinerungsleistung für verwendete mathematische Werkzeuge, die einen Transfer auf ähnliche Aufgabensituationen vorbereitet.

■ Du wirst danach gefragt, welche Vorteile es denn haben kann, für das Lösen von quadratischen Gleichungen einen grafikfähigen Taschenrechner zur Verfügung zu haben. Was sind deine Argumente?
Hier geht es um Kommunikation auf einer Metaebene als Gelegenheit, sich über die zur Verfügung stehenden Werkzeuge selbst zu vergewissern und diese anderen verständlich und überzeugend zu erläutern.

Keine Mathematikaufgaben, aber dennoch mitunter notwendige Handlungsaufforderungen an Lernende, wären die folgenden, auf ein bestimmtes Verhalten abzielenden Aufforderungen:

„Schreibt bitte sorgfältig!" oder *„Bitte wiederhole deine Antwort!"*

Eine subjektiv schwierige bzw. ungewohnte Aufgabe wird als Problemaufgabe oder kurz als **Problem** bezeichnet.

Es kann erst dann von einem Problem und demzufolge auch von Problemlösen gesprochen werden, wenn eine Aufgabe einen Adressaten mit entsprechender Wahrnehmung hat, wenn die Aufgabe also in eine konkrete, subjektiv als schwierig empfundene oder zumindest aus Sicht der eigenen mathematischen Vorerfahrungen ungewohnte Lernsituation gebracht wird.

Beispielaufgaben: Potenzielle Problemaufgaben

- Wie viele Diagonalen hat ein (konvexes) 100-Eck?
- Von einem 12-Liter-Farbeimer soll genau die Hälfte abgefüllt werden. Es stehen jedoch nur ein 8-Liter-Eimer und noch ein 5 Liter fassendes Gefäß zur Verfügung. Wie kann man es ohne weitere Hilfsmittel schaffen, 6 Liter abzufüllen?

Diese Aufgaben sind für jemanden, der solche Fragestellungen noch nie gehört, geschweige denn bearbeitet hat, ungewohnt und werden im ersten Anlauf vielleicht unlösbar erscheinen; es sind dann für ihn Problemaufgaben. Ein anderer Schüler, der sich z.B. an Mathematikwettbewerben beteiligt und solche oder ähnliche Aufgaben bereits kennengelernt hat, weiß vielleicht, wie man hier erfolgreich vorgehen kann – für ihn ist es dann gar kein Problem mehr.

Aber Probleme treten auch im normalen Mathematikunterricht für viele Schülerinnen und Schüler bereits dann auf, wenn Basiswissen fehlt, wenn wichtige Methoden und Begriffe vergessen wurden und nicht mehr ohne Hilfe rekonstruiert werden können. Dann werden aus für den Außenstehenden einfach erscheinenden Aufgaben subjektiv Problemaufgaben. Neben diesen für die Lehrkräfte mitunter unerwarteten Problemen gibt es natürlich auch die „geplanten Problemaufgaben" z.B. zur Einführung eines neuen Themas oder zum Abschluss von komplexen Übungen in Form von projektartigen Aufgaben. Solche Aufgaben enthalten für die Mehrzahl der Lernenden ungewohnte bzw. zunächst noch nicht unmittelbar lösbare Anforderungen, durch die jedoch eine mathematische Handlungskompetenz unterstützt und weiterentwickelt werden kann.

Beispielaufgaben: Geplante Problemaufgaben

- ■ Welchen Einfluss haben die Parameter a, b und c auf die Form und Lage des Graphen der Funktion $f(x) = ax^2 + bx + c$ im Koordinatensystem?
- ■ Warum stimmt der „Höhensatz"?
- ■ Im rechtwinkligen Dreieck ist das Rechteck aus den mit dem Höhenfußpunkt erzeugten Hypotenusenabschnitten gleich dem Quadrat über der Höhe.
- ■ Wie kann man das Volumen eines Kreiskegels berechnen?
- ■ Die Stadt Heppenheim plante eine Behelfsauffahrt auf die Autobahn A 5 südlich von Heppenheim. Dabei sollen die Ausfahrts- und Auffahrtsschleifen optimal ausgelegt werden! (KIEHL 2003)

Problemlösenlernen lässt sich beschreiben als das Kennen- und Anwendenlernen von Methoden zum Lösen von subjektiv als schwierig empfundenen Aufgaben. Dazu gehören dann nicht nur sogenannte heuristische Strategien, Prinzipien und Hilfsmittel (BRUDER, 2000 und 2002), sondern auch Methoden zum selbstregulierten Lernen (PERELS/SCHMITZ/BRUDER 2005 und PERELS u.a. 2003) – vgl. auch Kapitel 3.2, um sich sinnvolle und erreichbare Lernziele zu stellen und z.B. mit solchen Ablenkern wie Fernsehen oder Computerspielen umzugehen, die ein konzentriertes Erledigen von Hausaufgaben behindern können. Ziel selbstregulierten Lernens ist es u.a., diejenige Anstrengungsbereitschaft aufzubringen, die beim Überwinden von Barrieren beim Problemlösen benötigt wird.

Arbeiten mit Aufgaben beschreibt die zentralen Aktivitäten der Lehrkraft zur Planung und Moderation einer (aufgabenbasierten) Lernumgebung.

Arbeiten mit Aufgaben umfasst damit das Auswählen, Entwickeln, Variieren von Aufgaben, die Art des Stellens von Aufgaben an die Lernenden und das Beurteilen des Lernpotenzials von Aufgaben durch die Lehrkraft genauso wie ein Arrangieren von Aufgaben innerhalb einer Unterrichtsstunde, Bereitstellen von Musterlösungen, Entwickeln von Bewertungsmaßstäben für Aufgabenlösungen, die Art der Begleitung des Aufgabenbearbeitungsprozesses der Lernenden und das Herausarbeiten des fachlichen und lernmethodischen Erkenntniszuwachses bis hin zur Wahl der Organisationsform für das Auswerten und Vergleichen von Schülerlösungen als Teil des Managements im Klassenraum (BRUDER 2003).

Es geht beim *Arbeiten mit Aufgaben* darum, wie ein Lernpotenzial in einer Aufgabe oder in einem speziellen Aufgabenarrangement angelegt wird und wie dieses Potenzial dann auch tatsächlich genutzt und fruchtbar gemacht wird. Beispiele, in denen dies von der Unterrichtserfahrung ausgehend diskutiert wird, findet man u.a. in den Beiträgen von DISTLER (2007), OPPER (2007) und FURDEK (2007) sowie zum Umgehen mit Arbeitsergeb-

nissen – insbesondere auch bei Hausaufgaben – bei PREWITZ (2007) und
HASENBANK-KRIEGBAUM (2007).
Mit dieser Begriffsbestimmung geraten verstärkt Schülertätigkeiten bzw.
Lernhandlungen auf verschiedenen Erkenntnisebenen (geistige, sprach-
liche, materielle Ebene) ins Blickfeld und stützen so den aktuellen Kompe-
tenzgedanken in den Bildungsstandards der KMK (2003).
Eine *Aufgabenkultur* wird im Folgenden also mit der Art und Weise beschrieben, *wie und mit welchen Aufgaben gearbeitet wird* – von der Bereit-
stellung eines hohen Lernpotenzials für alle Schülerinnen und Schüler bis
zu deren Nutzung und Umsetzung im Unterricht.

2.2 Worin besteht der Bedarf nach Weiterentwicklung der bisherigen Aufgabenkultur?

Im Folgenden werden exemplarisch Phänomene aus empirischen Untersuchungen vorgestellt, für die sich gemeinsame Ursachen auch in der bisherigen Aufgabenkultur des Mathematikunterrichts finden lassen.

■ Die Ergebnisse eines allgemeinen Problemlösetests in der PISA-Studie
   2003 zeigten, dass die Jugendlichen aus Deutschland im Bereich Mathematik (Gesamtmittelwert von 503 Punkten) ein im internationalen Vergleich niedrigeres Durchschnittsniveau als im Bereich Problemlösen
   (513 Punkte) erzielen. Es gibt nur wenige Staaten, die diesen Befund
   aufweisen. Demnach wird das kognitive Potenzial der Jugendlichen bei
   uns wohl weniger erfolgreich in mathematische (und auch naturwissenschaftliche) Kompetenz umgesetzt.

■ Die Auswertung der TIMSS-Videostudie zeigt u. a.: In Deutschland werden im Vergleich zu den USA und Japan am wenigsten komplexe Aufgaben im Mathematikunterricht gestellt. Das gilt für alle Inhaltsgebiete
   gleichermaßen, vgl. zu den Themenfeldern Geometrie und Algebra auch
   NEUBRAND (2002).

■ Ergebnisse des Projektes PALMA (PEKRUN u. a. 2004) weisen darauf hin,
   dass inhaltliches mathematisches Denken von Klassenstufe 5 auf 6 durch
   kalkülhafte Regelanwendung ersetzt wird. Auch bei den emotionalen
   und motivationalen Lernvoraussetzungen deutet sich in dieser Altersstufe eine insgesamt eher ungünstige Entwicklung an.

Halten wir fest: Unsere Schülerinnen und Schüler sind keineswegs weniger
leistungsfähig als die vergleichbare Altersgruppe im europäischen Umfeld.
Nur kommt diese Leistungsfähigkeit im derzeitigen Mathematikunterricht
leider noch zu wenig zum Tragen. Andererseits lässt sich feststellen, dass
die Schülerinnen und Schüler dort ihre Stärken haben, wo wir im Unterricht Schwerpunkte setzen – unser Unterricht ist also durchaus wirksam!

Aber wir müssen uns auch nicht darüber wundern, wenn im internationalen Vergleich die Lernergebnisse selbst bei leistungsstarken Schülerinnen und Schülern noch nicht befriedigen können, wenn in unserem Unterricht gar nicht genügend hohe Anforderungen gestellt bzw. entsprechende Lernangebote gemacht werden (vgl. NEUBRAND 2002).

Aber das Problem ist sehr vielschichtig: Wenn die Lehrkräfte als „Einzelkämpfer" agieren, sich nicht in der Fachschaft inhaltlich über angemessene Lernanforderungen und geeignete Methoden verständigen und gegenseitig in der Durchsetzung unterstützen, kann das zu einem oft auch gut gemeinten individuellen Nachgeben hinsichtlich der Anforderungen an eine Lerngruppe führen. Die Lernenden dort abholen, wo sie sind, ist ein heute erst recht unverzichtbarer didaktischer Grundsatz. Er bedeutet jedoch nicht, dass man dort auch lange verweilen muss, wo abgeholt wurde.

Vielfach herrscht noch die Meinung, dass man erst so lange die „Grundlagen" üben muss, bis sie „sitzen", und dann erst könne man zu komplexeren Anforderungen übergehen. Doch dafür reicht oft die Zeit nicht mehr. Hier sind alltagstaugliche Aufgabenformate gefragt, die dem unterschiedlichen Festigungsbedarf und dem Ausgangsniveau der Lernenden besser als bisher Rechnung tragen (vgl. auch Kapitel 2.2).

Oft wird mangelnde Anstrengungsbereitschaft vieler Lernender beklagt. Für viele Schülerinnen und Schüler erscheint jedoch die Einstiegshürde bei einer Problemaufgabe zu hoch, sodass sie entmutigt aufgeben oder verweigern. Allerdings hat beides auch etwas mit dem Phänomen zu tun, dass unseren Schülerinnen und Schülern von Lehrerseite oft zu wenig zugetraut wird. Solche Beobachtungen machen z.B. Lehrkräfte aus benachbarten Ländern, wenn sie sich gemeinsam mit deutschen Lehrkräften Unterrichtsvideos ansehen. Dieses „zu wenig zutrauen" zeigt sich sehr subtil bereits in den Unterrichtsphasen, in denen neuer Stoff erarbeitet wird:

„Die Engführung der Erarbeitung des neuen Stoffs im fragend-entwickelnden Unterrichtsgespräch auf eine einzige Lösung und Routine hin ist für den Mathematikunterricht und aller Wahrscheinlichkeit nach auch für den Unterricht in den naturwissenschaftlichen Fächern in Deutschland charakteristisch." (Expertise „Steigerung der Effizienz des mathematisch-naturwissenschaftlichen Unterrichts", BLK 1997)

In der guten Absicht, es den Lernenden nicht zu schwer zu machen, wird der neue Stoff in kleine bekömmliche Portionen zerlegt und für ein nachträgliches Zusammenfügen der Lernhäppchen bleibt wieder keine Zeit mehr. So entsteht Inselwissen, das zu wenig miteinander vernetzt und deshalb auch nicht flexibel abrufbar und anwendbar ist. Hinzu kommt, dass unseren Schülerinnen und Schülern im Laufe eines auf die Anwendung eines bestimmten Kalküls ausgerichteten Unterrichts der gesunde Menschenverstand partiell abhandenkommt und schematischem Denken Platz macht. Werden in der auf ein Unterrichtsthema folgenden Klassenarbeit entsprechende Aufgaben gestellt, zu denen sogar nur der eine im Unterricht erlernte Lösungsweg akzeptiert wird (das ist hier bewusst zugespitzt formuliert), dann wird dieser den Intentionen mathematischer Allgemeinbildung nach WINTER (1996) völlig widersprechende Effekt noch weiter verstärkt.

Unsere Schülerinnen und Schüler sind durchaus nicht überfordert, wenn sie die Möglichkeit erhalten, eigene Lernwege zu gehen und aus verschiedenen Lösungswegen diejenigen auszuwählen, mit denen sie am besten zurechtkommen. Ehrlich verdiente und erarbeitete Erfolgserlebnisse stärken das Schüler-Ich mit weiteren positiven Auswirkungen auf Lernmotivation und Anstrengungsbereitschaft. Doch es gibt bzgl. beklagter Defizite in der Lernmotivation und Anstrengungsbereitschaft noch weitere mit der Aufgabenkultur zumindest indirekt zusammenhängende Probleme:

Solange wir es zulassen, dass vordergründig die Lehrkräfte dafür verantwortlich gemacht werden, wenn ein Schüler oder eine Schülerin eine Fehlleistung erbringt, wird sich an einer eher konsumorientierten Anspruchshaltung im Unterricht kaum etwas ändern!

Benötigt werden Aufgabenstellungen, die es allen Lernenden ermöglichen, einen Einstieg zu finden, wenn sie ein notwendiges Maß an Lernbereitschaft mitbringen. In diesem Sinne gilt es, Erfolgserlebnisse im Unterricht zu ermöglichen. Und es werden Organisationsformen des Umgehens mit Aufgaben benötigt, welche die Schülerinnen und Schüler zur Übernahme von mehr Verantwortung für ihr eigenes Lernen anhalten (vgl. dazu auch Kapitel 3, 4 und 5).

Angesichts der vorgestellten Phänomene und aufgabenbezogenen Wirkungszusammenhänge wird eine **aktuelle Weiterentwicklung der bisherigen Aufgabenkultur** in folgenden fünf Richtungen empfohlen:

Fünf Aspekte zur Weiterentwicklung der Aufgabenkultur:

1. Bereitstellen und systematisches Einsetzen solcher Aufgabentypen und Aufgabenkontexte im Unterricht, die **nachhaltiges Lernen** von Mathematik fördern, vgl. Kapitel 2.3.
2. Formulierung von Aufgaben so, dass sie ein **hohes Aktivierungspotenzial** für die Lernenden besitzen, vgl. Kapitel 2.4.
3. Verstärkte Berücksichtigung solcher Aufgabenformate, die allen Lernenden eine Einstiegsmöglichkeit auf ihrem Leistungslevel gestatten, aber auch weitere Fördermöglichkeiten für Leistungsstärkere bieten, vgl. Kapitel 2.5 (Ziel: **entwicklungsgemäße und entwicklungsfördernde Lernangebote**).
4. Im Unterricht nicht nur Lernanforderungen in Form von Aufgaben mit hohem Lernpotenzial stellen, sondern auch zu deren Bewältigung befähigen (**heuristische Bildung**), vgl. Kapitel 2.6.

5. Nicht nur Zulassen, sondern auch **Fördern und Reflektieren unterschied-licher Lernwege** in Erarbeitungsphasen sowie verschiedener Lösungswege zu Aufgaben beim Üben und Anwenden bis hin zu Leistungssituationen (im Test). Es geht um ein Initiieren, Begleiten und Auswerten von Aufgabenbearbeitungsprozessen der Lernenden durch die Lehrkräfte so, dass die Lernenden mehr **Verantwortung für ihr eigenes Lernen** übernehmen müssen und dass der individuelle Lernzuwachs bewusst herausgearbeitet wird, vgl. 2.7 und Kapitel 3.

Im Folgenden werden diesen fünf aufgezeigten Aspekten einer Weiterentwicklung der Aufgabenkultur im Mathematikunterricht theoretisch fundierte und im Unterrichtsalltag erprobte Möglichkeiten vorgestellt. In den ersten beiden Abschnitten geht es vor allem um die Anlage eines hohen Lernpotenzials in Aufgaben verschiedener Typen und Formate sowie um Kontexte. Wie das angelegte Lernpotenzial auch effektiv genutzt und bewusst gemacht werden kann, ist Gegenstand der darauf folgenden Kapitel.

2.3 Welche Aufgabentypen sind zentral für nachhaltiges Lernen von Mathematik?

Im Folgenden werden die für nachhaltigen Kompetenzerwerb zentralen Aufgabentypen jeweils mit Beispielen vorgestellt.
Aufgabentyp *Identifizierungsaufgabe*:

Beispielaufgabe: Tanjas Radtour

Bei der Aufgabe „Tanjas Radtour" treten funktionale Zusammenhänge auf. Finde sie!

Tanja macht eine Radtour über 32 km mit Start und Ziel bei sich zu Hause. Sie fährt gleichmäßig etwa 16 km in einer Stunde. Nach 24 km plant sie eine Pause von einer halben Stunde auf einer Bank am Waldrand ein. Eine halbe Stunde nachdem Tanja losgefahren ist, fährt Claudia mit ihrem Rennrad los, um Tanja zu treffen. Sie beeilt sich und schafft im Schnitt 24 km pro Stunde.

Beispielaufgabe: Funktionen?

■ Entscheide bei den in Abb. 1 gegebenen Darstellungen von Zusammenhängen, wann es sich um eine Funktion handelt und wann nicht. Welche Kriterien verwendest du?

Formel zur Berechnung der Oberfläche einer Kugel mit Radius r: $A = 4 \pi r^2$

Heute frisch:

Roggenbrot	500 g	1,49 Euro
	750 g	1,99 Euro
	1 kg	2,99 Euro

Für bis zu 8 frische Eier ist in einem mittleren Kochtopf Platz und die Kochzeit beträgt gleich bleibend 6 Minuten. Erst wenn noch mehr Eier in einer 2. Schicht im Kochtopf „gestapelt" werden, verändert sich die Kochzeit.

Kreis im Koordinatensystem

Abb. 1: Darstellungen von Zusammenhängen

■ Welchen Informationsgewinn oder welche Vorteile bieten die verschiedenen Darstellungsformen für funktionale Zusammenhänge?

Aufgabentyp *Realisierungsaufgabe*:

Beispielaufgaben: Funktionale Zusammenhänge

■ Gib ein Beispiel für einen funktionalen Zusammenhang in der Mathematik und eines aus dem Alltag an sowie ein Beispiel für einen Zusammenhang, der *keine* Funktion im mathematischen Sinne ist.

■ Stelle die in der Aufgabe „Tanjas Radtour" auftretenden funktionalen Zusammenhänge auf mindestens zwei verschiedene Arten dar!

■ Verändere die in der Abb.1 gegebenen Darstellungen von Zusammenhängen so, dass mit allen Darstellungen eine Funktion beschrieben wird.

Nachhaltiges Lernen erfordert einen vielseitigen vernetzenden und mehrperspektivischen, aber nicht beliebigen Umgang mit dem Lerngegenstand. Eine markante Schnittstelle für nachhaltiges Lernen befindet sich z. B. im Übergang von der Einsicht oder Entdeckung neuer Zusammenhänge in eine Phase der vielfältigen Übung und Anwendung des neu Gelernten. Wenn an dieser Schnittstelle eine Verankerung des Neuen in Form einer *ersten Übung mit Identifizierungen und Realisierungen* gut gelingt, sind die Voraussetzungen für ein effektives und vielseitiges produktives Üben und Anwenden ungleich größer als ohne diese Verankerung. Von der Struktur her sind beide Aufgabentypen entgegengesetzt angelegt und daraus beziehen sie auch ihre besondere verständnisfördernde Kraft. Solche entgegengesetzt angelegten Aufgabenpaare lassen sich zu jedem bedeutsamen mathematischen Begriff, Zusammenhang oder Verfahren bilden und sind für den individuellen Lernprozess von leistungsstarken und leistungsschwachen Schülerinnen und Schülern gleichermaßen unverzichtbar. Die besondere Funktion dieser Aufgabenformate sollte auch den Lernenden bewusst gemacht werden, indem ihnen z.B. in Vorbereitung auf eine Lernkontrolle empfohlen wird, sich genau solche Fragen der Identifizierung und Realisierung zu stellen und möglichst immer zu einem Positivbeispiel auch ein Gegenbeispiel zu finden.

Eine andere Schnittstelle für einen weiteren Aspekt von nachhaltigem Lernen bieten Anwendungssituationen für Mathematik, die zu einer kritischen Reflexion nicht nur von Lösungswegen, sondern auch der Wirkung oder Art der Verwendung von Mathematik im jeweiligen Kontext auffordern, wie das BRAUNER/LEUDERS (2006) an Beispielen zeigen:

Beispielaufgabe: Entwicklung des Kindergeldes

„In der Grafik des Bundesfinanzministers entspricht der kleine Kinderwagen einem Wert von 112,48 €, der ganz rechts stehende repräsentiert aber knapp 42 € also etwa ein Drittel, mehr. Dafür ist er aber fast fünfmal so hoch, fünfmal so breit und fünfmal so tief. Unserem Auge erscheint er also mit $5 \cdot 5 \cdot 5 = 125$-fachem Volumen! Eine überspitzte Darstellung, so die Auskunft des Familienministeriums. War es Unwissenheit oder Berechnung, dass der Grafiker die senkrechte Achse erst mit dem Wert 100 € begonnen hat?" (BRAUNER/LEUDERS 2006, S. 15).

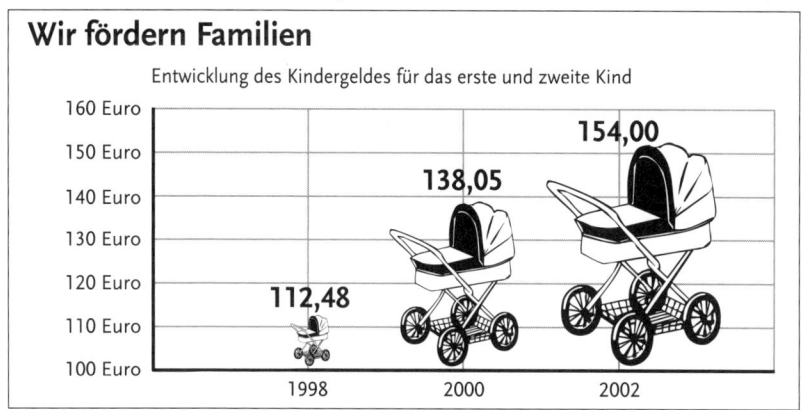

Abb. 2: Broschüre zur Agenda 2010 des Bundesministeriums für Finanzen. In der Neuauflage 2004 (erhältlich unter *www.bundesregierung.de*) wurde die Darstellung korrigiert.

Man kann nun eine Aufgabentypologie entwickeln, die viele zentrale Aspekte für nachhaltiges Lernen abdeckt und relativ leicht zu handhaben ist (vgl. auch BRUDER 2003). Aufgaben kann man unter den vielfältigsten Gesichtspunkten typisieren (vgl. z.B. auch GIRMES 2003). Es werden im Folgenden **acht Aufgabentypen** vorgestellt, die sich aus unterschiedlicher Bekanntheit von Anfangs- und Zielsituation und möglichen Lösungswegen ergeben – das sind die drei Komponenten, mit denen jede Aufgabe in ihrer Struktur beschrieben werden kann. Unter den *Komponenten* einer Aufgabe sollen hier verstanden werden:

1. Die *Anfangssituation*: Voraussetzungen, gegebene Größen, Informationen zu einem Sachverhalt o.Ä.
2. *Transformationen*, die die Anfangssituation in die Endsituation überführen bzw. die von dem Gegebenen zum Gesuchten hinführen: Lösungsweg(e), mathematische Modelle, Beweiskette …
3. Die *Endsituation*: Gesuchtes, Behauptung, Schlussfolgerungen, Resultate usw.

Das ist nun keineswegs neu. Weniger bekannt ist jedoch Folgendes: Jeder dieser acht Typen kann mit spezifischen Funktionen für den Lernprozess interpretiert werden und diese Funktionen ergänzen sich gegenseitig.

Man kann, durch langjährige Unterrichtserfahrungen gestützt, davon ausgehen, dass dann, wenn es gelingt, allen acht Typen im Laufe einer Unterrichtsreihe angemessenen Raum zur Bearbeitung zu geben, nachhaltiges Lernen von Mathematik deutlich gefördert wird.

Die in Tabelle 1 angegebenen Aufgabentypen entstehen, wenn man alle Möglichkeiten durchspielt, ob die *drei Komponenten einer Aufgabe* jeweils bekannt/vorgegeben/verfügbar sind (×) oder nicht (–).

Tabelle 1: Acht zentrale Aufgabentypen für nachhaltiges Lernen mit Beispielen				
Gege-benes	Trans-forma-tionen	Ge-such-tes	Bezeichnung des Aufgabentyps	Beispielaufgabe
×	×	×	gelöste Aufgabe, Musteraufgabe, Aufgabe zur Fehlersuche	– Stimmt das?… – Wo steckt der Fehler?
×	×	–	einfache Bestimmungsaufgabe **(Grundaufgabe)**	– Löse die quadratische Gleichung $3x^2 - 7x = 8$. – Kopfrechenaufgaben – Berechne das Volumen einer Halbkugel mit dem Radius von 5 cm.

Gegebenes	Transformationen	Gesuchtes	Bezeichnung des Aufgabentyps	Beispielaufgabe
–	×	×	einfache **Umkehraufgabe**	– Gib eine quadratische Gleichung an, die 2 und –3 als Lösungen hat. – Bestimme den Radius einer Kugel, die 30 cm³ Volumen hat. – Zahlenrätsel: Mit einer gedachten Zahl werden bestimmte bekannte Rechenoperationen ausgeführt und das Ergebnis wird genannt. Die gedachte Zahl soll bestimmt werden.
×	–	–	Beweisaufgabe, Spielstrategie finden	– Beim Nimm-Spiel gewinnt Frank immer. Wie macht er das? *Es liegen 20 Streichhölzer auf dem Tisch. Zwei Spieler spielen gegeneinander. Gewonnen hat derjenige, der das letzte Streichholz nehmen kann, wenn entweder ein, zwei oder drei Hölzer pro Zug genommen werden dürfen.* – Warum ist die p-q-Formel zur Lösung quadratischer Gleichungen immer richtig?
×	–	–	schwere Bestimmungsaufgabe, auch: Teil einer gestuften Aufgabe (Blütenmodell)	Ist eine Tetra-Pak-Milchtüte verpackungsoptimal gestaltet?
–	–	×	schwierige Umkehraufgabe, Modellierungsproblem mit Zielvorgabe	Ein Teich soll eine Fläche von ca. 10 m² erhalten.
–	×	–	Aufforderung, eine Aufgabe zu einem gegebenen mathematischen Werkzeug zu erfinden	Erfinde Beispielaufgaben zu den drei typischen Fragestellungen der Prozentrechnung.
–	–	–	Problemsituation mit offenem Ausgang (Trichtermodell)	Führe eine Befragung zu einem gegebenen Thema bei deinen Mitschülern durch und stelle die Ergebnisse vor.

In den ersten drei Spalten sind die Aufgabentypen danach unterschieden,

- ob alle erforderlichen Größen oder Voraussetzungen bekannt sind (✕), oder nicht (–);
- ob ein möglicher Lösungsweg bekannt, in der Aufgabenstellung mit genannt oder bereits vorgegeben ist (✕) oder nicht (–);
- ob die (bislang immer oder „üblicherweise") zu berechnenden Größen oder die Behauptung bereits vorgegeben sind (✕) oder nicht (–).

Zur sprachlichen Vereinfachung soll hier in allen drei Kategorien nur zwischen den beiden Eigenschaften: *belegt/bekannt* (✕) und *nicht bekannt* oder *nicht explizit gegeben* (–) unterschieden werden. Dann ergeben sich die acht Kombinationen und damit acht Aufgabentypen, die sich in ihrem Handlungsziel recht deutlich voneinander unterscheiden. Über den Schwierigkeitsgrad einer Aufgabe sagt diese Typisierung noch wenig aus, der Spielraum ist recht groß, wie die Beispiele zu den Grundaufgaben zeigen. Diese Aufgabentypisierung ist jedoch sehr gut geeignet, um zu prüfen, wie vielseitig oder auch wie kopflastig sich der eigene Unterricht hinsichtlich der Aufgabenauswahl darstellt.

Eine größere Aufgabenvielfalt im Sinne der acht Strukturtypen führt nachweislich auch zu einer größeren methodischen Vielfalt in der Unterrichtsgestaltung und bietet den Lernenden Gelegenheit zu tieferem Verstehen der Lerninhalte weit über ein formales Reproduzieren und Anwenden hinaus (vgl. Komorek u. a. 2006).

Besonders interessant wird diese Tabelle dann, wenn man versucht, zu einem gegebenen Thema Aufgaben aller 8 Typen zu konstruieren. Dabei wird deutlich, dass die verschiedenen Aufgabentypen jeweils mit bestimmten Aspekten des Lernens im Sinne von Verstehen und Anwenden korrespondieren: Man hat das Wesen eines Verfahrens oder einer Methode viel besser verstanden, wenn man in der Lage ist, Situationen anzugeben, bei denen das neue Verfahren sinnvoll angewendet werden kann. Darüber hinaus sollten auch die Anwendungsbedingungen thematisiert werden. Die Lernenden werden dazu aufgefordert, eine (nicht triviale) Situation anzugeben, in der das neue Verfahren *nicht* angewendet werden kann. Bekannt ist dieser Aufgabentyp z.B. aus dem Spiel TABU, bei dem Begriffe unter Ausschluss bestimmter Wörter beschrieben und von den Mitspielern erraten werden müssen.

Ein anderes Beispiel:

Beispielaufgabe: Quadratischer Term

Konstruiere einen quadratischen Term, der *nicht* mithilfe binomischer Formeln vereinfacht werden kann.

Mithilfe der acht dargestellten Aufgabentypen kann etwas gelingen, das aus lernpsychologischer und erziehungswissenschaftlicher Sicht immer wieder gefordert wird: ein Wechsel der Blickwinkel und Vernetzungen innerhalb eines Themas. Deshalb sollten in jeder Unterrichtseinheit möglichst alle acht Aufgabentypen insbesondere auch für eine selbstständige Bearbeitung durch die Lernenden vorkommen – allerdings mit unterschiedlicher Gewichtung. Die acht Typen decken verschiedene Schwierigkeitsgrade ab und enthalten einen hohen Reflexionsanteil durch die Fragen zur Zielumkehr ($-\times\times$), ($--\times$) und den Aufgabentyp zum Selbstkonstruieren von Aufgaben ($-\times-$). Aber auch das Untersuchen einer bereits gelösten Aufgabe auf mögliche Fehler bietet die Möglichkeit, vertiefte Einsichten über den Lerngegenstand zu gewinnen.[1]

Nach den bisherigen Erfahrungen zur Unterrichtsplanung mithilfe der acht Strukturtypen für Aufgaben hat sich eine Zeitaufteilung von 1 : 2 für den Anteil der Grundaufgaben als elementare Bestimmungsaufgaben ($\times\times-$) im Verhältnis zu den Umkehrungen ($-\times\times$), Erweiterungen und Verknüpfungen von Grundaufgaben sowie zum Erfinden von Aufgaben ($-\times-$) bewährt. Für Problemaufgaben und Problemsituationen sollte dann mindestens genauso viel Zeit eingeplant werden, wie für das Bearbeiten von Grundaufgaben in der Stoffneuerarbeitung vorgesehen wurde.

BÜCHTER/LEUDERS (2007) nutzen die hier diskutierte Aufgabentypisierung, um unterschiedliche Grade an Offenheit von Aufgabenstellungen zu beschreiben, und erläutern die acht Typen anhand von Zahlenmaueraufgaben (BÜCHTER/LEUDERS 2006, S. 92). In Verbindung mit den Ergebnissen der internationalen Vergleichsstudien TIMSS und PISA hieß die Losung in den letzten Jahren: „Mehr offene Aufgaben in den Unterricht".

Man kann davon ausgehen, dass es auch dank der Fortbildungsinitiativen SINUS und SINUS-Transfer[2] eine gewisse Sensibilisierung in den Fachkollegien aller Schulformen für die Integration offener Aufgaben in den Unterrichtsalltag gibt. Der darüber hinausgehende nächste Schritt der Unterrichtsentwicklung sollte nun darin bestehen, die mögliche Aufgabenvielfalt systematisch und konzeptionell zielgerichtet zur Unterstützung von Lernprozessen und der mathematischen Kompetenzentwicklung der Schülerinnen und Schüler zu nutzen.

Um diesen wichtigen Schritt in Richtung einer kompetenzorientierten Unterrichtskonzeption in den Fachgruppen der Schulen und insbesondere in

---

[1] Beispiele für diese Aufgabentypen und eine Suchmöglichkeit nach solchen Aufgabentypen für die üblichen Unterrichtsthemen der Sekundarstufen werden in der Aufgabendatenbank *www.madaba.de* angeboten.

[2] Detailinformationen und vielfältige Materialien vgl. *www.sinus-transfer.uni-bayreuth.de.*

den Klassenteams einer Schule zu gehen, bietet es sich an, eine Fortbildung zum Kennenlernen und zur gemeinsamen Umsetzung der acht Aufgabentypen durchzuführen, s. S. 32/33. Musterbeispiele für ein *themenorientiertes Aufgabenset*, das jeweils mindestens sechs der acht möglichen Aufgabentypen umfassen sollte, findet man z. B. in BRUDER/KOMOREK (2007). Dabei geht es weniger darum, ein solches Aufgabenset in Form eines Arbeitsblattes den Schülerinnen und Schülern unmittelbar zur Bearbeitung zu übergeben. Diese Aufgabentypen bieten vielmehr eine Art *Geländer zur Orientierung* der Lehrkraft innerhalb einer Lerneinheit: *An diesen acht Aufgabentypen sollte ich mit meiner Klasse einmal „vorbeikommen"!*

Dieser pragmatische und leicht zugängliche, weil auch fachspezifische Zugang zur Weiterentwicklung der Aufgabenkultur erwies sich bereits in einer Vielzahl von Fortbildungsveranstaltungen der Autoren als erfolgreicher Fortbildungseinstieg für Fachgruppen. Von der gemeinsamen Aufgabenentwicklung her bieten sich dann vielfältige Wege zur Entwicklung, Vertiefung und Ergänzung didaktischer Konzepte an. Solche Vertiefungen und Ergänzungen werden in den folgenden Abschnitten exemplarisch dargestellt.

Vorschlag für eine Fachgruppenfortbildung an der Schule über ein Schulhalbjahr

Ziel: Kennenlernen der acht Aufgabentypen und gemeinsame Entwicklung von themengebundenen Aufgabensets in den Klassenteams (Kollegen, die in einer Klassenstufe parallel unterrichten), Erprobung der Aufgabensets als Orientierungsrahmen für den eigenen Unterricht und mittelfristige Integration einer Konzeption zur Entwicklung der Aufgabenkultur in die eigene Unterrichtsplanung.

1. Halbtagstreffen der Fachgruppe:
1. *Kurzvortrag:*
   Vorstellung der acht Aufgabentypen mit Beispielen und dem Lernpotenzial, das in den einzelnen Aufgabentypen steckt;
   Vorstellung einfacher Strategien zur Aufgabenvariation (nach SCHUPP 2003 oder BÜCHTER/LEUDERS 2006).
2. *Arbeitsauftrag:*
   Jedes Klassenteam erstellt ein Aufgabenset zu den acht Aufgabentypen zu einem aktuellen Unterrichtsthema mit dem Ziel, diese (anteilig) in einer langfristigen Hausaufgabe oder zur Vorbereitung auf eine Klassenarbeit im eigenen Unterricht einzusetzen.
3. *Vorstellung und Diskussion:*
   Die Arbeitsergebnisse der Klassenteams werden (z. B. auf Folie oder bereits digitalisiert) der gesamten Fachgruppe vorgestellt und aufgetretene Schwierigkeiten bei der Aufgabenerstellung werden gemeinsam diskutiert.

Gemeinsame Aufgabe bis zum nächsten Treffen der Fachgruppe:
Erprobung insbesondere der ggf. noch ungewohnten Aufgabentypen im eigenen Unterricht und Erfahrungsbericht auf dem nächsten Treffen.

2. **Halbtagsstreffen der Fachgruppe (im nächsten Quartal):**
   1. *Sammeln und Diskussion der Erfahrungsberichte* zum Einsatz der verschiedenen Aufgabentypen.
   2. Für die *Fortsetzung der Arbeit* gibt es nun verschiedene Möglichkeiten. Hier nur zwei Beispiele:
      - *Gemeinsame Analyse der aktuellen Klassenarbeiten* im Klassenteam nach der darin enthaltenen Aufgabenvielfalt mit Rückschlüssen auf die aufgabentypischen Schwerpunktsetzungen in den unterrichtlichen Lernsituationen und Folgerungen für mögliche Veränderungen;
      - *Fortsetzung der Arbeit aus dem 1. Treffen*, indem weitere Lerneinheiten mit Aufgabensets abgebildet werden und Anreicherungen der eigenen Unterrichtstätigkeit in methodischer Hinsicht erfolgen – z. B. Verabredung regelmäßiger Kopfübungen zur Sicherung des Basiswissens, Erproben langfristiger Hausaufgaben, Arbeiten mit Mindmaps oder Lernprotokollen usw.

3. **Treffen als Halbjahresauswertung:**
   Feststellung des Arbeitsstandes in den Klassenteams und Fixierung der Ziele und Arbeitsschwerpunkte für das nächste Schulhalbjahr.

2.4 Lernaufforderungen mit hohem Aktivierungspotenzial ausstatten

Die Frage, wann eine gegebene Aufgabe eine „gute" Aufgabe ist, lässt sich nicht so einfach beantworten, weil in einem lebendigen Unterricht aus jeder noch so unscheinbaren Aufgabe durch Variation von Inhalten und Fragestellungen sowie eine geschickte Einbettung in einen ansprechenden Kontext durch die Lehrkraft ein beachtlicher Lernzuwachs gelingen kann, ob nun historisch, aktuell lebensweltbezogen, technisch oder als Rätsel oder Spiel.

Beispielsweise lässt sich das *Aktivierungspotenzial* einer Aufgabe deutlich erhöhen, wenn motivationspsychologische Aspekte für die jeweilige Altersstufe bereits in der Art der Fragestellung berücksichtigt werden:

Es ist bekannt, dass sich die Begeisterung der Lernenden eher in Grenzen hält, wenn im Mathematikunterricht z. B. einer 7. Klasse ausführliche verbale Begründungen für einen gewählten Lösungsweg gefordert werden. Andererseits muss es gelingen, geeignete Lernanlässe zu schaffen für logisch stringente Verbalisierungen, weil über alle Schulformen hinweg die Argumentationskompetenz unserer Schülerinnen und Schüler doch sehr zu wünschen übrig lässt. Auch Detailanalysen zu Aufgaben aus dem Testlauf zur PISA-Studie 2003 belegen dies nachdrücklich.

Hier eine Beispielaufgabe aus dem mathematischen Ergänzungstest PISA 2003 mit einzelnen Schülerlösungen:

Beispielaufgabe: Die Murmeln

Mara sagt: „Egal, wie viele Murmeln Uli hat – wenn er drei weniger als Anja hat und Bernd viermal so viele wie Uli, dann ist die Gesamtzahl der Murmeln bestimmt ungerade." Hat Mara recht?
Begründe!

Schülerlösungen:

a)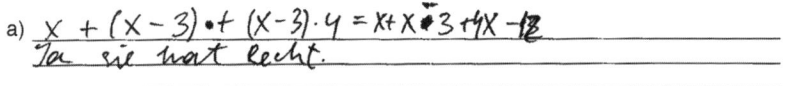
$$x + (x-3) \cdot + (x-3) \cdot 4 = x + x - 3 + 4x - 12$$
Ja, sie hat recht.

b) Ja, Mara hat recht, denn wenn Uli eine ungerade Anzahl an Murmeln hat, haben Anja u. Bernd eine gerade Anzahl. Die Summe ist ungerade. Wenn Uli eine gerade Anzahl hat, ist die von Anja ungerade. Die Summe ist wieder ungerade.

c) Da Anja immer drei mehr als Uli hat ist es immer eine Krumme Zahl, da 3 ungerade ist

d) Ja, weil eine gerade Zahl mit einer ungeraden Zahl addiert immer eine ungerade Zahl erhält

---

Erfolgreiche Möglichkeiten für eine aktivitätsfördernde Aufforderung zum Verbalisieren bestehen darin, dass den Lernenden im mathematischen Kontext *Beratungs- oder Entscheidungskompetenz* zugetraut wird.

In unserem vorangehenden Beispiel können diese realen Lösungen den Lernenden vorgelegt werden mit der Aufgabe, sie zu verstehen und zu kommentieren. Die motivationale Situation ändert sich grundlegend!

Beispielaufgabe: Schülerlösungen beurteilen

■ Stelle fest, wer die Aufgabe richtig gelöst hat, und gib denjenigen, die Fehler gemacht haben, Tipps, wie sie es besser machen können!

Oder:

■ Vergleiche die gegebenen Lösungswege miteinander. Worin unterscheiden sich die Argumentationen?

Auch bei der folgenden Aufgabe zur Erläuterung der KMK-Bildungsstandards für die Hauptschule[3] wird den Lernenden in Teil b) Beratungskompetenz zugetraut.

---

[3] *www.kmk.org/schul/Bildungsstandards/Hauptschule_Mathematik_BS_307KMK. pdf*

Beispielaufgabe: Die Pflasterung

Familie Schmidt möchte auf ihrem Grundstück eine Terrasse anlegen. Sie soll die Form eines Rechtecks haben, kann aber aufgrund bestehender Anpflanzungen maximal 7 m lang und höchstens 5 m breit werden.

a) Zur Vorbereitung der Pflasterung wird diese Fläche einen halben Meter tief ausgeschachtet. Wie viel Kubikmeter Erde fallen an?

b) In dem Werbeprospekt eines Baumarktes findet Familie Schmidt ein Angebot für Terrassenplatten verschiedener Größe. Familie Schmidt möchte nur ganze Platten einer Größe verlegen.

Was würdest du Familie Schmidt empfehlen? Begründe deine Entscheidung.

Angebot: Plattenmaß   35 cm × 35 cm   2,50 € pro Stück
oder   40 cm × 40 cm   2,90 € pro Stück

Eine weitere Variation dieser Aktivierungsmöglichkeit besteht darin, dass (zwei) unterschiedliche Behauptungen vorgestellt werden und die Frage lautet: Wer hat recht? Warum?

Beispielaufgabe: Käsleinaufgabe[4], Klasse 6

Eines Abends, nachdem die zwei Hirten Fridolin und Gottlieb ihre Schafe in den Stall getrieben hatten, setzten sie sich in den Graben der Landstraße, um ihr Abendbrot zu essen. Gottlieb hatte 5 Käslein und Fridolin nur 3. Genau in diesem Moment kam ein vornehmer Herr des Weges und gesellte sich zu ihnen. Er fragte, ob sie ihr Essen mit ihm teilen würden, er würde natürlich auch zahlen. So aßen sie jeder gleich viel, lachten und schwatzten. Schließlich musste der Graf weiter, bedankte sich und entlohnte die beiden Hirten für die Käslein mit 8 Talern. Nachdem der Herr weg war, brach unter den beiden Hirten der Streit aus. Wie sollten sie die Taler gerecht teilen?

Gottlieb schlug vor: Jeder solle so viele Taler bekommen, wie er Käslein mithatte. Fridolin meinte, das Geld müsse so geteilt werden, dass jeder 4 Taler bekäme. Die beiden wurden sich nicht einig und mussten vor den weisen Richter. Stell dir vor, du bist der weise Richter:

Wie muss man das Geld teilen, damit Gerechtigkeit einkehrt? Gibt es noch eine bessere Aufteilung als die Vorschläge der beiden Hirten?

Eine mögliche gerechte Aufteilung entsprechend den mitgebrachten und selbst gegessenen Käslein wäre, dass Gottlieb sieben und Fridolin nur einen Taler bekommt. Fridolin hätte danach also mit Gottliebs Vorschlag besser einverstanden sein sollen, als zum Richter zu gehen.

Verfremdungen in Form von Rätseln besitzen in den unteren Klassen eine große Faszination. Eine Erweiterung der Käsleinaufgabe könnte in der Frage bestehen, selbst nach gerechten Aufteilungssituationen im Alltag zu suchen, wobei Gerechtigkeit immer wieder neu definiert werden muss, vgl.

---

[4] Eine historische Aufgabe, dokumentiert in *www.madaba.de.*

auch die Vereinsbeitragsaufgabe in BIERMANN/BLUM (2001). In einer weiteren Variation kann es sich auch um einen Zeitungsartikel oder um eine grafische Darstellung handeln, in denen sich einige Ungereimtheiten befinden.[5]

In Abbildung 3 eines Zeitungsausschnittes sieht man die Grafik eines deutschen Versicherers.[6] Man kennt aber nicht die Zahlen eines anderen, geschweige denn die Gesamtzahlen für Deutschland. Hier könnte man vorschnell verallgemeinern. Außerdem sind nur die absoluten Zahlen dargestellt. Welche Personengruppe könnte bei diesem Versicherer Mitglied sein?

Dabei muss man beachten, dass insgesamt bestimmt mehr Deutsche Fußball spielen oder joggen als Tennis spielen oder biken. So ist es auch nicht verwunderlich, wenn es beim Fußball viele Unfälle gibt. Über den prozentualen Anteil wird nichts gesagt.

Eine Aufgabe kann dann z. B. lauten:

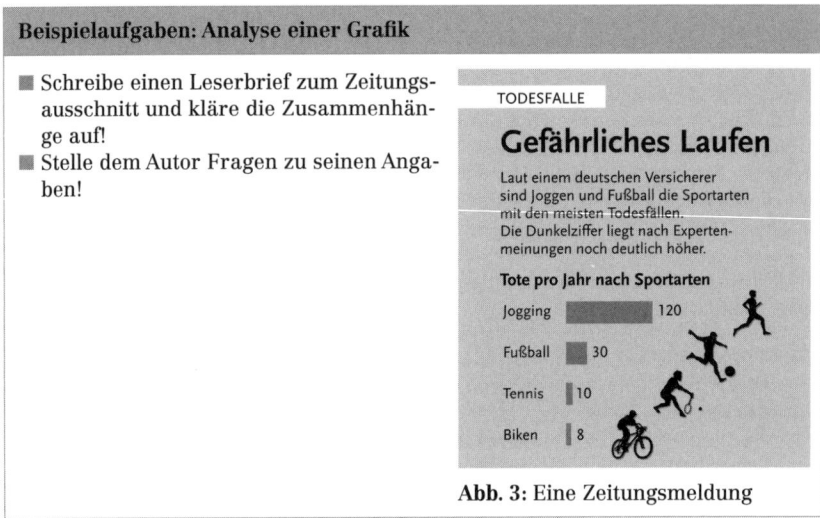

Beispielaufgaben: Analyse einer Grafik

- Schreibe einen Leserbrief zum Zeitungsausschnitt und kläre die Zusammenhänge auf!
- Stelle dem Autor Fragen zu seinen Angaben!

TODESFALLE

Gefährliches Laufen

Laut einem deutschen Versicherer sind Joggen und Fußball die Sportarten mit den meisten Todesfällen. Die Dunkelziffer liegt nach Expertenmeinungen noch deutlich höher.

Tote pro Jahr nach Sportarten

Jogging   120
Fußball   30
Tennis   10
Biken   8

Abb. 3: Eine Zeitungsmeldung

Diese mit geringem Aufwand zu realisierenden Variationen in den Fragestellungen lassen für viele Schülerinnen und Schüler die Hürde, sich auf eine Anforderung einzulassen, niedriger werden. Eine Ursache dafür besteht im Herstellen eines positiven Bezuges zu ihrer eigenen Person (Zutrauen von Beratungs- oder Entscheidungskompetenz, Ermunterung und schließlich die verstärkenden Folgen eines Kompetenzerlebens) bzw. zu ih-

---

[5] Schöne Anregungen für solche Aufgaben bieten auch HERGET/SCHOLZ (1989).
[6] Gefunden von CHRISTINE DÖRING, *www.madaba.de.*

ren Mitschülern (soziale Motivation), was die Lernbereitschaft spürbar fördern kann.

2.5 Entwicklungsgemäße und entwicklungsfördernde Lernangebote für alle bereitstellen

Eine besondere Schwierigkeit schöner und anspruchsvoller Aufgaben in den (älteren) Lehrbüchern besteht darin, dass für viele Schülerinnen und Schüler die Einstiegshürde zu hoch ist. Einige Lernende sind oft nicht bereit, sich mit einem komplexen Problem selbstständig auseinanderzusetzen, wenn sie keinen direkten Zugang sehen und sich überfordert fühlen. Auch wenn wir uns hier mehr Ausdauer und Anstrengungsbereitschaft wünschen: Dieser Situation muss methodisch geeignet Rechnung getragen werden, ohne sie zu zementieren. Dazu führt kein Weg an einer möglichst wenig aufwändigen und handhabbaren Binnendifferenzierung vorbei, mit der folgendes Ziel erreicht werden soll:

> Sind Aufgaben in einer konkreten Lernsituation für das Individuum **entwicklungsgemäß** und **entwicklungsfördernd**, können sie als bewältigbare Herausforderung angenommen werden.

Arbeiten mit Wahlaufgaben

Eine Möglichkeit zur methodischen Bewältigung des Problems sind *Wahlaufgaben*. Um die Eigenverantwortlichkeit der Schülerinnen und Schüler für ihr Lernen zu stärken, ist nicht zu empfehlen, bestimmten Schülerinnen und Schülern jeweils spezielle Aufgaben zuzuordnen. Sicherlich gibt es Beratungsbedarf, bis sich die meisten Lernenden realistisch einschätzen können und ein für sie angemessenes Einstiegsniveau auf einem Aufgabenblatt finden, aber zum Übertragen von Eigenverantwortung bei der Schwierigkeitsauswahl gibt es langfristig keine Alternative.

Organisatorisch gibt es verschiedene Wege zur *Binnendifferenzierung mit Wahlaufgaben*, zwei sollen hier genannt werden:

■ Bei (meist innermathematischen formalen) Übungsaufgaben mit schrittweise aufsteigender Schwierigkeit empfiehlt es sich, eine bestimmte Anzahl von Aufgaben zu bestimmen, die in einer verabredeten Zeit bearbeitet werden soll. Man gibt ein Arbeitsblatt mit z.B. 10 Aufgaben zu Nullstellenberechnungen von Funktionen vor mit aufsteigender Schwierigkeit. Leistungsschwächere Lernende beginnen dann mit den ersten und noch besonders einfachen Aufgaben und kommen in der gegebenen Zeit so weit, wie sie es schaffen, während leistungsstärkere Lernende die

ersten Aufgaben weglassen können, um bereits mit einem höheren
Schwierigkeitsgrad einzusteigen. Hierfür bedarf es auch individueller
Ermunterung, damit möglichst viele Lernende ernsthaft versuchen, ihre
Leistungsmöglichkeiten auszuschöpfen. Die Ergebnisse können z. b. anhand einer Lösungsspalte auf der Aufgabenfolie leicht verglichen werden. Entsprechende Beispiele zu verschiedenen Themen, allerdings oft
nur mit reinem Trainingscharakter, findet man bei REIBIS (1996). Im folgenden Beispiel wird das Modell der drei Schwierigkeitsstufen in einer
Aufgabenfolge mit Wahlmöglichkeit von REIBIS übernommen und inhaltlich mehr in Richtung verstehendes Üben variiert.

Beispielaufgaben: Erste und vertiefende Übung zu Nullstellenberechnungen von linearen Funktionen

Wähle mindestens fünf der folgenden Aufgaben aus und löse sie – es sind dafür 15
Minuten vorgesehen.

Gesucht ist jeweils die Nullstelle der folgenden linearen Funktionen:
1. $f(x) = x - 5$
2. $f(x) = 2x + 6$
3. $f(x) = -5x - 2,5$
4. Zeichne eine lineare Funktion mit einer Nullstelle bei $x = -3$.
5. Was kann eine Nullstelle einer linearen Funktion praktisch bedeuten?

6. Gib die Gleichungen zweier linearer Funktionen an, die bei $x = 4$ ihre Nullstelle haben.
7. Notiere die Gleichung einer linearen Funktion, die keine Nullstelle hat.
8. Überlege dir einen Sachverhalt, der mithilfe einer linearen Funktion beschrieben werden kann, welche bei $P(1;0)$ eine Nullstelle hat.

9. Warum können lineare Funktionen nie mehr als eine Nullstelle haben?
10. Finde einen Ausdruck zur Bestimmung der Nullstelle für eine beliebige lineare Funktion: $f(x) = mx + b$ und gib dazu evtl. notwendige Bedingungen für m,
x und b an!

■ Für Anwendungsaufgaben und entsprechende Hausaufgaben empfiehlt
sich die Markierung der Aufgaben auf einem Arbeitsblatt mit Sternchen
o.Ä. zur Orientierung der Lernenden über das Anforderungsniveau der
einzelnen Aufgaben. Es wird wieder eine bestimmte Zahl Aufgabenbear-
beitungen erwartet, aber auf mindestens zwei Anforderungsniveaus. Die
Schülerinnen und Schüler können sich dann ihr Programm selbst zusammenstellen – entweder mit * beginnen und langsam steigern oder gleich
mit ** starten, um vielleicht auch noch eine Kniffelaufgabe mit **** zu
knacken – vgl. die Beispielaufgaben zur Musteraufgabe 2 auf S. 40.
Ein wichtiger Aspekt binnendifferenzierenden Arbeitens mit Aufgaben ist
die Diskussion unterschiedlicher Zugänge und Lösungswege, was an der
folgenden Musteraufgabe 1 gezeigt werden soll.

Musteraufgabe 1: Rätsel

In einem Bus ist ein Drittel der Plätze von Kindern besetzt, 6 Plätze mehr werden von Erwachsenen besetzt und 9 Plätze bleiben frei.

Abb. 3 zeigt einige Schülerlösungen.

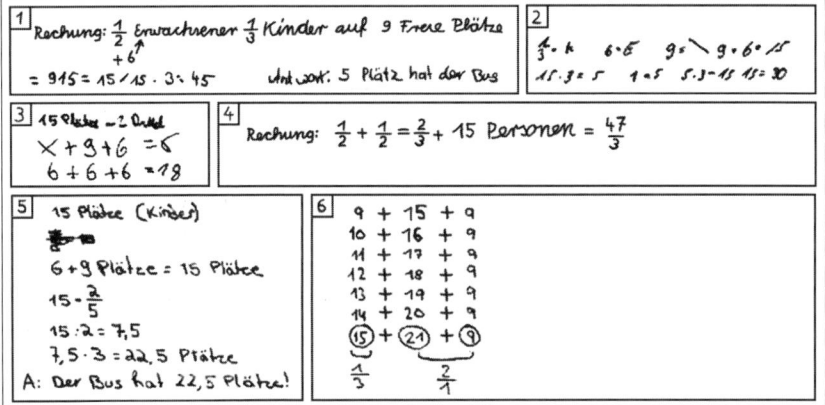

Abb. 3: Schülerlösungen zur Busplätzeaufgabe

Jetzt werden die heuristischen Hilfsmittel *Informative Figur* und *Tabelle* als Alterntive zur Gleichung vorgestellt. Mögliche Lösungswege (exemplarisch) sind die folgenden, welche für viele Lernende eine Horizonterweiterung darstellen, und Optionen für individuelle Präferenzen in den Lösungswegen bieten.

Informative Figur

15 Entspricht einem Drittel, also hat der Bus 45 Plätze.

Tabelle zum systematischen Probieren				
	1. Versuch	2. Versuch	3. Versuch	4. Versuch
Gesamtzahl raten	30	60	45	
Kinder	10	20	15	
Erwachsene	16	26	21	
Frei	9	9	9	
Gesamt?	35	45	45	
	zu wenig	zu viel	stimmt	

Anhand einer ähnlichen Aufgabe werden die jeweils individuell neuen Lösungswege dann erstmals ausprobiert.

Musteraufgabe 2: Murmeln

Claudia nimmt die Hälfte der Murmeln aus ihrem Sack und behält sie für sich. Dann gibt sie zwei Drittel der Murmeln, die noch im Sack waren, Peter. Sie hatte jetzt sechs Murmeln übrig. Wie viele Murmeln waren am Anfang im Sack gewesen?

Jetzt geht es um eine Festigung der vorgestellten heuristischen Hilfsmittel mit einer schrittweisen Kontexterweiterung. Dazu werden auf einem Arbeitsblatt folgende Aufgaben mit Schwierigkeitsmarkierung angeboten (*, **, ***, ****). Die Aufgabe an alle Schüler lautet, dass von den vorgestellten sechs Aufgaben mindestens drei bearbeitet werden sollen, und zwar aus mindestens zwei verschiedenen Schwierigkeitsbereichen. Der Ergebnisvergleich kann anhand eines vorbereiteten Lösungsblattes individuell je nach Arbeitstempo erfolgen. Die Wahl des Lösungsweges wird freigestellt. Die Bearbeitung dieser Aufgaben eignet sich auch als Hausaufgabe.

Beispielaufgaben

■ **(*) Kinderalter**
Zwei Kinder, von denen eines doppelt so alt ist wie das andere, sind zusammen 21 Jahre alt. Wie alt sind die beiden?

■ **(*) Kekse**
Alexa und Gerd bekommen zusammen insgesamt 26 Kekse geschenkt. Zwei essen sie sofort auf, den Rest wollen sie teilen. Alexa soll doppelt so viele bekommen wie Gerd, weil sie lange krank war. Wie viele Kekse bekommt jeder?

■ **(**) Reisebus**
Ein Reisebus hat eine 800 km lange Strecke in zwei Tagen zurückgelegt. Am zweiten Tag fährt der Bus 70 km mehr als am ersten Tag. Wie viele km ist der Bus am ersten Tag, wie viele km am zweiten Tag gefahren?

■ **(**) Kerzen**
Es brennen zwei Kerzen von ungleicher Länge und verschiedener Stärke. Die längere brennt in $3\frac{1}{2}$ Stunden herunter, die kürzere in 5 Stunden. Nach 2 Stunden Brenndauer haben die Kerzen die gleiche Länge. Wie viel war die eine anfangs kürzer als die andere?

■ **(***) Oma-Alter**
Eine Mutter sagt zu ihrer Tochter: „Als ich geboren wurde, war Oma 21 Jahre alt. Als du geboren wurdest, war ich 21 Jahre alt, und heute sind wir beide zusammen gerade 21 Jahre älter als Oma." Wie alt sind Tochter, Mutter und Oma?

■ **(****) Zuglänge**
Eine Brücke von 480 m Länge wird von einem Zug in 90 Sekunden überquert. Die Vorbeifahrt an einem Pfeiler dauert 40 Sekunden. Wie lang ist der Zug?

Insbesondere die schwierigsten Aufgaben sind nicht mehr so leicht mit den neu erlernten Strategien lösbar. Hier liegt die Herausforderung an die leistungsstärksten Schülerinnen und Schüler, nach einem Strategietransfer zu suchen oder ganz neue Wege zu beschreiten.

Für die Lehrkräfte sind je nach Lernklima in der Klasse bei dieser Methode unterschiedliche erzieherische Aufgaben zu bewältigen: Entmutigte Lernende benötigen ehrlich erworbene und akzeptierte Erfolgserlebnisse, leistungsstärkere, aber wenig anstrengungsbereite Lernende benötigen Ansporn, Herausforderung und die beglückende Erfahrung des Erfolgs nach einer größeren geistigen Anstrengung.

Für die Rückmeldung der jeweils erzielten, sehr unterschiedlichen Lernergebnisse sollten die drei folgenden Bezugsnormen nach RHEINBERG/KRUG (1999) unterschieden und berücksichtigt werden:

- *Individuelle Bezugsnorm:* Welche spezifische Entwicklung hat die einzelne Schülerin, der einzelne Schüler z.B. im Vergleich zur vorangegangenen Hausaufgabe oder Klassenarbeit genommen? Hierfür bieten sich verbale Beurteilungen an, Noten sind weniger aussagekräftig und oft nicht fein genug justiert für individuelle Lernfortschritte.
- *Soziale Bezugsnorm:* Hier wird der Entwicklungsstand bzw. Lernfortschritt einzelner Schüler im Vergleich zur Lerngruppe insgesamt ausgedrückt. Diese Einschätzung kann die Beurteilung mit der individuellen Bezugsnorm nicht ersetzen, wohl aber wertvoll relativierend ergänzen.
- *Sachliche Bezugsnorm:* Neben der Einschätzung der individuellen Entwicklung im Kontext des Entwicklungsstandes der Lerngruppe insgesamt wird mit den Bildungsstandards jetzt eine Messlatte von außen angelegt, die helfen kann, auch das Lerngruppenergebnis noch zu relativieren und einzuordnen.

Es ist zu beobachten, dass bei der Arbeit mit Wahlangeboten die Schere zwischen leistungsstarken und lernschwachen Schülerinnen und Schülern immer weiter auseinandergehen kann. Das sollte jedoch in Kauf genommen werden, wenn alle Leistungsgruppen beachtliche individuelle Lernfortschritte erzielen.

Ein Arbeiten mit Wahlaufgaben ist aufwändig in der Vorbereitung und verlangt für das Vergleichen von Ergebnissen und Aufklären von Fehlerquellen bei einer größeren Aufgabenvielfalt ein sehr gutes Organisationsmanagement in der Klasse. In höheren Klassen empfiehlt sich das Arbeiten mit Lösungsblättern zum individuellen Ergebnisvergleich und die Lernenden werden z.B. aufgefordert, in Partnerarbeit auf Fehlersuche zu gehen. Vgl. aber auch Auswertungsmodelle von HASENBANK-KRIEGBAUM (2007) und PREWITZ (2007), die sich nicht nur für Hausaufgabenkontrollen eignen.

Selbstdifferenzierende Aufgaben – das „Blütenmodell"

Eine mögliche Alternative bzw. Ergänzung zum Arbeiten mit Wahlaufgaben stellen solche Aufgaben dar, die von selbst bzw. in sich binnendifferenzierend sind. Es bietet sich daher ein Aufgabenformat an, das niedrigschwellig ist, also eine erste Teilaufgabe mit Grundaufgabenniveau hat, welches für alle Lernenden bewältigbar erscheint. In weiteren zwei bis drei Teilaufgaben (möglichst nicht mehr!) sollte das Anforderungsniveau schrittweise von der Komplexität und dem Ausführungsaufwand her steigen. Die Fragestellungen können auch offener, also weniger stark den Lösungsweg als auch das Resultat bestimmend angelegt werden. Das Beispiel mit der Terrassen-Pflasterung im Kapitel 2.4 hat bereits dieses Format und lässt sich weiter anreichern. Im folgenden Beispiel wird im Teil c) die Kreativität gefördert und die Lernenden können die Aufgabe entsprechend ihren Möglichkeiten und nach ihrem Anspruchsniveau bearbeiten.

Beispielaufgabe: Der Garten, Klasse 5[7]

Kurz nach ihrem Umzug beginnt Familie Winkler über die Nutzung ihres Gartens zu streiten. Frau Winkler möchte endlich genügend Platz für einen Gemüsegarten haben, Herr Winkler träumt schon seit langem von einem großen Teich, und die Kinder wünschen sich eine große Wiese, auf der sie spielen und ihre Meerschweinchen laufen lassen können.

Die Abbildung zeigt einen Plan des Gartens.
a) Gib an, wie viele Teile des Gartens derzeit Wiese und wie viele Gemüsegarten sind.
b) Berechne den Flächeninhalt des Gartens.
c) Stell dir vor, du bist Landschaftsgärtner. Mache der Familie einen Vorschlag, wie du ihren Garten gestalten würdest. Versuche dabei alle Wünsche zu berücksichtigen.

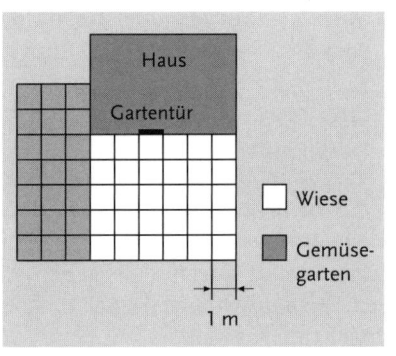

Ein solcher Aufbau einer Aufgabe lässt sich (nach SCHUPP 2002) mit dem Wachsen einer blühenden Pflanze vergleichen, die sich schrittweise in verschiedene Richtungen entwickelt.
Hier weitere Beispiele für *Blütenaufgaben* aus verschiedenen Themenfeldern:

---

7 Nach einer Idee von NINA KAISER, dokumentiert in *www.madaba.de.*

Beispielaufgaben

■ **Potenzen**

a) Wenn die Zahl 6 beliebig oft mit sich selbst multipliziert wird, dann endet das Ergebnis immer auf eine 6. Gibt es noch mehr Zahlen, die diese Eigenschaft besitzen?

b) Welche Endziffer besitzt die unten stehende Summe? Löse die Aufgabe, ohne einen Taschenrechner zu benutzen, und beschreibe dein Vorgehen!

$$\left(\left(\left(1^1\right)^2\right)^3\right)^4 + \left(\left(\left(2^1\right)^2\right)^3\right)^4 + \left(\left(\left(3^1\right)^2\right)^3\right)^4 + \left(\left(\left(4^1\right)^2\right)^3\right)^4$$

c) Wir betrachten alle möglichen Potenzen der natürlichen Zahlen. In welchen Fällen endet das Ergebnis einer Potenz immer auf eine 1?[8]

Die folgende Aufgabe wurde im Rahmen einer Lehrerfortbildungsveranstaltung für den Haupt- und Realschulbereich von mehreren Kollegen gemeinsam entwickelt:

■ **Summen und Prozente**

Ergin bekommt zu seinem 14. Geburtstag von der Oma 25,00 €, von seinem Onkel 35,00 € und von seinen Eltern 50,00 €. Dafür möchte er sich einen MP3-Player kaufen. Er bestellt diesen im Internet zum Preis von 79,90 € + MwSt. + Versandkosten in Höhe von 4,90 €.

a) Wie viel Geld bekommt Ergin zum Geburtstag geschenkt?

b) Wie hoch ist die Rechnung für seinen MP3-Player?

c) Wie hoch ist der prozentuale Anteil der Versandkosten am Gesamtbetrag?

d) Eine Woche später kauft sich sein bester Freund Frank den gleichen MP3-Player bei einer Sonderaktion beim Media-Markt für 89,90 €. Frank behauptet: „Mein MP3-Player war 12 % billiger als deiner?" Stimmt Franks Aussage?

e) Ergin lädt 150 Lieder mit insgesamt 921,6 MB auf seine Speicherkarte. Das sind 45 % der gesamten Speicherkapazität. Formuliere mathematische Fragen, die du hier angemessen findest, und beantworte sie.

f) Dein Klassenlehrer möchte sich ebenfalls einen MP3-Player für max. 100 € kaufen. Gib ihm sinnvolle Tipps für den Einkauf.

SCHUPP empfiehlt auch, Aufgabenvariationen gemeinsam mit den Lernenden vorzunehmen, was als nächsthöheres Professionalisierungslevel im Umgang mit Aufgaben angesehen werden kann.

Aufgabenvariationen sind jedoch kein Selbstzweck – weder bei den Lehrkräften noch für die Schüler. Wie solche *Variationen und Öffnungen aus Lehrersicht* zielgerichtet erfolgen und zur spezifischen Kompetenzentwicklung genutzt werden können, beschreiben BIERMANN/WIEGAND/BLUM (2003) am Beispiel einer Anwendung zu quadratischen Gleichungen.

---

[8] Aufgaben für Klasse 10 ausgearbeitet von JANINE BECKER und unter *www.problemloesenlernen.de* verfügbar.

Das Variieren von Aufgaben durch die Lernenden lässt sich in Vorbereitung auf eine Lernkontrolle gut begründen: Wenn man in der Lage ist, selbstständig eine Aufgabe umzuformulieren, einen anderen Aspekt in die Fragestellung zu bringen, dann gibt es weniger Probleme mit ungewohnten Aufgabenstellungen. Es kann leider immer wieder beobachtet werden, dass viele Schülerinnen und Schüler auf eine bestimmte Art der Fragestellung fixiert sind und sich bereits bei kleinen Formulierungsänderungen hilflos fühlen. Bei einem Lehrerwechsel können solche Phänomene besonders deutlich auftreten. Um mehr Flexibilität zu gewinnen, sollten die Schülerinnen und Schüler explizit lernen, wie man sinnvolle Fragen stellen kann bzw. wofür man sich in den einzelnen Wissenschaftsdisziplinen überhaupt interessiert.

Beispielaufgabe: Kugliges[9]

■ Das Bild zeigt eine Pyramide aus Golfbällen.
  a) Aus wie vielen Bällen besteht die Pyramide?
  b) Wie hoch ist eine neunstufige Pyramide?
  c) Ermittle, wie hoch eine n-stufige Pyramide wird!

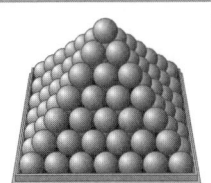

■ Überlege, wie man 3 Golfbälle verpacken kann!
  Entwirf ein Modell und erkläre, warum du dich dafür entschieden hast!

■ Ein beliebtes Partyspiel ist das Raten der Anzahl von Kaugummis in einem Gefäß. Finde heraus, wie viele Kaugummis in ein zylinderförmiges Gefäß passen, wenn der Innendurchmesser 9 cm und die Höhe 22 cm beträgt. Schätze zunächst und versuche dann eine rechnerische Abschätzung vorzunehmen!

Die besondere Eignung offener Aufgaben vom Typ *Blütenmodell* ergibt sich jedoch nicht nur aus der niedrigen Einstiegshürde für lernschwächere Schülerinnen und Schüler, sondern auch aus dem Förderpotenzial für leistungsstärkere. *Blütenaufgaben* sind selbstdifferenzierend, wenn man eine bestimmte Bearbeitungszeit vorgibt und die Lernenden auffordert, selbst-

---

[9] Aufgabe ausgearbeitet von ANDREA VÖGLER in *www.madaba.de.*

ständig oder auch in Partnerarbeit so viele Teilaufgaben wie möglich in dieser Zeit zu schaffen.

Es gehört aber auch dazu, langfristig für ein Lernklima zu sorgen, bei dem es selbstverständlich ist, nicht nur die leichteste Aufgabe zu versuchen und dann aufzuhören, sondern sein Potenzial auszuschöpfen und die Lernzeit im Unterricht effektiv zu nutzen.

Je nach Zeitrahmen und Lernzielen können Teilaufgaben weggelassen oder ergänzt werden. Die Aufgabe „Kugliges" in der vorgelegten Form eignet sich auch als längerfristige Hausaufgabe mit einer Präsentation, die kreatives Potenzial vieler Lernender erschließen hilft. Das Einpacken von Golfbällen kann auch zu dem schon recht anspruchsvollen Problem einer Umkugel führen, das z.B. für vier Bälle von besonderem Interesse ist. Aufgabenvariationen sind meist nach „oben offen".

Vergleiche von Ergebnissen und Lösungswegen müssen auch nicht frontal und damit oft sehr zeitintensiv erfolgen, sondern sind anhand von vorgefertigten Lösungsfolien oder der Diskussion von Schülerlösungen auch in Lerngruppen sehr gut möglich und sinnvoll. In einer abschließenden knappen Reflexion im Klassenverband werden nur noch Schwierigkeiten und offene Fragen aus den Lerngruppen zusammengetragen und die wichtigsten Ideen und Erkenntnisse zur Aufgabe durch die Lehrkraft zusammengefasst und fixiert (Folie, Tafel, Plakat).

2.6 Strategien und Hilfsmittel zum Lösen schwieriger Aufgaben

Selbst bei vielseitigster und ausgewogenster Aufgabenauswahl ergeben sich folgende Fragen:

- ■ Reicht es tatsächlich aus, die Schülerinnen und Schüler lediglich mit einer anderen Art von Lernanforderungen zu konfrontieren (wenn nicht mehr ein bestimmter Lösungsweg erwartet oder gar vorgeschrieben wird) und dann einfach zu hoffen, dass diese auch bewältigt werden?
- ■ Wie kann ein (natürlich immer individueller) Leistungszuwachs beim Problemlösen mit mathematischen Mitteln im Sinne des oben beschriebenen Aufgabenverständnisses erreicht werden?

Unterbestimmte Aufgabensituationen oder nachträgliches Öffnen zunächst vorstrukturierter Aufgaben bieten Spiel*räume* für Lösungsansätze. Aber kennen die Lernenden auch die Spiel*regeln*? Haben sie im Mathematikunterricht Gelegenheit erhalten, entsprechende Qualifikationen für das Füllen dieser Spielräume zu erwerben?

Folgender zentraler Zusammenhang sollte deshalb sorgfältig durchdacht und beachtet werden:

Im Unterricht nicht nur Lernanforderungen stellen, sondern auch zu deren Bewältigung befähigen.

Neben einem flexiblen und vernetzten Grundwissen und entsprechendem Können sowie einer positiven Lerneinstellung werden **fachspezifische und allgemeine Methoden und Techniken zum Problemlösen** mit mathematischen Mitteln benötigt. Dieser Bereich wird auch mit *heuristischer Bildung* umschrieben. Heuristischer Erfahrungsgewinn bedeutet einen Zuwachs an Methodenwissen und Methodenbeherrschung auf einer Metaebene – nämlich als individuell verfügbares Auswahlfeld möglicher Vorgehensweisen beim Problemlösen mit mathematischen Mitteln.[10]

Einen Überblick über schulrelevante Heurismen gibt die Abb. 5. Die markierten Heurismen sollten den Schülerinnen und Schülern von Klasse 5 an schrittweise bewusst gemacht werden. Sie gehören zum unverzichtbaren Handwerkszeug für das Bearbeiten schwieriger Aufgaben und ihre Kenntnis sorgt dafür, dass weniger Schüler anspruchsvolle Aufgaben gar nicht erst in Angriff nehmen.

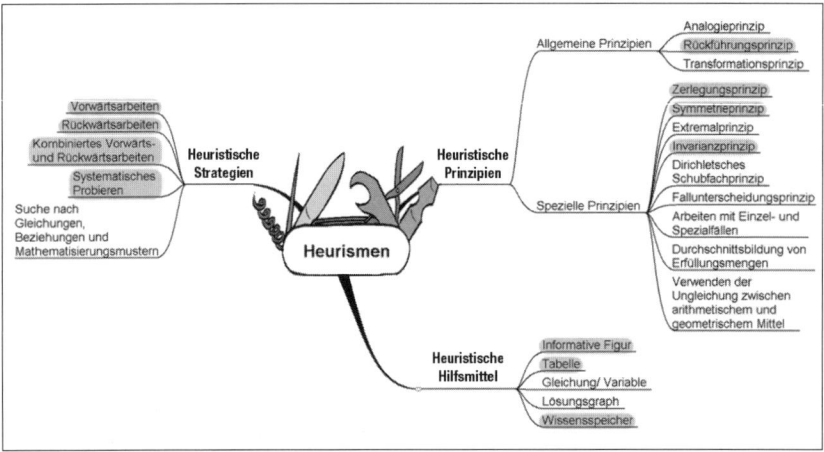

Abb. 5: Eine Übersicht über schulrelevante heuristische Strategien, Prinzipien und Hilfsmittel mit Empfehlungen zur Schwerpunktsetzung (Markierung)

Im folgenden Kapitel wird gezeigt, wie man u. a. auch heuristische Strategien und Hilfsmittel erlernen kann.

---

[10] Zu diesem Thema gibt es auch ein Fortbildungsangebot unter *www.prolehre.de* in Form eines halbjährlichen Internetkurses mit 6 vierzehntäglich eingestellten Lernmodulen zum Kennenlernen der Heurismen und zur Unterstützung von Erprobungen im eigenen Unterricht.

2.7 Das Lernpotenzial einer Aufgabe nutzen und den Lernzuwachs bewusstmachen – Reflexionsanlässe bieten

Entscheidend für nachhaltiges Lernen von Mathematik ist nicht allein eine geschickte Aufgabenauswahl oder Aufgabenkonstruktion, sondern die Art und Weise, wie es gelingt, das Lernpotenzial der Aufgabe wirksam werden zu lassen. Anders ausgedrückt: Es geht darum, dass *anhand einer reichhaltigen Aufgabe auch möglichst viel gelernt* wird!

Interessant für die folgenden Überlegungen sind besonders Aufgaben mit gestuften Anforderungen (Blütenmodell) bzw. solche mit insgesamt höherem Anspruchsniveau, z.B. offene und geschlossene Problemaufgaben. Unabhängig davon, welche Organisationsform für das Vorstellen bzw. Vergleichen von Lösungswegen und Resultaten gewählt wurde, am Ende einer komplexen Aufgabenbearbeitung sollte folgende Frage stehen:

Was hat uns geholfen, das Problem zu lösen?

Antworten auf diese Frage werden in zwei Richtungen erwartet – einmal bezüglich der verwendeten mathematischen Werkzeuge (Begriffe, Zusammenhänge, Verfahren) und zum anderen bezüglich der genutzten heuristischen Hilfsmittel (informative Figur, Tabelle, Gleichung) und Strategien (Vorwärts-, Rückwärtsarbeiten, Analogie- oder Rückführungsprinzip, Zerlegungsprinzip usw., vgl. BRUDER 2000).

Eine Aufgabe zur Erläuterung der Bildungsstandards für den Hauptschulabschluss[11] enthält ein Bild mit einem großen Fass, das von verschiedenen Personen bewegt wird. Die Frage lautet:

▪ Wie viel Flüssigkeit passt ungefähr in dieses Fass? Begründe deine Antwort.

Folgende Erkenntnisse können am Ende der Bearbeitung einer solchen Aufgabe bewusst herausgestellt werden:

Welche Strategien waren nützlich?
- Rückführung auf Bekanntes: Fass mit einem Zylinder oder Quader vergleichen oder annähern
- Vergleichsgrößen finden: Mit der mittleren Größe eines Menschen die Maße vom Fass anhand des Bildes grob abschätzen (Idee des Messens)

Quelle: © Bettmann/CORBIS

---

[11] *www.kmk.org/schul/Bildungsstandards/Hauptschule_Mathematik_BS_307KMK. pdf*

Welche Mathematik hat uns geholfen, die Aufgabe zu lösen?

– Formeln zur Volumenberechnung (Quader, Zylinder)

Eine kurze Reflexionsphase mit einem solchen Ergebnis bedarf einer klaren Orientierung durch die Lehrkraft und kann in der Regel ohne langfristige Gewöhnung und Erfahrung nicht den Lernenden allein überlassen werden.

Eine weitere Möglichkeit, das Lernpotenzial gestellter Aufgaben auch den Lernenden selbst bewusst werden zu lassen, bietet folgende Fragestellung bereits am Ende einer ersten Übungsphase zu einem neuen Thema:

Was ist das Gemeinsame aller Beispielaufgaben, die wir zuletzt bearbeitet haben?

Beispiele für Schülerantworten:

■ Bei allen Aufgaben konnte man mit den Strahlensätzen rechnen, weil immer nach Abschnitten auf geschnittenen Parallelen gefragt war.

■ Es ging immer um Pyramiden oder Teile davon.

■ Es ging immer darum, irgendeinen Abstand auszurechnen, aber das ist ganz unterschiedlich möglich.

Worin unterscheiden sich die bearbeiteten Aufgaben voneinander?

Beispiele für Schülerantworten:

■ Man musste bei einigen Aufgaben rückwärts vorgehen, weil das gefragt war, was sonst immer gegeben war.

■ Die Zahlenrechnungen wurden immer schwieriger.

■ Obwohl der Text jedes Mal ein anderer war, blieb der Rechenweg derselbe.

Solche Vergleichsaufforderungen sind geeignete Teilaufgaben auch in einer Hausaufgabe oder im Rahmen eines Lerntagebuchs. Sie kosten wenig Zeit in der Bearbeitung und im Vergleich, fördern aber den Blick auf das Wesentliche, das im Unterricht gelernt werden soll.

Die oben genannten Schülerantworten lassen gut erkennen, um welche Art von Aufgabenarrangement es sich handelte: War es eine Aufgabenplantage von einem Typ, um erste Sicherheit mit einem neuen Verfahren zu gewinnen, oder ging es bereits um ein komplexes Üben und Anwenden über den aktuellen neuen Lerninhalt hinaus? Beides hat seine Berechtigung, aber von der Schwerpunktsetzung sollten sich die Aufgabenangebote stärker in Richtung komplexer Übungen und Anwendungen bewegen, weil diese bisher oft zu kurz kommen.

Es hat sich bewährt, wenn die Lernenden schrittweise daran gewöhnt werden, bei einem Problem zunächst gedanklich ein wenig zurückzutreten und folgende Fragen für sich zu beantworten:

■ Worum geht es in dieser Aufgabe?

■ Was weiß ich schon im Zusammenhang mit diesem Problem?

■ Welche Methoden und Techniken stehen mir zur Verfügung?

Hier schließt sich der Kreis zur Reflexion des Vorgehens am Ende einer Aufgabenbearbeitung.

Gelingt es, im Anschluss an eine komplexe Aufgabenbearbeitung herauszufiltern, welche mathematischen Werkzeuge und welche Strategien hilfreich waren, lassen sich diese so bewusst gemachten Erfahrungen wieder bei einer neuen Aufgabensituation heranziehen. Auf diese Weise baut sich aus der bisherigen Aufgabenlöseerfahrung langfristig ein Wissensspeicher auf, aus dem Elemente zur Beantwortung der neuen Fragen zur Verfügung stehen. Dabei tritt ein nicht zu unterschätzender psychologischer Nebeneffekt auf: Die Lernenden fühlen sich nicht mehr so hilflos einem Problem ausgeliefert – auch wenn die heuristischen Strategien noch keine Lösungsgarantie liefern. Aber sie weisen Wege, die man einmal ausprobieren kann.

Nachdem versucht wurde, eine Aufgabe zu lösen – möglichst zunächst allein, dann im Austausch mit dem Lernpartner und anschließendem Vergleich in einer Gruppe oder im Klassenverband –, und Resultate sowie (unterschiedliche) Lösungswege vorliegen, geht es darum, explizit herauszuarbeiten, worin der Lernzuwachs dieser Aufgabe besteht.

Damit soll unterstrichen werden, dass das in einer Aufgabe angelegte Lernpotenzial im Unterricht nicht automatisch zum Tragen kommt, sondern noch einer methodischen Explizierung bedarf. Allein mit einem „Abarbeiten" von Aufgabenplantagen aus standardisierten Tests wird der potenziell mögliche Erkenntniszuwachs bei den Lernenden nicht erreicht werden können.

Offene Aufgaben – insbesondere mehrschrittige, bei denen, wie bei einer Blüte, aus einer elementaren geschlossenen Teilaufgabe weitere Teilaufgaben mit offenem Ende herauswachsen, sind durch ihre Selbstdifferenzierung für Übungsprozesse sehr gut geeignet und bieten sich ebenso – nur mit einer gewissen Einschränkung der Ergebnisoffenheit – für (standardisierte) Tests an. Ergebnisoffene, kreative und mit kommunikativen Elementen versehene Fragestellungen, die so nicht in einem Test vorkommen werden, sind aber gerade ein wesentliches Element, mit dem die Schülerinnen und Schüler lernen können, sich so flexibel in einem Themenfeld zu bewegen, dass sie dann in Testsituationen entsprechend unblockiert agieren können.

Derzeit überwiegt das Stellen von Aufgaben durch die Lehrenden und das Lösen dieser Aufgaben durch die Lernenden. Das wird von allen Beteiligten meist auch so erwartet. Welchen Nutzen hätte ein vielfältiger Umgang mit Aufgaben für das Lernen der Schülerinnen und Schüler?

Wenn es gelingen könnte, die Übernahme von Verantwortung für das eigene Lernen sowie Zielklarheit und eine persönliche Sinn- oder Bedeutungsvorstellung über die jeweiligen Lerninhalte bei den Schülerinnen und Schülern zu stärken, würden viele Lernanforderungen weniger schematisch und mit mehr innerer Beteiligung bearbeitet werden. Damit kann das Arbeiten mit Aufgaben im Unterricht folgende **Funktionen** ausüben:

- Aufgabenbearbeiten als *Mittel* (Weg) zur Aneignung von Wissen und Können
- Aufgabenbearbeiten als *Diagnoseinstrument* für Verlauf und Ergebnisse im Lernprozess
- Fähigkeiten im Aufgabenbearbeiten (Problemlösen) als Könnens*ziel*.

Das Finden, Verändern und Vergleichen von Aufgaben durch die Lernenden geht über das Stellen und Lösen üblicher Lehrbuchaufgaben deutlich hinaus, ohne automatisch schwieriger zu sein. Es sind etwas andere Anforderungen, die aber die eingangs formulierten Forderungen nach Übernahme von Verantwortung für das eigene Lernen und Nachdenken über das eigene Vorgehen erfüllen können.

Finden, Verändern und Vergleichen von Aufgaben sind Aufforderungen, die auf einer Metaebene liegen. Es sind eigentlich Aufgaben über Aufgaben! Das Finden von eigenen Aufgabenbeispielen wurde schon in der Aufgabentypisierung im Kapitel 2.3 erfasst mit der Struktur (–✕–). Dieser Aufgabentyp ist besonders gut für Zusammenfassungen und Systematisierungen, aber auch für systematische Wiederholungen zu länger zurückliegendem Stoff geeignet.

Eine besondere Bedeutung kommt dem Vergleichen von Aufgaben zu. Es sind tatsächlich Aufgaben gemeint, nicht nur ihre Ergebnisse und Lösungswege! Haben die Lernenden mehrere Aufgaben oder Aufträge hintereinander bearbeitet und die Ergebnisse verglichen oder vorgetragen, werden diese Aufgaben und ihre Lösungen meist ohne weitere Aktivitäten beiseitegelegt. Aber eigentlich beginnt doch hier erst der Erwerb verfügbaren Wissens und Könnens! Werden die Schülerinnen und Schüler nämlich jetzt aufgefordert, Gemeinsamkeiten und Unterschiede in den gerade bearbeiteten Aufgaben herauszufinden, müssen die Aufgaben noch einmal von einer anderen Warte aus angesehen werden. Es können dann die Fragestellungen miteinander oder aber die Lösungswege und ggf. auch die Resultate z.B. bzgl. ihrer Existenz und Eindeutigkeit miteinander verglichen werden. Ziel ist es, den Kern der Fragestellungen zu erfassen: Worum ging es in den Aufgaben? Welche Begriffe, Verfahren und welche Lösungsmethoden und Strategien waren hilfreich? (s. o.)

Eine solche Arbeit mit Aufgaben verlangt für die wichtigen Reflexionsphasen vorausschauendes Arbeiten und eine sensible Anleitung der Lernenden auch im frontalen Unterrichtsgespräch durch die Lehrerinnen und Lehrer. Entsprechende Metaaufgaben zum Vergleichen von Aufgaben können in höheren Klassenstufen aber auch im Rahmen von selbstständig zu bearbeitenden Lernprotokollen bzw. in Lerntagebüchern Eingang finden.

Gelingt es, die Schülerinnen und Schüler zum Nachdenken über ihr Vorgehen beim Lösen einer Aufgabe anzuhalten, wachsen die Chancen, dass sie mithilfe einer solchen reflektierten Aufgabenbearbeitung tatsächlich etwas Verfügbares dazugelernt haben und nicht einfach nur „beschäftigt" waren. Es kommt also nicht nur darauf an, möglichst „gute" Aufgaben zu finden, sondern die Art des Umgangs mit den Aufgaben ist letztlich entscheidend für den Lernerfolg. Man kann immer wieder beobachten, dass erfolgreiche Lehrerinnen und Lehrer praktisch aus jeder noch so unscheinbaren Aufgabe „etwas machen können".

In allen drei Phasen der Bearbeitung einer Aufgabe von der Informationsaufnahme durch die Lernenden und Entstehung der individuellen Lernaufgabe über die Informationsverarbeitung bis zur Ergebnisdarstellung können den Lernenden durch einen spezifischen Umgang mit der Aufgabe wertvolle Orientierungshilfen gegeben werden.

Wann wird eine Aufgabenstellung dem Lernziel entsprechend angenommen?

Im Unterricht kann man gut beobachten, dass viele Lernende sich durchaus erfolgreich die üblicherweise gestellten Aufgaben zu eigen machen, indem sie z.B. nachfragen und sich bemühen, die Intentionen der Lehrenden zu erfassen. Man kann aber häufig beobachten, dass die individuelle Umwandlung der gestellten Aufgabe in eine individuelle Lernaufgabe teilweise oder völlig misslingt. Statt sich z.B. bewusst mit einer Frage, einem Bewegungsablauf oder einem Text auseinanderzusetzen, werden von einigen Lernenden bestimmte Vorgaben nur schematisch abgearbeitet oder sie beschäftigen sich mit ganz anderen Dingen. In diesem Fall stimmen die gestellte und die selbst konstruierte Lernaufgabe nicht überein. Eine gute Übereinstimmung wäre allerdings hilfreich für den individuellen Lernerfolg.

Es gibt keinen Automatismus und es hängt von sehr vielen Faktoren ab, adäquate Lernaufgaben bei den Lernenden zu initiieren. In diesem Zusammenhang seien die empirischen Untersuchungsergebnisse von JÄGER/HELMKE aus dem Projekt MARKUS[12] erwähnt, die ganz klar gezeigt haben, dass gute Lernleistungen zunächst einmal ein gutes „classroom management" voraussetzen. Das wird keinen erfahrenen Praktiker überraschen. Also besteht die erste Aufgabe für die Lehrkräfte darin, dafür zu sorgen, dass lernförderliche Bedingungen herrschen, damit zielgerechte Lernaufgaben (Lernziele) individuell entstehen können. Dazu gehört auch eine ruhige, die Konzentration und angestrengte Auseinandersetzung mit der Aufgabe fördernde Arbeitsatmosphäre in der Phase der Informationsaufnahme.

---

[12] *www.lars-balzer.info/projects/projekt_markus.html*

Die schönsten Aufgaben nützen gar nichts, wenn sie nicht „ankommen" – und das gleich in mehrfacher Hinsicht. Ein günstiges Lernklima ist dafür eine notwendige, aber nicht hinreichende Voraussetzung.

Halten wir fest:

■ Aufgabenvielfalt allein ist noch keine Garantie für erfolgreiches Lernen.

■ Aufgabenstellungen, die mehr Spielraum lassen für die Konstruktion individuell passender Lernaufgaben, bieten größere Chancen für Lernerfolge.

Darin liegt auch die Begründung, warum sogenannte offene Aufgaben in allen Fachdidaktiken seit langem besondere Aufmerksamkeit besitzen. Allerdings ist das Kriterium der „Offenheit" einer Aufgabe wiederum allein nicht ausreichend, um entwicklungsgemäße und entwicklungsfördernde Schülertätigkeiten in Gang zu setzen. Viele offene Aufgaben unterfordern die Lernenden, wenn es nur darum geht, vielfältige Tätigkeiten auszuführen ohne definierte Ansprüche und Erwartungen. Zur Konstruktion „guter" Aufgaben vergleiche auch BÜCHTER/LEUDERS(2006).

Wo kann man Anregungen für reichhaltige Aufgaben bekommen?

Neben vielen neueren Unterrichtsmaterialien, auch Lehrbüchern, die eine moderne Aufgabenkultur zunehmend unterstützen (vgl. das Schweizer Mathbuch), bieten die SINUS-Materialien unter *www.sinus-transfer.uni-bayreuth.de/* wertvolle Anregungen. In einer bereits aufbereiteten Form findet man entsprechende Aufgaben insbesondere zur Sekundarstufe I in der Aufgabendatenbank *www.madaba.de* der TU Darmstadt sowie in der Aufgabendatenbank SMART unter *www.btmdx1.mat.uni-bayreuth.de/smart/Wp/index.php*. Die hier entwickelten Intentionen für eine moderne Aufgabenkultur werden u. a. auch umgesetzt in Form von „produktiven Aufgaben" bei HERGET/JAHNKE/KROLL (2001).

3 Sicherung von Basiskompetenzen –

Verständnisvolles Lernen auf unterschiedlichen Niveaus *Regina Bruder*

Eine Frage, die sowohl Schülerinnen und Schüler und deren Eltern als auch die Lehrkräfte und die Schuladministration nicht erst seit der Einführung von Bildungsstandards intensiv beschäftigt (allerdings mit unterschiedlichen Motiven), lautet: *Was soll in Mathematik abrufbar gekonnt werden und wie erreicht man das?*
Angesichts der mit vielfältigen Inhalten gefüllten Lehrpläne und der reduktionistischen Orientierungswirkung zentraler Leistungstests auf das Bildungsanliegen des Unterrichtsfaches Mathematik (weil man nicht alles abtesten kann, was der Unterricht erreichen soll), erhält diese Frage besondere Brisanz für die Lehrkräfte und verlangt nach einer konsensfähigen Fokussierung: Was gehört zu den Basiskompetenzen in Mathematik und wie können sie nachhaltig gesichert werden?
Ohne verfügbare mathematische Grundkenntnisse (Basiswissen) und gewisse grundlegende mathematische Fertigkeiten und Fähigkeiten (damit werden in diesem Buch *mathematische Basiskompetenzen* umrissen) sind erfolgreiche berufliche Aus- und Weiterbildungen und eine aufgeklärte und aktive Teilhabe an der gesellschaftlichen Entwicklung nicht denkbar. Was im Einzelnen zu diesen mathematischen Basiskompetenzen dazugehören sollte und in welchem Umfange diese beherrscht und auch zentral oder dezentral abgeprüft werden sollten, ist keineswegs geklärt. Die in den einzelnen Bundesländern im Kontext der Bildungsstandards derzeit entstehenden Kernlehrpläne unterscheiden sich beachtlich bzgl. des Umfangs und der inhaltlichen Auswahl solcher Vorgaben.
Es wird wohl zu keiner Zeit ewig gültige Festlegungen von mathematischen Basiskompetenzen zum mittleren Schulabschluss geben, weil sich das Bildungsumfeld und auch die Bildungsziele mit den gesellschaftlichen Entwicklungen verändern werden. Mathematische Bildung ist schließlich kein statisches Konstrukt, man denke z. B. nur an den potenziellen Einfluss moderner Informations- und Kommunikationstechnik auf die Inhalte und den Verlauf von Lernprozessen. Abgesehen davon ist es jedoch notwendig, immer wieder aktuell konsensfähige normative Entscheidungen zu einem Kanon von Basiskompetenzen herbeizuführen. Schließlich müssen die Lehrkräfte in ihrem Unterricht und in den Lern- und Bewertungssituationen Tag

für Tag immer wieder die Frage nach dem, was „wesentlich und unverzichtbar" ist, beantworten. Aus der fachdidaktischen Perspektive wird ein beachtliches Dilemma deutlich: Es gibt so gut wie keine theoriegestützten und empirisch verifizierten Forschungsergebnisse mit aktuellen Antworten auf die Frage, was zu den mathematischen Basiskompetenzen im Detail gehören sollte, aber dafür umso mehr unterschiedliche Erwartungen von den weiterführenden Bildungseinrichtungen und den „Abnehmern" in Wissenschaft und Technik, Wirtschaft und Verwaltung. Und es gibt jetzt zentrale Tests und Vergleichsarbeiten! Letztlich wird über diese Tests u.a. ganz pragmatisch definiert, was Basiskompetenzen in Mathematik sind bzw. sein sollen! Dem kann derzeit einfach noch nichts fundiertes Konkretes entgegengesetzt werden.

Vor diesem Hintergrund geht es in diesem Kapitel weit weniger um Fragen der Auswahl und Begründung, was zu den mathematischen Basiskompetenzen aktuell dazugehören sollte, sondern vielmehr darum, wie man die in den jeweiligen Kernlehrplänen ausgewählten und dokumentierten basalen Erwartungen tatsächlich nachhaltig erfüllen kann. Als entscheidende Probleme und Schwierigkeiten bei diesem Unterfangen erweisen sich in der Unterrichtspraxis

■ unterschiedliche Lernvoraussetzungen und Lernpotenziale in den Lerngruppen (das gilt zwar unterschiedlich intensiv, aber de facto durchaus für alle Schulformen);

■ unterschiedliche Lernerwartungen und Lernbereitschaften bezüglich Mathematik und große Unterschiede in den selbstregulativen Fähigkeiten der Schülerinnen und Schüler.

Deshalb soll in den folgenden Abschnitten versucht werden, Antworten auf die folgende Frage zu geben:

*Wie kann man mit **heterogenen** Lernvoraussetzungen im Mathematikunterricht so umgehen, dass möglichst viele Schülerinnen und Schüler einer Klasse kognitiv wie motivational angesprochen werden[1] und nachhaltige Lernfortschritte insbesondere in den mathematischen Basiskompetenzen für alle erreicht werden?*

Zunächst werden Überlegungen vorgestellt, woran man sich orientieren kann, um mathematisches Basiswissen (als einen wesentlichen Teil von Basiskompetenzen) zu beschreiben. Anschließend werden konkrete und bereits erfolgreich praktizierte Methoden vorgestellt, wie das, was als Basiswissen identifiziert wurde, auch als verfügbar gesichert werden kann, um

---

[1] Vgl. die Zielstellung der Expertise „Steigerung der Effizienz des mathematischnaturwissenschaftlichen Unterrichts" 1997 für Modul 4 unter: *www.ipn.uni-kiel. de/projekte/blk_prog/gutacht/gut9.htm.*

so schrittweise in ein Basiskönnen überzugehen. Im dritten Abschnitt wird gesondert auf Fragen einer Binnendifferenzierung im Mathematikunterricht (Umgehen mit Heterogenität) im Kontext der oben geschilderten Problemlage eingegangen.

3.1 Basiswissen im Mathematikunterricht – was ist das, was gehört dazu?

Unter den Wortmarken „Basiswissen" oder auch „Grundwissen" zur Mathematik kann man im Buchhandel und im Internet sehr viele Angebote von verschiedenen Verlagen, aber auch von engagierten Lehrkräften, Studenten oder von Schülern finden. Diesen Angeboten gemeinsam ist eine mehr oder weniger gelungene strukturierte Auflistung und fachsprachliche Darstellung von Begriffen, Sätzen (Zusammenhängen) und Verfahren zu den jeweiligen mathematischen Themen des Schulstoffes.

Diesen mathematischen Stoffelementen wird eine grundlegende Bedeutung zugemessen für erfolgreiches Weiterlernen im Fach Mathematik oder auch in solchen Schulfächern und Fachdisziplinen, die Mathematik explizit anwenden. Als Darstellungsformen sind Merksätze und Aufgabenbeispiele beliebt. Dieses große Angebot ist ein Indiz dafür, dass hier ein großer subjektiver Bedarf vorliegt. Dennoch trifft dieses Angebot nicht die Notwendigkeiten eines am Erwerb nachhaltiger Kompetenzen orientierten Mathematikunterrichts. Mit der Kompetenzbrille betrachtet, greifen diese Lernangebote zwar viel zu kurz, wenn man dort stehenbleibt. Man kann aber nicht ignorieren, dass die angestrebten mathematischen Kompetenzen mit den darin fixierten anspruchsvollen Tätigkeiten wie mathematisch Argumentieren und Modellieren ohne solide, verfügbare und möglichst flexibel einsetzbare Fundamente in Form von mathematischen Wissensbausteinen völlig ins Leere laufen.

Wo liegt das Problem?

Verfügbare Basiswissenpublikationen beschreiben durch Aufzählen meist abstrakte und isoliert für sich stehende Ergebnisse von nicht näher beschriebenen Lernprozessen und verzichten auf kompetenzorientierte Verknüpfungen. Sie enthalten aber auch kaum Begründungen, warum die aufgeführten Begriffe, Zusammenhänge und Verfahren denn so wichtig und wofür sie grundlegend sind. Meist steht ein traditioneller Stoffkanon für die Schule dahinter.

Zum Nachschlagen und Erinnern im Sinne eines *Wissensspeichers*, den man möglichst sogar selbst angelegt haben sollte, eignen sich solche Basiswissendarstellungen durchaus, vgl. auch Abb. 1:

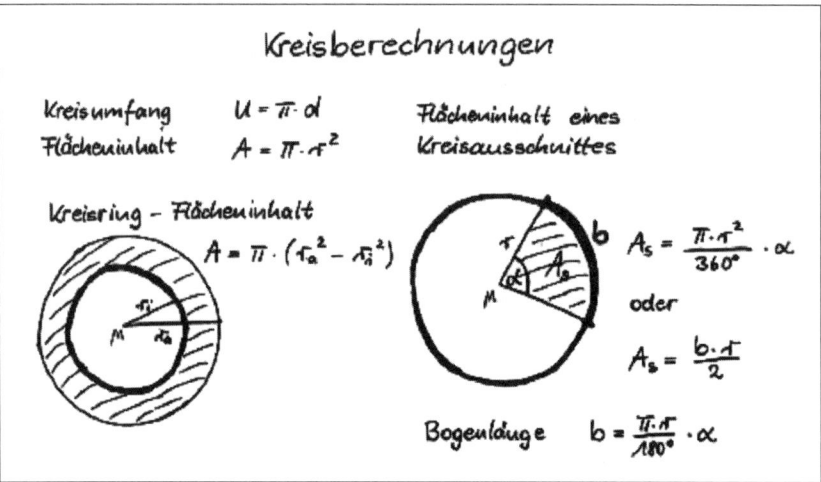

Abb. 1: Ausschnitt aus einem selbstständig angelegten Wissensspeicherblatt einer Schülerin zum Thema Kreisberechnungen

Zum Aufnehmen von Wissen in Form von „etwas auswendig lernen" eignen sie sich aber nicht, weil damit nichts verstanden (vernetzt) wird und viele Lernende schon am großen Umfang solcher Kataloge scheitern. Wo also fängt mathematisches Basiswissen an, das man immer verfügbar haben sollte, und wo hört es auf?

Wir unterscheiden im Folgenden *Basiswissen* und *Basiskönnen* als zentrale Bestandteile von Basiskompetenzen im Sinne von
■ automatisiertem Kopfrechnen und Kopfgeometrie einschließlich Größenvorstellungen und Techniken des Schätzens, Überschlagens;
■ strukturellen und bildlichen Vorstellungen sowie grafischen Darstellungen (insbesondere Terme, Funktionsklassen, geometrische Abbildungen);
■ Mathematisierungsmustern.[2]

Es wird wenig bestritten, dass es für das Erlernen und Anwenden von Mathematik äußerst hilfreich ist, über gewisse Grundkenntnisse (Basiswissen) und -fertigkeiten (Teil des Basiskönnens) verfügen zu können, denn wie ein altes Sprichwort es schon ausdrückt: „Ohne Wolle kann man nicht stricken!" Hier einige Beispiele:

---

[2] Ein Wissenselement wie ein mathematischer Begriff, Satz oder ein Verfahren wird zu einem Mathematisierungsmuster für die Lernenden, wenn sie dieses Wissenselement in einem Anwendungszusammenhang auf deren erfolgreiche Verwendbarkeit geprüft, die konkrete Anwendung reflektiert und bezüglich der Mathematisierungsanforderungen verallgemeinert haben.

In den unteren Klassen sind es z. B. gewisse *Kopfrechenfertigkeiten mit natürlichen Zahlen, das Vorstellen und Umwandeln von Größen*, dann *Kenntnisse über das Beschreiben von Anteilen von Ganzen und das Rechnen mit solchen Anteilen* (Bruchrechung, Prozentrechnung).

In der Geometrie geht es u. a. um *Begriffe* und ein *Vorstellungs- und Darstellungsvermögen* zu ebenen und räumlichen Grundfiguren sowie zu Lagerelationen und Abbildungen.

In den höheren Klassenstufen sind es z. b. *grafische und algebraische Darstellungen von Funktionsklassen*, die zum unverzichtbaren Basiswissen gehören:

■ Wie kann man unterschiedliche Wachstumsverläufe mit Funktionen beschreiben? (linear, potenziell, exponentiell, periodisch …)

■ Wie verlaufen die Schaubilder von Wurzelfunktionen?

■ Wie erzeugt man mit einem Funktionsterm eine Hyperbel und umgekehrt: Wie lassen sich hyperbelförmige Graphen analytisch beschreiben?

■ Mit welchen Funktionsgleichungen könnten die Bilder in den Abbildungen 2 a und 2 b erzeugt werden? (Kontrollmöglichkeit mit grafikfähigem Rechner nutzen)

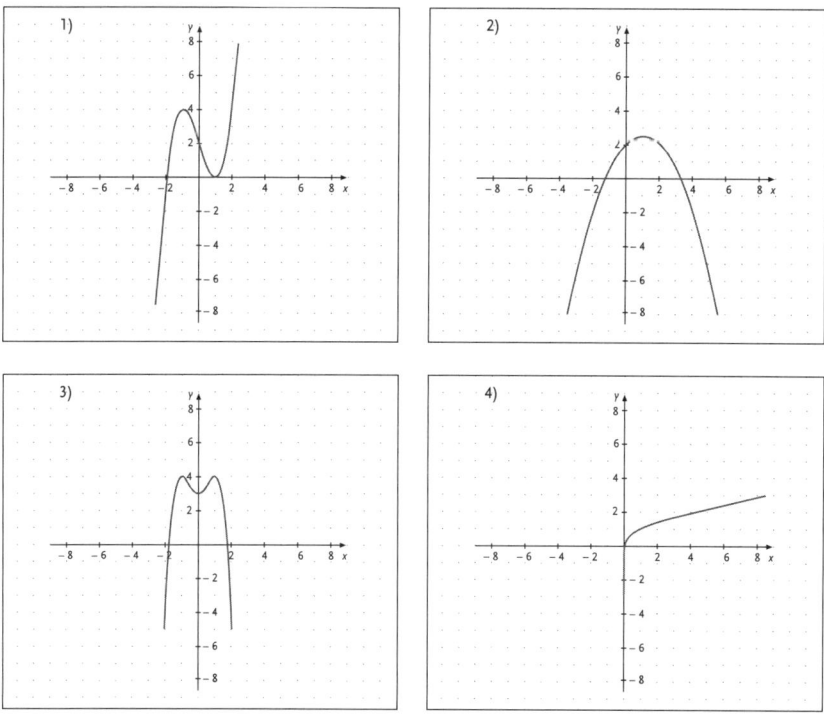

Abb. 2 a: Zu den Funktionsbildern sind erzeugende Gleichungen gesucht

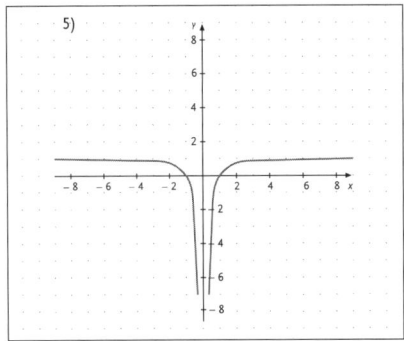

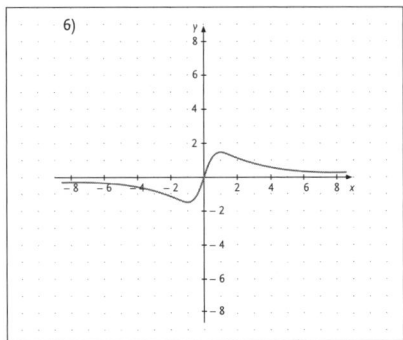

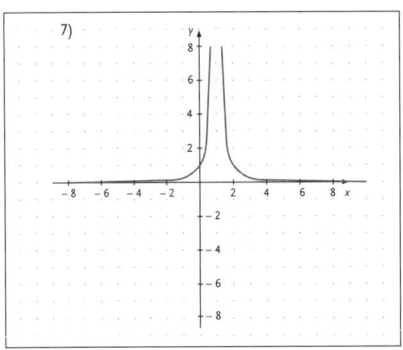

Abb. 2 b: Zu den Funktionsbildern sind erzeugende Gleichungen gesucht

Ein Aufgabenbeispiel[3] zum Arbeiten mit unterschiedlichen Wachstumsmodellen auf Basiswissenniveau ist das folgende:

Beispielaufgabe: Wachstumsmodelle

Anna plant mit 18 Jahren eine große Reise nach Südamerika zu machen. Als sie 16 Jahre alt wird, erhält sie von ihren Eltern drei Angebote für einen Zuschuss zur Auswahl, die bis zur ihrem 18. Geburtstag (also 2 Jahre) gelten sollen:

Angebot A: Anna erhält sofort 100 €, dann jeden Monat 20 € dazu.

Angebot B: Anna erhält sofort 0,01 Ct, dann jeden Monat das insgesamt bereits erhaltene Geld dazu.

Angebot C: Anna erhält einen Betrag, der sich aus den Volumen eines Würfels berechnet: Die Kantenlänge dieses Würfels entspricht der Zahl der Monate seit ihrem 16. Geburtstag in Zentimeter. Dabei werden für jeden Kubikzentimeter 10 Ct ausgezahlt. Wie würdest du dich entscheiden?

---

[3] Quelle: Portfolio der Albanus-Magnus-Schule Fulda aus BRUDER, R. (Hrsg.) 2006, zum hessischen TI-Projekt 2004/2005, Texas Instruments 2006, dokumentiert in *www.madaba.de*.

Lösungen:
Angebot A: lineares Wachstum: $f_A(x) = 100 + 20\,x$
   $(x$ in Monaten, Ergebnisse in Euro)
Angebot B: exponentielles Wachstum: $f_B(x) = 0{,}0001 \cdot 2^x$
Angebot C: potenzielles Wachstum: $f_C(x) = 0{,}1 \cdot x^3$

Gewinn nach 2 Jahren (24 Monate seit dem 16. Geburtstag):
Angebot A: $f_A(24) = 580\,€$
Angebot B: $f_B(24) = 1677{,}72\,€$
Angebot C: $f_C(24) = 1382{,}40\,€$ *Angebot B ist am lukrativsten.*

Um solche und ähnliche Aufgaben bearbeiten zu können, bedarf es eines mathematischen Basiswissens, das bereits in Form von identifizierbaren Mathematisierungsmustern angeeignet wurde. Die algebraische Struktur und eine grafische Visualisierung verschiedener mathematisch unterscheidbarer Wachstumsarten müssen identifiziert und auch realisiert werden können. Das ist deutlich mehr an kognitiver Anforderung als eine einfache Reproduktionsleistung einzelner voneinander unabhängig betrachteter formaler Wachstumsbeschreibungen. Die vorgestellte Aufgabe bleibt jedoch von der Komplexität der erforderlichen Mathematisierung und den Vernetzungsanforderungen in einem elementaren Anforderungsbereich. Wir schlagen deshalb vor, die kognitiven Anforderungen dieser Aufgabe als Bestandteil einer anzustrebenden mathematischen Basiskompetenz zu interpretieren.

Beispiele zu den oben genannten Aspekten mathematischer Basiskompetenzen bietet ein elementarer Kopfrechentest, der nach der Einführung negativer Zahlen bis zur Oberstufe so beherrscht werden sollte, dass in höchstens 4 Minuten nicht mehr als zwei Fehler auftreten.

Beispielaufgaben: Der Kopfrechen-Führerschein ohne Kontextbezüge

Für die folgenden Aufgaben hast du maximal 4 Minuten Zeit!

1. $5 + 7 =$	*11.* $18 + 17 =$	*21.* $600 - 420 =$
2. $13 - 8 =$	*12.* $27 : 9 =$	*22.* $30 \cdot 6 =$
3. $2 \cdot 87 =$	*13.* $580 : 2 =$	*23.* $41 - 50 =$
4. $160 : 40 =$	*14.* $19 + 32 =$	*24.* $16 + 19 =$
5. $21 \cdot 6 =$	*15.* $44 - 7 =$	*25.* $15 \cdot (-4) =$
6. $47 - 14 =$	*16.* $120 + 350 =$	*26.* $(-52) + (-14) =$
7. $11 \cdot 0 =$	*17.* $35 : 5 =$	*27.* $42 : 7 =$
8. $1 - 4 =$	*18.* $12 \cdot 10 =$	*28.* $61 + (-25) =$
9. $15 \cdot (-3) =$	*19.* $96 : 6 =$	*29.* $450 : 9 =$
10. $39 : 3 =$	*20.* $37 + 55 =$	*30.* $76 - 18 =$

Danach wird eine erstrebenswerte Variante eines Kopfrechentests vorgestellt, in dem es nicht mehr nur um formales Rechnen ohne Vorstellungsbezüge, sondern um einfachste Kontextbezüge zu den Grundrechenarten geht. Das wäre ein sinnvolles Ziel für den Erwerb eines „Kopfrechenführerscheins" in Analogie zu einschlägigen anderen Zertifikaten außerhalb der Schule.

Beispielaufgaben: Der Kopfrechen-Führerschein mit Kontextbezügen

Für die folgenden Aufgaben hast du maximal 15 Minuten Zeit!

1. Das Dreifache von 17
2. Rechne 15 kg um in g und t.
3. 15 min sind wie viele Sekunden?
4. Schreibe drei Fünftel als Kommazahl.
5. Der achte Teil von 600 Luftballons
6. Die Temperatur wird über Nacht um 13° fallen und zeigt jetzt –2° an, steht im Wetterbericht. Mit welcher Temperatur ist am Morgen zu rechnen?
7. Berechne die Summe und die Differenz aus drei Viertel und sieben Achtel.
8. Reichen 3 € für folgenden Einkauf: 2 Bananen zu je 45 Cent, 1-mal Butter zu 78 Cent und 2-mal Milch zu 0,49 €?
9. 2 % Jahreszinsen für 6000 €, wie viel Geld ist das?
10. Zwei Winkel in einem Dreieck betragen zusammen 135°. Wie groß ist der dritte Winkel?
11. Ein quadratischer Platz ist 16 m lang. Welchen Flächeninhalt und welchen Umfang hat er?
12. 600 € sollen im Verhältnis 3 : 1 aufgeteilt werden. Wie viel bekommen die beiden Parteien?

Ergänzt werden diese Überlegungen durch einfache Fragen zu Vorstellungen über Funktionen und Funktionsverläufe, die zur Wiederholung und auch als Lernkontrolle geeignet sind, vgl. das folgende Beispiel:

Beispielaufgaben: Funktionen und Funktionsverläufe

■ Skizziere ein Schaubild einer Funktion und eins, das keine Funktion darstellt.
■ Gib ein Anwendungsbeispiel für lineare Funktionen und eins für quadratische Funktionen an.
■ Skizziere je zwei Schaubilder von
  a) Wurzelfunktionen
  b) Potenzfunktionen mit ungeradem Exponenten
  c) Exponentialfunktionen
  d) trigonometrischen Funktionen

Solche auf Grundvorstellungen und Grundverständnis abzielende Aufgabenstellungen lassen sich zu jedem allgemeinbildenden mathematischen Unterrichtsthema finden. Hier noch einige Beispiele, die den Charakter und Typ dieser Aufgabenstellungen unterstreichen sollen:

Beispielaufgaben

- Was ist 10 cm² groß?
- Gib zwei Beispiele an für Sachverhalte, die sich in der Form $a \cdot b = c$ darstellen lassen, und ein Beispiel, das nicht diese Struktur hat.
- Wie ändern sich Umfang und Flächeninhalt eines Rechtecks, wenn beide Seitenlängen halbiert werden?
- Welche Strategien eignen sich zum Berechnen des Flächeninhaltes von zusammengesetzten ebenen Figuren?
- Welche Fehler können passieren beim Multiplizieren von Brüchen und mit welchen anschaulichen Überlegungen kann man sie verhindern?

Inhaltlich begründen lassen sich diese Aufgaben und Anforderungen mit einer Art elementaren Alltags-Rechenkompetenz, aber vor allem mit strukturellen und bildlichen Vorstellungen sowie algebraischen und grafischen Darstellungen, die für erfolgreiches Weiterlernen in Mathematik und anderen Unterrichtsfächern mindestens bis zum mittleren Schulabschluss unverzichtbar sind sowie in vielen Situationen auch außerhalb von Schule nützlich sein können. Bei einem Führerschein für ein Fahrzeug genügt jedoch das Bestehen der theoretischen Prüfung noch nicht, um in den realen Straßenverkehr entlassen zu werden – diese Prüfung ist „nur" eine notwendige Voraussetzung dafür. Ähnlich ist die Situation mit diesen begrifflichen und technischen Grundlagen in der Mathematik: Sie reichen definitiv nicht, um grundlagenkompetent im Sinne mathematischer Grundbildung zu sein, sind aber eine mitunter doch unterschätzte Voraussetzung dafür.

Die Beispiele deuten es schon an: Es ist immer eine *Kombination aus Vorstellungen und Fertigkeiten* darin enthalten. Es genügt nicht, ein Drittel von 600 formal zu berechnen, sondern es sollen dabei Vorstellungen aktiviert werden können, was das z.B. bei einer Preisverteilung in Form von Geld bedeutet, und warum man dann so rechnet. Das folgende Beispiel zeigt eine mögliche Anwendungssituation, die in Klasse 5 und 6 in SINUS-Transfer Hessen[4] in einem Vergleichstest eingesetzt wurde und die auch in höheren Klassenstufen ggf. mit variierenden Argumentationen bewältigt werden sollte:

Beispielaufgabe

Die drei Freunde Marco, Tina und Felix kaufen sich gemeinsam ein Lotterie-Los zum Preis von 4€. Marco und Tina bezahlen jeweils 1€, Felix bezahlt 2€ des Loses. Sie gewinnen mit dem Los 600€! Hilf ihnen, den Gewinn gerecht aufzuteilen.

---

[4] Zu den Ergebnissen der Tests vgl. Bericht zum Projekt EVAHESI (2006) unter *www. math-learning.com*.

Ähnliches gilt für die Prozentrechnung, stochastische Fragestellungen und für Funktionsklassen und ihre Darstellungen. Erst das Inbeziehungsetzen mathematischer Begriffe, Operationen und Zusammenhänge untereinander bzw. mit Situationen aus der Lebenswelt und ein Blickwinkelwechsel z. b. auf typische Fehlerquellen bilden ein notwendiges, durch nichts ersetzbares Fundament für das Bewältigen komplexer Anwendungssituationen. Hinreichend für den Erwerb von z. b. mathematischer Argumentations- und Modellierungskompetenz sind solche Wissensbausteine allerdings nicht. Viele bestehende Basiswissenkataloge und Übungsserien leisten diese Verknüpfungen noch nicht. In welchen Kontexten sollen die Lernenden verschiedener Altersstufen die mathematischen Kenntnisse und Fertigkeiten anwenden können und auf welchem Niveau? Auf das Niveauproblem wird im 3. Abschnitt näher eingegangen.

Was nun alles zu einem möglichst *permanent verfügbaren Basiswissen und -können* dazugehören soll, womit nichts anderes als eine gewisse *mathematische Basiskompetenz* beschrieben wird, und wo hier die Grenzen gesetzt werden, darüber gibt es wenig Nachlesbares und viel zu wenig theoretisch fundierte und praxisorientierte Diskussion. Dennoch wird es immer mehr in die Verantwortung der Schulen gelegt, die Vorstellungen der Fachschaft zum Basiswissen und -können im Schulcurriculum zu verankern, und schließlich muss jede Lehrkraft schon jetzt jeden Tag entsprechende Entscheidungen fällen.

Woran kann man sich orientieren, wenn an einer Beschreibung mathematischer Basiskompetenz gearbeitet werden soll?

Man kann die von WINTER (1996) formulierten und in den Bildungsstandards aufgegriffenen drei wünschenswerten Grunderfahrungen in einem allgemeinbildenden Mathematikunterricht heranziehen, um damit zunächst auf einer allgemeineren Ebene die Frage zu beantworten, was man denn durch Mathematikunterricht von der Mathematik **grundlegend verstanden**, was **behalten** und was auch **anwenden** können sollte?
Die Antworten im Kontext von WINTER, vgl. auch Kapitel 1, könnten in dieser Hinsicht folgendermaßen lauten:
Man muss es **verstanden** und **erfahren** haben, dass die mathematischen Gegenstände eine deduktiv geordnete Welt eigener Art bilden mit einer eigenen Sprache, die man erlernen und in der man sich mit Experten[5] verständigen kann.

---

[5] Zu solchen „Experten" gehören im Erwachsenenalltag Fachbücher zur beruflichen Weiterbildung, Versicherungsmakler, Autoverkäufer, Anlageberater, aber auch der Taschenrechner und Computer mit einschlägiger Software.

Mitnehmen und bei sich behalten sollte man aus einem allgemeinbildenden Mathematikunterricht insbesondere Problemlösefähigkeiten in Form von heuristischen Fähigkeiten, die über die Mathematik hinausgehen. Es geht hier also auch um alltagsrelevante Denkstrategien, weniger um bestimmte Kalküle, Formeln oder Beweise. „Zerlegen und Ergänzen" kann man z. B. in der Geometrie bei der Inhaltsberechnung von Flächen und Körpern als hilfreiche alternative Strategien kennenlernen, die das eigene Strategiearsenal und damit die Beweglichkeit des Denkens erweitern, vgl. das folgende Aufgabenbeispiel:

Beispielaufgabe für alternative Lösungsstrategien:
Zerlegen der Figur durch geeignete Hilfslinien oder Ergänzen zum Rechteck

Berechne den Flächeninhalt der abgebildeten Figur. (Die Zeichnung ist nicht maßstabsgerecht!)

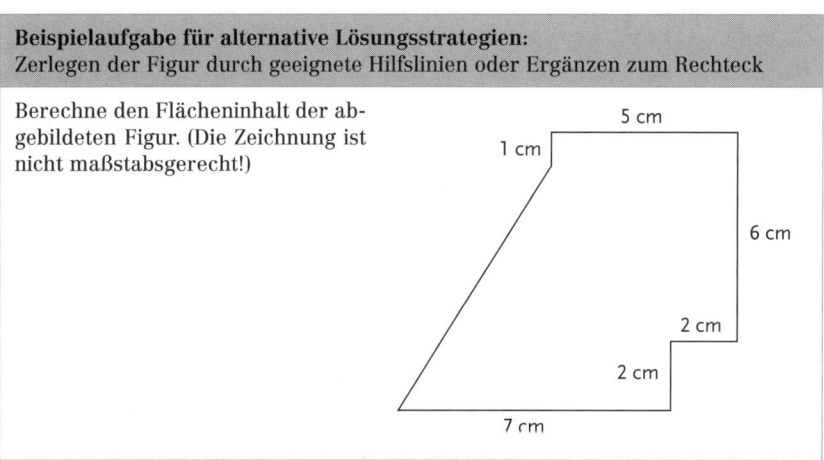

Durch das Aufzeigen von Problemen außerhalb der Mathematik, die man auch mit diesen Strategien erfolgreich bearbeiten kann, wird die Mathematik erst dem Anspruch gerecht, dass man im Mathematikunterricht „denken" lernen kann!

Kennen und anwenden können sollten die Lernenden Basiswissen als Mathematisierungsmuster so, dass sie damit Erscheinungen der Welt um uns in einer spezifischen Art wahrnehmen und verstehen können. Mit der Mathematikbrille in die Welt schauen können, das heißt z. B. auch Zeitungsmeldungen und Diagramme wissensbasiert verstehen, interpretieren und nachfragen können.[6]

---

[6] Erprobte Beispiele bieten die ISTRON-Materialien, *www.math-edu.de/Anwendungen/anwendungen.html*, die MUED-Gruppe *www.mued.de* und ein Internetportal der TU Darmstadt *www.amustud.de* sowie viele weitere Publikationen in Büchern und Zeitschriften wie z. B. MNU unter *www.mnu.de* und in *Mathematik Lehren* mit entsprechenden Themenheften und der Rubrik „Die etwas andere Aufgabe" oder auch das Themenheft „Modellieren bildet" von *Praxis der Mathematik in der Schule* Heft 3/2005.

Wenn also der Versuch unternommen wird, z.B. für eine Jahrgangsstufe mathematische Basiskompetenzen zu beschreiben, wird empfohlen, sich an diesen drei zentralen Aspekten des Lernens von Mathematik zu orientieren und dabei die auszubildenden Kompetenzbereiche *Argumentieren/Kommunizieren, mathematisches Problemlösen und Modellieren* sowie *technisches Arbeiten/Darstellungen und Werkzeuge verwenden* entsprechend zu berücksichtigen.

Beispiele für eine an diesen zentralen Aspekten des Mathematiklernens orientierte Inhaltsauswahl zur mathematischen Basiskompetenz in verschiedenen Jahrgangsstufen bietet auch das Konzept der „Querfeldeinführerscheine", vgl. Kapitel 3.3. Einen solchen Kanon kann man jedoch nicht ein für alle Mal festlegen. Das, was hier aufgenommen wird, sollte in der Fachschaft jeder Schule konsensbildend diskutiert und umgesetzt werden.[7]

3.2 Lehr- und Lernmethoden zur Sicherung von Basiswissen

Im Folgenden geht es weniger darum, die Erarbeitung neuen Stoffes zu beschreiben. Ausgehend davon, dass das schon geschehen ist, stellt sich aber die Frage, wie die Elemente des Basiswissens fest verankert und über lange Zeit wachgehalten werden können, um möglichst flexibel verfügbar zu sein. Dazu sind einerseits Lehr- und Lernmethoden erforderlich, die helfen, einen Überblick zu gewinnen über das, was wichtig ist, und andererseits Verständnis und Anwendungsfähigkeiten der Lerninhalte unterstützen.

Mindmap als semantisches Netz zur Beschreibung der Lerninhalte und ihrer Zusammenhänge zu einem mathematischen Thema

Unter einer Mindmap für den Mathematikunterricht stellt man sich zunächst eine ideale Form der Visualisierung einer stoffdidaktischen Analyse für die eigene Unterrichtsvorbereitung vor. Am Beispiel der Mindmap zum Thema „Zuordnungen" in Abb. 3 wird erkennbar, dass man unterschiedliche Zugänge zum Thema wählen und die Schwerpunkte auch im Einklang mit den curricularen Pflichtvorgaben verschieden setzen kann. So erscheint es sinnvoll, bei dem einen Thema mehr Aspekte zu bearbeiten, als die Rahmenpläne bzw. die Bildungsstandards explizit vorschreiben, um sich bei einem anderen Thema aus Zeitgründen auf das „Pflichtpensum" zu beschränken. Mindmaps bieten also eine fundierte Grundlage für bewusste unterrichtliche Akzentsetzungen dieser Art.

---

[7] Ein entsprechendes unterstützendes Fortbildungsangebot zum Thema „Basics" mit einem online-Kurs gibt es unter *www.prolehre.de*.

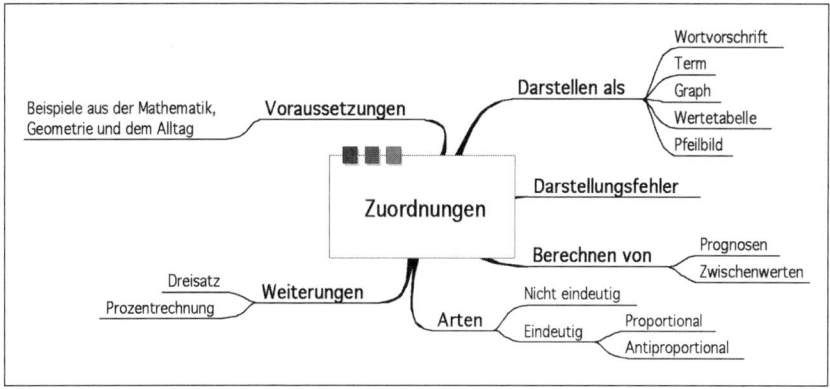

Abb. 3: Semantisches Netz (Mindmap) zum Thema „Zuordnungen"

Mindmaps können, wenn sie mit den Schülern *gemeinsam* entwickelt werden, aber auch für verschiedene Systematisierungsaspekte im Unterricht sehr hilfreich sein, um Vernetzungen der neuen Stoffelemente und Vorgehensweisen mit dem bereits Bekannten zu veranschaulichen. Dabei werden dann auch leicht die Schwerpunkte erkennbar, die Gegenstand einer Lernkontrolle in Form eines Tests oder einer Präsentationsprüfung sein werden.[8]

Im Zentrum der Entwicklung einer **Mindmap aus Lehrersicht** stehen themenspezifische Antworten auf folgende Fragen:

- Welche Zugänge gibt es zum Thema (historisch, anwendungsorientiert)?
- Gibt es Oberbegriffe zum neuen Lerngegenstand?
- Welches Vorwissen, welche Voraussetzungen werden benötigt?
- Welche Begriffe werden gebildet?
- Welche Arten von Objekten werden in dem neuen Thema unterschieden – gibt es Sonderfälle?
- Was soll dargestellt/visualisiert werden können?
- Was soll berechnet und begründet werden können?
- Was sind die typischen Anwendungen?
- Welche Weiterungen und weiterführenden Fragestellungen gibt es?

Nun ist eine Planungs-Mindmap aus Lehrersicht nicht dazu gedacht und in der Regel auch gar nicht geeignet, an die Tafel geschrieben zu werden, um von den Schülerinnen und Schülern „übernommen" zu werden. Ein bereits mit der Lerngruppe im Konsens mit der Struktur gemeinsam entwickeltes semantisches Netz wieder aufzugreifen ist dann sinnvoll, wenn ein mathematischer Gegenstandsbereich systematisch weiter ausgebaut wird und

---

8   Weitere Beispiele für den Einsatz und die Anlage von Mindmaps mit unterschiedlichen Blickwinkeln zum Systematisieren vgl. unter *www.prolehre.de.*

auf spezifische Vorerfahrungen zurückgegriffen werden kann und muss –
z. B. bei Körperberechnungen von neuen Körpergrundformen oder Erweiterungen der Funktionsklassen beim Untersuchen von bestimmten Eigenschaften. In diesen Fällen erhalten die Maps Orientierungs- und auch eine
Motivationsfunktion zur Einführung neuer Lerninhalte.

Mindmaps zum Abschluss eines Themengebietes aus Schülersicht haben
andere Funktionen und sie werden sich mitunter auch stark voneinander
unterscheiden. Etwa ab Klasse 7 sind die Schülerinnen und Schüler durchaus in der Lage, ein behandeltes Thema eigenständig bzw. in einer Gruppenarbeit resümierend zu strukturieren. Der Erwartungshorizont für solche Maps muss vorab geklärt werden. Es wird empfohlen, dass die zentralen
mathematischen Stoffelemente des Themas (Begriffe, Zusammenhänge und
Verfahren) sowie typische Anwendungen vorkommen sollen. Wie die Stoffelemente und ihre Abhängigkeiten untereinander dann dargestellt werden,
entscheiden und begründen die Lernenden selbst. Solche Maps mit Reflexi-
onsfunktion eignen sich auch sehr gut als Bestandteile von Portfolios und
Lerntagebüchern. Nicht so leicht wie das Formulieren eines Auftrages zum
Erstellen eines semantischen Netzes ist die Ergebniskontrolle und das Geben von individuellen Rückmeldungen zu den Arbeitsprodukten der Schülerinnen und Schüler. Hierfür bieten sich jedoch kooperative Arbeitsformen
an, bei denen sich z. B. die Lernpartner (Sitznachbarn) über die Unterschiede und Gemeinsamkeiten ihrer Maps austauschen und ihre Vergleichs-
ergebnisse dann der gesamten Klasse vorstellen. Dabei kommt es zunächst
nicht auf Bewertungen im Sinne von richtig/falsch an, sondern es geht um
ein Wahrnehmen unterschiedlicher Blickwinkel für Systematisierungen
und deren Darstellungen. Die hieraus mit Unterstützung der Lehrkraft ver-
allgemeinerten Strategien zum Gewinnen von semantischen Netzen reprä-
sentieren bzw. ermöglichen einen individuellen und kollektiven Erkenntniszuwachs.

Mathematische Basiskompetenz entwickeln mit einem „Lernprotokoll"

Ein Lernprotokoll im Mathematikunterricht (BRUDER 2001, 2007) kann drei
verschiedene Intentionen haben und unterscheidet sich von einem Lerntagebuch dadurch, dass es nur eine einmalige Momentaufnahme zum aktuellen Lernstand nach den ersten Unterrichtsstunden zu einem neuen Thema ermöglicht. Es bietet:

1. Eine Orientierungshilfe für das, was wichtig ist (Was muss ich kennen –
   was muss ich können?) bereits nach den ersten Einführungsstunden.
2. Eine Chance, sich über den eigenen Lernstand zu vergewissern (Was
   kann ich schon? Wo sind noch Lücken? Was habe ich noch nicht verstanden?) – ohne Bewertungsdruck!

3. Eine Sicherung des Ausgangsniveaus für den Einstieg in komplexe Übungen und Anwendungen zu dem neuen Thema durch eine erste elementare Vernetzung. (Wo und wie können wir die neuen mathematischen Werkzeuge anwenden? Wo gibt es Fehlerquellen?)

Beispiel für ein Lernprotokoll, Klasse 9:
Vorlage von Fragen durch die Lehrperson

1. Wie kann man die Länge einer unzugänglichen Strecke bestimmen, wenn ein Maßband und ein Winkelmessgerät zur Verfügung stehen? Erläutere ein mögliches Vorgehen!
2. a) Zeichne eine „Strahlensatzfigur", beschrifte sie sinnvoll und stelle zwei passende Gleichungen auf!
2. b) Zeichne und beschrifte eine Strahlensatzfigur, für die Folgendes gilt:
   $x : 20 = (x + 40) : 28$
3. Welche Fehler können passieren, wenn man Strahlensätze für Berechnungen anwendet?
4. Wann kann man Strahlensätze anwenden und wann nicht?
   Gib jeweils ein Beispiel an!

Wenn man ein solches Lernprotokoll zu Beginn einer Unterrichtsstunde z. B. auch als Ersatz für eine klassische Hausaufgabenkontrolle einsetzt, nachdem die ersten drei oder vier Stunden zum neuen Thema absolviert wurden, können alle drei oben genannten Intentionen erfasst werden. Diese Methode eignet sich aber auch als Abschluss z. B. einer Doppelstunde zur Reflexion des Gelernten.

Wichtige Argumente für diese Unterrichtsmethode sind:

■ Alle Lernenden müssen sich mit den Fragen auseinandersetzen und müssen ihre Gedanken verbalisieren (schriftlich fixieren). Das ist ein wichtiger Meilenstein zu mehr Ziel- und Inhaltsklarheit und Sicherheit in den Vorstellungen und Grundfertigkeiten.

■ Für Lernende und Lehrende werden Verständnisprobleme in einer Lernphase deutlich, in der noch „Reparaturen" möglich sind. Werden diese Defizite erst anlässlich eines Tests erkannt, ist es dafür bereits zu spät (eine Note wird erteilt).

Im Folgenden werden ein *mögliches Vorgehen* zum Umgang mit dem Lernprotokoll und die Art der eingesetzten Aufgabenstellungen allgemeiner beschrieben, um sie auf andere Themen übertragen zu können:

■ *Alle* Schüler/innen beantworten die gestellten Fragen schriftlich und für sich allein. Es erfolgt keine Bewertung, aber die Ergebnisse werden verglichen mit einer verbalen Rückmeldung der Lehrkraft. Wird diese Methode, die auch dazu dient, den Lernenden mehr Verantwortung für ihr eigenes Lernen zu übertragen, erstmals in einer Klasse eingesetzt, wird empfohlen, die Arbeitsergebnisse der Schüler/innen einzusammeln und individuelle Hinweise zur Verbesserung des Lernstandes zu geben. Dieser einmalige Aufwand in einer Unterrichtsreihe zahlt sich langfristig aus. Später genügen Vergleiche mit einer vorbereiteten Folie oder die Vorstellung einer Musterlösung.

▨ Folgende typische Fragestellungen sind besonders geeignet für ein Lernprotokoll, da sie Lernanlässe schaffen für Reflexionen auf einer Metaebene, die entscheidend das Verständnis fördern helfen:
  – Das Einstiegsbeispiel der Unterrichtsreihe in Worten beschreiben (Worum geht es?)
  – Eine Grundaufgabe und ihre Umkehrung formulieren und lösen (Identifizierungs- und Realisierungshandlungen zur Verständnisförderung ausführen)
  – Wo kann man das neue Verfahren/den Satz/Begriff anwenden und wo nicht? (Sinn- und Sachbezug herstellen)
  – Welche typischen Fehler können auftreten?

Die folgenden einfachen Beispiele sollen den besonderen Charakter der Lernprotokollaufgaben noch einmal herausstellen. Es handelt sich hier um Aufgaben, die in der Regel nur einmal in einer Unterrichtsreihe vorkommen sollten – nicht öfter. Aber ihr frühestmöglicher Einsatz erlaubt sogar Einsparungen beim Stellen vieler gleichartiger Aufgaben, sogenannter Päckchen, in den folgenden Übungsphasen. Wenn ein gewisses Grundverständnis in dem neuen Themenfeld vorliegt, ist der Boden für eine erste Reflexion bereitet, die neue, tiefere Klarheit bringt. Der ohnehin zweifelhaften Methode eines Lösens von möglichst vielen gleichartigen Aufgaben in der Hoffnung, dass sich dann irgendwann schon die nötigen Lerneffekte einstellen werden, ist das Lernprotokoll weit überlegen und kostet sogar nur wenig Zeit.

Beispiele für verständnisfördernde Aufgabenpaare in Form einer Grundaufgabe und einer ihrer Umkehrungen sind:
■ Diagramm aufstellen, Diagramm interpretieren;
■ Brüche multiplizieren, dividieren;
■ das Volumen eines Elementarkörpers berechnen, Volumen vorgeben und Maße suchen;
■ eine quadratische Gleichung lösen und eine aufstellen, die bestimmte Lösungen hat.

Fragen nach Anwendungsmöglichkeiten und Gegenbeispielen sind in hohem Maße verständnisfördernd und unterstützen eine flexible Anwendungsfähigkeit:
■ Wann kann man das Rechengesetz zum Potenzieren von Potenzen anwenden und wann nicht?
■ Gib einen Term an, den man mithilfe der 3. binomischen Formel vereinfachen kann, und einen, bei dem das nicht geht.

■ Gib einen Zusammenhang an, den man mathematisch in der Form $a : b = c$ beschreiben kann, und einen, bei dem das nicht möglich ist.

Vermischte Kopfübungen – was ist das, warum sind sie wichtig und wie kann man sie gestalten?

Kopfübungen wurden bereits im Kapitel 3.1 in Verbindung mit dem Kopfrechen-Führerschein angesprochen. Aber von einem Testangebot alleine ergeben sich in der Regel keine nachhaltigen Lernzuwächse. Hier soll es darum gehen, Wege aufzuzeigen, wie elementare Grundlagen vor dem Vergessen bewahrt und flexibler anwendbar werden können.

Beispielaufgabe: Kopfübung, ab Klasse 8

1. Löse die Gleichung im Kopf: $3x - 5 = 1$.
2. Löse die Klammer auf: $2(a - 3b)^2 =$.
3. Gib 3 verschiedene Maßpaare an für ein Rechteck mit $30\,cm^2$ Flächeninhalt.
4. Gib einen Überschlag an für den Umfang eines Kreises mit $15\,cm$ Durchmesser.
5. Schreibe einen Term: Das Dreifache einer um 5 verminderten Zahl!
6. Notiere die Koordinaten eines beliebigen Punktes im dritten Quadranten des Koordinatensystems!
7. Welcher Zusammenhang besteht zwischen einem Umfangswinkel und dem zugehörigen Mittelpunktswinkel im Kreis?
8. Auf einer Karte im Maßstab 1 : 200 000 werden 4 cm zwischen zwei Orten gemessen. Wie groß ist die reale Entfernung?
9. Löse die Formel für die Bewegungsenergie nach der Geschwindigkeit v auf!

   $E_{kin} = \frac{m}{2} \cdot v^2$.

10. Eine Bank bietet zurzeit eine Geldanlagemöglichkeit ab 5000€ zu 4% Zinsen an. Wie hoch wären die Zinsen am Jahresende, wenn ich zum 1. des nächsten Monats 6000€ einzahlen würde?

Vermischte Kopfübungen

■ sind eine rituelle **Lerngelegenheit für das Wachhalten von mathematischem Basiswissen** aus früheren Themen und Klassenstufen;
■ enthalten jeweils Grundaufgaben bzw. deren Umkehrungen zu verschiedenen, nicht zum aktuellen Stoff gehörenden Begriffen, Verfahren oder Zusammenhängen, die dauerhaft verfügbar sein sollen;
■ sind Teil einer Selbsteinschätzung der Lernenden mit dem Ziel, Aktivitäten zum Füllen individueller Lücken anzuregen.

Mit regelmäßiger Wiederholung grundlegender Wissensbausteine kann dem Vergessen entgegengewirkt werden und die Lernenden verfügen langfristig über ein solides Fundament, um auch anspruchsvolle Aufgaben erfolgreich mathematisch bearbeiten zu können.

Auch die Zufriedenheit der Lernenden mit ihrer mathematischen Kompetenz kann spürbar zunehmen. Aus langjährigen praktischen Erfahrungen wird folgendes Vorgehen empfohlen:

■ In Klasse 5 bis 8 möglichst einmal pro Woche an einem bestimmten Wochentag zum Stundenbeginn die vermischten Kopfübungen über maximal 10 Minuten einsetzen (auch geeignet zur Konzentrationsförderung und Aufmerksamkeitsfokussierung in Mittagsrandstunden). In den höheren Klassenstufen genügt ein vierzehntäglicher Rhythmus.

■ Die Regelmäßigkeit ist eine notwendige Voraussetzung für spürbare Erfolge.

■ Es werden ca. 5 bis 10 Aufgaben zur eigenständigen Bearbeitung gestellt.[9]

■ Die Aufgaben, die aus verschiedenen Grundanforderungen möglichst unabhängig vom aktuellen Unterrichtsthema gemixt werden, können auf einer Folie mit verdeckten Lösungen vorgestellt oder auch nacheinander mündlich gestellt und kurz an der Tafel angeschrieben werden. Die Schüler notieren sofort (nur) ihre Lösung auf einer Karteikarte (A4), dann wird die nächste Aufgabe gestellt oder aufgedeckt.

■ Die Karteikarte kann eingesammelt und zur nächsten Kopfübung wieder ausgeteilt werden. Die Zahl der richtigen Lösungen wird von jedem Lernenden festgehalten mit dem Ziel, langfristig Verbesserungen zu erreichen. Damit das möglich wird, sollten gesonderte Lernangebote über Arbeitsblätter, Lernsoftware oder das Internet zum individuellen Üben bereitgestellt werden. Diese Materialien werden selbstständig zu Hause bearbeitet oder z.B. auch im Nachmittagsbetreuungsangebot an der Schule.

■ Ein Vergleich der Lösungen kann z.B. selbstständig erfolgen nach Aufdecken der Ergebnisse auf der Overhead-Folie, durch Anschreiben der Lösungen auf Zuruf an der Tafel, durch Einklappen einer Tafel, wenn ein Schüler seine Aufgaben hinter einer Klapptafel verdeckt notiert hat, o.Ä.

■ Es empfiehlt sich eine kurze Abfrage, bei welcher Aufgabe hohe Fehlerquoten in der Klasse auftraten, um den mathematischen Hintergrund ggf. noch einmal für alle Schüler zu erläutern.

■ Von regelmäßigen Benotungen der Kopfübungen wird abgeraten, um den Charakter einer Lerngelegenheit mit Diagnosecharakter zu unter-

---

[9] Musterbeispiele für verschiedene Klassenstufen bis hin zur Oberstufe enthält die Aufgabendatenbank *www.madaba.de*. Anregungen bieten auch Materialien verschiedener Verlage, z.B. die Hefte *Meine täglichen Übungen in Mathematik* für Klasse 5/6, 7/8 und 9/10 vom Paetec-Verlag.

streichen und die Lernenden daran zu gewöhnen, mehr Verantwortung für ihr eigenes Lernen zu übernehmen, indem sie angehalten werden, ohne unmittelbaren Bewertungsdruck individuell nachzulernen und ihre Wissenslücken zu schließen.

■ Um einem Erlahmen des Interesses der Lernenden entgegenzuwirken und die Ernsthaftigkeit der Bearbeitung der Kopfübungen zu unterstützen, hat sich ein sogenannter **Mathe-Führerschein** in Form eines Querfeldeinführerscheins bewährt, der halbjährlich oder zumindest einmal im Schuljahr in Form eines benoteten Tests über mindestens 30 min (integrierbar in die mündliche Note) geschrieben wird. Ein solcher „Grundlagenverfügbarkeitstest" umfasst dann alle Begriffe, Verfahren und Zusammenhänge, die bis dahin Gegenstand der Kopfübungen waren.

■ Es empfiehlt sich, zu Beginn des Schuljahres einen Plan anzufertigen, welche Themen in den Kopfübungen jeweils vorkommen sollen, damit alles Wesentliche abgedeckt und regelmäßig wieder aufgegriffen wird (etwa alle 6 Wochen sollte ein Thema wiederkehren). Auf diese Weise können auch rechtzeitig vor der Behandlung eines neuen Themas die dazu erforderlichen Grundlagen wiederholt werden.

■ Wenn Schüler aufgefordert werden, selbst solche Kopfübungen zusammenzustellen (die Themen sollten vorgegeben werden), entsteht ein zusätzlicher Lerneffekt, und die Akzeptanz und Bereitschaft, diese Aufgaben zu bearbeiten, kann deutlich gesteigert werden.

■ Wenn zu Beginn eines Schuljahres mit Übernahme einer neuen Klasse ein Mathe-Führerschein (ohne Bewertung) geschrieben wird, ergeben sich wertvolle Hinweise auf die Themen, die in den Kopfübungen vorkommen sollten, verbunden mit individuellen Übungsangeboten, siehe oben.

Es geht hier also durchaus auch um einfache Kontextbezüge und nicht nur um ein formales Reproduzieren möglicherweise auswendig gelernter Fakten oder Regeln. Damit können diese vermischten Kopfübungen wesentlich zu einer mathematischen Grundlagenkompetenz beitragen, wie aktuelle empirische Untersuchungen im Rahmen des DFG-Schwerpunktprogramms „Bildungsqualität Schule" (BIQUA) zeigen, vgl. KOMOREK/BRUDER/COLLET/ SCHMITZ (2006).

3.3 Umgehen mit Heterogenität

Umgehen mit Heterogenität im Unterrichtsalltag ist eine überaus vielschichtige und keineswegs immer nur als schwierig und problembeladen anzusehende Aufgabe für die Lehrkräfte aller Schulformen. Unterschied-

liche Denk- und Arbeitsweisen und verschiedene kulturelle Hintergründe der Lernenden können sich durchaus auch gegenseitig bereichern und den eigenen Horizont erweitern, vgl. GROEBEN (2003).
Verbunden mit der Frage nach dem Umgehen mit Heterogenität ist der Anspruch, allen Lernenden einen Entwicklungsfortschritt im Mathematikunterricht zu ermöglichen. Das ist bislang keineswegs selbstverständlich.
Im Folgenden werden einige pragmatische Ansätze diskutiert, wie die Lernenden jeweils im Mathematikunterricht dort abgeholt werden können, wo sie in ihrer aktuellen Persönlichkeitsentwicklung stehen, um jeweils die Zone der nächsten Entwicklung in Angriff zu nehmen (WYGOTSKI).

Arbeiten mit Wahlaufgaben

Schüler lernen eigenverantwortlich(er) und sind langfristig erfolgreich mithilfe von *Wahlaufgaben* und mit klaren Zielvereinbarungen. Dazu soll die Methode der *Einstiegswahl in einem schwierigkeitsgestuften Aufgabenangebot* vorgestellt werden.
Dem unterschiedlichen Festigungsbedarf der Lernenden kann man besser Rechnung tragen, wenn erste Übungen zum neuen Stoff nicht im Gleichtakt für alle laufen, sondern wenn eine Folge von z. B. 10 anforderungsgestuften Aufgaben zum produktiven Üben gestellt wird, von denen in einer gegebenen Zeit aber nur mindestens 5 gelöste Aufgaben erwartet werden. Lernschwache Schüler/innen werden angehalten, mit den einfacheren Aufgaben zu beginnen, mit denen sie erfolgreich sind, um sich von dort aus schrittweise zu steigern, und leistungsstärkere Schüler/innen werden aufgefordert, bereits mit schwierigeren Aufgaben einzusteigen und ggf. auch mehr als die geforderte Mindestzahl zu versuchen, vgl. auch Beispiele in Kapitel 2. Diese Methode eignet sich auch sehr gut für Hausaufgaben und lässt sich sogar bei solch komplexen Lerninhalten wie heuristischen Hilfsmitteln und Strategien anwenden, vgl. auch OPPER (2007).
Für die Rückmeldung der jeweils erzielten, sehr unterschiedlichen Lernergebnisse sollten die drei Bezugsnormen nach RHEINBERG/KRUG (1999) unterschieden und berücksichtigt werden, vgl. auch Kapitel 2, S. 41.
Nicht alle Rückmeldungen müssen von der Lehrkraft kommen, die mit Einzelkorrekturen schnell zeitlich überfordert sein kann. Es bieten sich oft Möglichkeiten kooperativer Arbeit an, sich über den eigenen Lernfortschritt zu vergewissern, vgl. Kapitel 5 und Anregungen zur Hausaufgabenkontrolle bei PREWITZ (2007).
Es ist zu beobachten, dass bei der Arbeit mit Wahlangeboten die Schere zwischen leistungsstarken und lernschwachen Schülern immer weiter auseinandergehen kann. Das sollte jedoch in Kauf genommen werden, wenn

alle Leistungsgruppen beachtliche individuelle Lernfortschritte erzielen. Im Sportunterricht wird auch akzeptiert, dass gutes, intelligentes Training die einzelnen Schülerinnen und Schüler durchaus unterschiedlich weit bringt, aber letztlich doch jeden ein wenig weiter, auch wenn nicht jeder ein Meister werden kann.

Niedrigschwellige Einstiege mit offenem Ende – das „Blütenmodell"

Im sogenannten Blütenmodell für offene Aufgaben wird die im vorigen Abschnitt anhand mehrerer verschiedener Aufgaben angelegte Differenzierungsidee innerhalb einer einzigen Aufgabe zusammengeführt, die aus mehreren anforderungsgestuften Teilaufgaben bestehen kann, vgl. dazu auch Kapitel 2.5. Hier werden zwei Versionen vorgestellt, die unterschiedlich offene Teilaufgaben beinhalten und auf unterschiedliche Kompetenzen abzielen.

Beispielaufgabe: Die Nerobergbahn

Der Neroberg ist Wiesbadens Hausberg. Zu ihm führt die älteste mit Wasserkraft angetriebene Standseilbahn Deutschlands, die Nerobergbahn. Von dort aus hat man einen sehr schönen Blick über Wiesbaden.
Die Bahn funktioniert folgendermaßen: Der talwärts fahrende Wagen wird mit Wasser beladen und zieht den aufwärts fahrenden Wagen aufgrund seines Gewichts nach oben. Kommt der talwärts fahrende Wagen unten an, wird das Wasser in ein Becken abgelassen und kann in das zweite Becken auf dem Berg gepumpt werden. Beide Wagen sind durch ein Stahlseil verbunden. Den Betrieb regelt der talwärts fahrende Wagenführer.
Neben dem Foto (Abb. 4) findet man einige Informationen.

Welche mathematischen Fragen könnten von Interesse sein, wenn man sich über die Nerobergbahn Gedanken macht?

a) Notiere drei solcher Fragen und beantworte mindestens zwei davon.
b) Welche mathematischen Hilfsmittel hast du verwendet? Gibt es noch andere Lösungsmöglichkeiten?
c) Versuche, mindestens eine deiner Fragen etwas allgemeiner zu stellen, sodass sie auch für andere Aufgaben ähnlich der Nerobergbahnaufgabe passen könnte!

Variationen bzw. anforderungsgestufte Teilaufgaben:

a) Als Schüler bekommst du einen Rabatt von 25 %. Wie viel Euro müsstest du für dein Ticket bezahlen?
b) Die Abbildung ist im Maßstab 1 : 5500 gezeichnet. Welche Strecke legt man mit der Nerobergbahn etwa zurück?
c) Die durchschnittliche Steigung der Fahrbahn beträgt 19 %. Auf welcher Höhe über dem Meeresspiegel befindet man sich nach der Bergfahrt, wenn man davon ausgeht, dass Wiesbaden auf einer Höhe von ca. 142 m über dem Meeresspiegel liegt?

d) Die Bahn fährt konstant mit 7 km/h. Wie lange dauert es, bis man auf dem Neroberg angekommen ist? Überlege dir, wo man dem anderen Wagen begegnen wird.

e) Um das Wasser vom Talbecken (220 m³) in das Bergbecken (370 m³) zu pumpen, stehen zwei Pumpen mit einer Pumpleistung von je 30 m³/h zur Verfügung. Begründe, warum es reicht, nur einmal einige Stunden zu pumpen, statt nach jeder Fahrt das Wasser wieder nach oben zu pumpen!

INFORMATIONEN:

Die Bahn fährt alle 15 Minuten.
Mai bis August: 10 bis 20 Uhr
April, September, Oktober: 10 bis 18 Uhr

FAHRPREISE:

Einzelfahrt:	2 €
Berg- und Talfahrt:	2,80 €
Schüler/Studenten erhalten: 25 % Rabatt	

DIE TECHNIK:

Wagengewicht:	8,1 t
Wasserfüllung;	7000 Liter
Steigung (durchschnittlich):	19 %
Mittlere Fahrgeschwindigkeit:	7 km/h
Bergbecken:	370 m³
Talbecken:	220 m³
2 Pumpen:	je 30 m³/h

Abb. 4: Die Nerobergbahn in Wiesbaden (Quelle: „Deutschland in alten Ansichten" The Yorck project)

Weitere praktische Empfehlungen zu einem differenzierenden Mathematikunterricht bietet KRIPPNER (1992). Zur Aufgabenvariation – auch durch Schüler – bietet SCHUPP (2003) wertvolle Anregungen.

3.4 Verschiedene Niveaus des Mathematikverständnisses

Zur Unterstützung der diagnostischen Tätigkeit der Lehrkräfte ist es hilfreich, sich an praktikablen Strukturierungen, leicht verständlichen und übertragbaren Aspekten des Verstehens von Mathematik zu orientieren. Dazu werden im Folgenden zwei Vorschläge unterbreitet.

BRUNER (1974) unterscheidet zwischen der *enaktiven, ikonischen* und *symbolischen* Erkenntnisebene.

Beispiel

Wenn man von einem ausgeschnittenen Papierdreieck die drei Ecken abreißt und aneinanderlegt, ist die Vermutung naheliegend, dass die Innenwinkelsumme im Dreieck 180° betragen könnte.

Ähnlich ist die Situation, wenn man durch Körperdrehung die drei Winkel eines auf den Boden gemalten Dreiecks addiert. In beiden Fällen handelt es sich um eine Art Muskelerinnerung. Die Innenwinkelsumme von 180° wird plausibel und hinterlässt Erinnerungsspuren im Kopf. Ein mathematischer Beweis ist das jedoch nicht. Ein Lernender, der auf dieser Erkenntnisebene verbleibt, kennt die Innenwinkelsumme im Dreieck, kann aber keine mathematische Begründung für seine Gültigkeit liefern.

Die *ikonische Ebene* wird z. B. erreicht, wenn man sich ein Dreieck aufzeichnet, einen Innenwinkel festhält und an der gegenüberliegenden Dreiecksseite wackelt. Dann kann man, durch Abbildung 5 gestützt, erkennen, dass die Innenwinkelsumme vermutlich konstant ist. Wie groß könnte sie sein? Nachmessen führt zu einer Vermutung. Auch das ist noch kein mathematischer Beweis, aber der kognitive Anspruch dieser Ebene ist deutlich höher als der auf der *enaktiven Ebene*. Lernende, die diese Erkenntnisebene erreichen und nachvollziehen können, sind in der Lage, intuitive Begründungen zu geben und einen gegebenen Sachverhalt in einem bestimmten Kontext (bildlich) zu interpretieren.

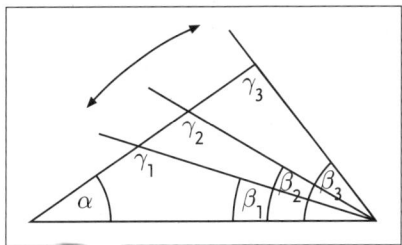

Abb. 5: Vermutung der Konstanz der Innenwinkelsumme im Dreieck

Die *symbolische Ebene* wird erreicht, wenn nach mathematischen Beweismitteln gesucht wird, um zu zeigen, dass die Innenwinkelsumme in jedem ebenen Dreieck tatsächlich 180° betragen muss. Hierzu wird meist auf Winkelsätze an geschnittenen Parallelen zurückgegriffen (Wechselwinkel). Eine entsprechende Hilfslinie muss eingezeichnet werden und mit geeigneten Bezeichnungen wird eine logische Schlusskette entwickelt. Kann ein Schüler diesen Beweisgang nachvollziehen, hat er das anspruchsvollste Argumentationsniveau erreicht.

Diese drei Erkenntnisebenen sagen jedoch noch nichts aus über die Übertragbarkeit der Vorstellungen und eingesetzten Methoden, mit der letztlich erst eine bestimmte Handlungskompetenz identifiziert werden kann. Deshalb wird empfohlen, zusätzlich zu den Erkenntnisebenen noch die *Qualität der Handlungsorientierung* zu unterscheiden.

Vor dem Hintergrund einer weit ausgearbeiteten Tätigkeitstheorie (LOMP-SCHER 2004) lassen sich ganz grob etwa drei Typen oder Qualitäten von Handlungsorientierungen bei Lernenden unterscheiden:

1. Probierorientierung

Ein Schüler versucht durch Annahme von Apfel-Zahlen (100, 200 ...) die folgende historische Knobelaufgabe (intuitiv) zu lösen – und scheitert:

Beispielaufgabe: 7-Tore-Aufgabe[10]

Ein Mann geht Äpfel pflücken. Um mit seiner Ernte in die Stadt zu kommen, muss er 7 Tore passieren. An jedem Tor steht ein Wächter und verlangt von ihm die Hälfte seiner Äpfel und einen Apfel mehr. Am Schluss bleibt dem Mann nur ein Apfel übrig. Wie viele hatte er am Anfang?

Bei der Probierorientierung handelt es sich um eine unvollständige Orientierungsgrundlage, die nur Vorstellungen von Handlung und Ergebnis enthält; es ist ein Handeln nach Versuch – Irrtum; keine Strategie- oder Verfahrensreflexion, spezifische Verfahrenskenntnisse werden nicht ausgebildet. Man kann mit dieser Strategie durchaus Erfolg haben, es kostet jedoch meist viel Zeit.

Im praktischen Leben wird dieses Vorgehen häufig angewendet. Warum eine lange Bedienungsanleitung lesen, wenn man es doch auch so hinbekommt, den Anrufbeantworter zu programmieren! Von Schülern wird diese Methode auch oft im Unterricht gewählt, obwohl teils bessere, theoretisch fundierte Orientierungsgrundlagen bekannt sein müssten. Doch wenn diese Orientierungsgrundlagen nicht in variierenden Kontexten vom Schüler aus seinem Gedächtnis abgerufen werden können, wurden sie nicht vollständig ausgebildet. Es fehlt dann das Vermögen (und mitunter auch die Bereitschaft) zum Wiedererkennen von (eigentlich) Bekanntem.

2. Musterorientierung

Es liegt eine vollständige Orientierungsgrundlage für ein abgegrenztes Gebiet durch Beispiellösungen vor. Detaillierte, nicht verallgemeinerte Angaben zum Sachgebiet bzw. zu den Handlungsbedingungen schränken eine Übertragung von Kenntnissen ein. Analoge Aufgaben zum Musterbeispiel können selbstständig bearbeitet werden, aber die Handlungen erfolgen ohne ausreichende Einsichten in komplexere Zusammenhänge.

Beispiel

Unser Schüler hat anhand der *7-Tore-Aufgabe* die Strategie des Rückwärtsarbeitens kennengelernt. Jetzt löst er eine folgende Aufgabe, in der es z.B. um Tuchballen geht, erfolgreich nach dem gleichen Muster – also „rückwärts". Diese Aufgabe unterscheidet sich jedoch nur unwesentlich von der Musteraufgabe.

---

[10] Die recht hohe Schwierigkeit dieser Aufgabe kann für den Haupt- und Realschulbereich deutlich reduziert werden, ohne das Lernpotenzial zu verringern, indem man statt 7 Toren nur drei oder vier Tore einbaut. Entscheidend ist, dass die Strategie des Rückwärtsarbeitens als nützlich erkannt und erlernt wird.

Eine Übertragung der neuen Strategie auf folgendes Beispiel gelingt ihm nicht, weil er die Grundidee der Strategie noch nicht erfasst hat und sich z.b. nur an sachbezogenen Gemeinsamkeiten der bisherigen Aufgaben orientiert.

Beispielaufgabe: Bonbonverpackung

Bonbons sollen in einer besonders auffälligen pyramidenförmigen durchsichtigen Kunststoff-Form verpackt werden. 200 g dieser Bonbons nehmen etwa einen Raum von 400 cm^3 ein. Welche Maße könnte eine Pyramidenform erhalten, die 200 g Bonbons fasst?

3. Feldorientierung

Es wurde eine vollständige allgemeine Orientierungsgrundlage für einen Wissensbereich oder ein Themenfeld entwickelt, der Einsatz von mathematischen Verfahren wird reflektiert und es besteht eine hohe Übertragbarkeit der auf dieser Basis angeeigneten Kenntnisse und Handlungen. Die Lernenden auf diesem Orientierungslevel sind in der Lage, selbst Beispiele vom Typ „Musterorientierung" zu generieren, d.h., sie erfinden selbst Aufgaben zur Erläuterung eines Begriffs oder einer Strategie. Die Bonbonaufgabe können Schüler mit Feldorientierung zur Strategie Rückwärtsarbeiten lösen, wenn sie in der Lage sind, kontextunabhängig die Kernfragen dieser Strategie zu stellen: *Was müsste ich kennen, um das Gewünschte bestimmen oder folgern zu können?*

Jetzt ist es möglich, schriftliche Arbeitsprodukte von Schülern und Schüleräußerungen nach der Orientierungsqualität zu beurteilen und parallel festzustellen, auf welcher Erkenntnisebene agiert wurde bzw. wo die jeweiligen Vorstellungen angesiedelt sind. Bekannte Beispiele zu Verstehensaspekten aus der Literatur, z.B. VOLLRATH 2001, lassen sich entsprechend aufgliedern: Lernende haben einen Begriff auf niedrigster Orientierungsstufe verstanden, wenn sie die Bezeichnung und den Begriffsumfang intuitiv kennen. Sie sind also z.b. in der Lage, bei eindeutig vorgegebenen Körpermodellen zu entscheiden, ob es sich um ein Prisma, eine Pyramide usw. handelt. Eine reflektierte Begründung mit den definierenden Merkmalen kann jedoch nicht formuliert werden. Können die Schüler jedoch aus dem Kopf Beispiele angeben (für ein Tetraeder) und begründen, warum es sich um ein Beispiel für diesen Begriff handelt, ist eine Musterorientierung erreicht. Erst wenn charakteristische Eigenschaften eines Begriffs auch beispielunabhängig genannt werden können und eine Einordnung von Ober-, Unter- und Nachbarbegriffen erfolgt, handelt es sich um eine Feldorientierung.

Auf dieser Grundlage sind Schüler schließlich in der Lage zu erläutern, warum etwas nicht unter den bestimmten Begriff fällt. Analoges gilt für das Verstehen von Zusammenhängen und Verfahren. An der Art der Erläuterungen der Schüler kann eine Präferenz für eine abstrakte (symbolische) oder eher bildliche (ikonische) Beschreibungsebene festgestellt werden.

Beispiel

Gibt ein Schüler auf die Frage nach einer mathematischen Definition für ein Prisma an: „Tobleroneschachtel", kann daraus entnommen werden, dass eher ikonische Vorstellungen existieren, die nicht über eine Musterorientierung hinausgehen. Ein Lernziel für diesen Schüler könnte dann darin bestehen, weitere bildhafte Beispiele für Prismen zu suchen und induktiv eine mathematische Definition durch Verallgemeinerung markanter Eigenschaften zu erarbeiten. In diesem Prozess kann das Umgehen mit mathematischer Fachsprache schrittweise gelernt werden (symbolische Ebene) und durch eine Präzisierung des Begriffsumfangs wird die Körpervorstellung verallgemeinert in Richtung einer Feldorientierung.

Zusammenfassung

Ein über Kopfübungen regelmäßig wiederholtes und mit dem Lernprotokoll elementar vernetzend verstandenes mathematisches Basiswissen ist eine notwendige Voraussetzung, um uneffektive Probierorientierungen der Schüler/innen in Übungen und Anwendungen zu überwinden. Mit einer Aufgabenkultur, die eine kognitive Heterogenität in der Lerngruppe konstruktiv auffängt (Wahlaufgaben, Blütenaufgaben u.Ä.), kann es gelingen, eine stabile Musterorientierung zu den in den Lehrplänen geforderten Unterrichtsthemen aufzubauen als notwendige Voraussetzung zur angestrebten Feldorientierung. Dazu reichen die hier besprochenen Instrumente zur Basiswissensicherung jedoch noch nicht aus. Sie müssen ergänzt werden durch Reflexionen zu den erzielten Resultaten, Lernwegen und eingesetzten Werkzeugen.

Die folgende Übersicht soll Anregungen geben, den bisher beschriebenen Unterrichtsmethoden und Aufgabenformaten in einer Unterrichtsreihe einen geeigneten Platz im Laufe der Erkenntnisgewinnung der Lernenden zuzuweisen. Auf der linken Seite in der Übersicht findet man eine mögliche Abfolge von Methoden innerhalb einer Unterrichtsreihe, die nachhaltiges Lernen unterstützen. Hier sind exemplarisch auch Methoden aufgeführt, die wir in diesem Buch nicht näher beschrieben haben, vgl. dazu aber BARZEL/BÜCHTER/LEUDERS (2007). Hier soll deutlich werden, dass die Kopfübungen unabhängig vom aktuellen mathematischen Thema ihren festen Platz haben müssen und wo ein Lernprotokoll angesiedelt sein könnte. Auf der rechten Seite werden noch einmal typische Aufgabenformate angegeben, die in diesem methodischen Ablauf mit einer bestimmten didaktischen Funktion Akzente setzen.

Damit ist kein formales Ablaufschema für modernistischen Mathematikunterricht gemeint, sondern ein Orientierungsrahmen im Sinne einer **Beispielorientierung für eine fundierte Unterrichtsplanung**:

Einbettung von Unterrichtsmethoden und Aufgabenformaten in einen Konzeptrahmen zur Unterrichtsplanung	
Methoden	**Didaktische Funktion, Aufgabenformate**
Wöchentliche/vierzehntägliche vermischte Kopfübungen	Permanente Ausgangsniveausicherung (Basics)
Einführungsproblem/Themenfeld	Einführung neuen Stoffes, Zielorientierung/Motivierung
Mindmap zur Beschreibung des bisherigen Erkenntnisstandes zu einem Thema (Lokalisieren von Erkenntnislücken, neuen Fragestellungen)	Selbstlernumgebung (Stationen o.Ä.) Einstiegssystematisierung
Erstellen eines Wissensspeichers mit den neuen Begriffen, Zusammenhängen und typischen Anwendungsfeldern	Erste Übungen mit Grundaufgaben und Abwandlungen (Zielumkehr) sowie Erweiterungen
Lernprotokoll zur Reflexion und Verständnisförderung zum neuen Stoff	
Kopfübung	Komplexe Übungen und Anwendungen
Problemlösen lernen durch Bewusstmachen von Heuristiken und erste Übung mit Wahlaufgaben	Musteraufgabe zum Kennenlernen heuristischer Hilfsmittel, Prinzipien und Strategien
Ich-Du-Wir-Prinzip Stationenlernen Expertenmethode	Komplexaufgaben mit Standardcharakter, offene Aufgaben: „Blütenmodell"
Unterrichtsbegleitende langfristige Hausaufgaben mit Selbstregulationselementen	Aufgaben selbst erfinden Mathematikgeschichten schreiben
Kopfübung	
Projektorientierte Arbeitsphase	Komplexaufgaben mit Problemcharakter, Modellierungsaufgaben: „Trichtermodell"
Mindmap zur Beschreibung der neuen Wissenselemente, ihrer Zusammenhänge und typischer Anwendungen zum aktuellen Unterrichtsthema	Zusammenfassung – Systematisierung und Testvorbereitung
Selbsteinschätzung – was kann ich schon?	
Test, Portfolio, Lerntagebuch …	

4 Mit Hausaufgaben Lernprozesse unterstützen –

Ein durchgängiges Hausaufgabenkonzept
Regina Bruder; Evelyn Komorek

Hausaufgaben gibt es schon sehr lange (vgl. unten stehenden Kasten). Sie sind aus unserem Schulalltag nicht wegzudenken – und schon gar nicht im Fach Mathematik. Etwa 2,6 Stunden pro Woche werden durchschnittlich für Mathematik-Hausaufgaben aufgewendet, vgl. KOMOREK (2006). Im Folgenden geht es um ein Konzept[1], wie diese wertvolle Lernzeit auch im Kontext von Unterrichtsentwicklung sinnvoll gestaltet werden kann.

Hausaufgaben im Wandel der Zeit

Hausaufgaben sind seit langem Gegenstand des deutschen Schulalltags, schon 1464 wurden sie in der Bayreuther Schulordnung erwähnt. Da es in den Lateinschulen der damaligen Zeit keine Jahrgangsklassen gab, dienten Hausaufgaben als *Mittel der Differenzierung.*

Auch mit Einführung des Klassenunterrichts gegen Ende des 17., Anfang des 18. Jahrhunderts wurden Hausaufgaben nicht überflüssig. Um die Jahrhundertwende vom 18. zum 19. Jahrhundert wurde die Zeit zum Anfertigen der Hausaufgaben kritisch diskutiert. Es folgten Kontroversen bezüglich der Funktion von Hausaufgaben, die nicht selten auch als *Mittel zur Disziplinierung* eingesetzt wurden.

Im 20. Jahrhundert setzte sich die Diskussion über Funktion, Inhalt und Umfang von Hausaufgaben im Lernprozess fort. Wurden um 1930 Hausaufgaben eher positiv bewertet, so gab es um 1950 verstärkt kritische Stimmen und um 1970 sogar Forderungen zur Abschaffung der Hausaufgaben. In der aktuellen bildungspolitischen Diskussion gibt es nun wieder vermehrte Überlegungen zur sinnvollen Nutzung von Hausaufgaben. Einen Kurzüberblick über die Geschichte der Hausaufgaben in Deutschland findet man z.B. bei SCHÖNBRUNN (1989).

In Deutschland sind Hausaufgaben heute in den Schulgesetzen und entsprechenden Verordnungen der einzelnen Bundesländer unterschiedlich stark reglementiert, z.B. in Hessen durch die Verordnung zur Gestaltung des Schulverhältnisses und in Bayern durch die Schulordnung für Gymnasien. Die Schulkonferenz erarbeitet Grundsätze für Art und Umfang der Hausaufgaben. Ob und in welchem Umfang Hausaufgaben gestellt werden, liegt somit nicht allein im Ermessen der einzelnen Lehrkraft.

Neben der Auswahl der Inhalte und Aufgaben spielt auch die Art und Weise, wie die Hausaufgaben gestellt und im weiteren Unterricht ausgewertet werden, eine entscheidende Rolle sowie die Frage, wie die häusliche Lerntätigkeit durch das Vermitteln von Lernstrategien, durch Zusammenarbeit mit den Eltern und durch das Ermöglichen von Erfolgserlebnissen unterstützt werden kann. Abbildung 1 gibt einen Überblick über zentrale Elemente eines Hausaufgabenkonzeptes.

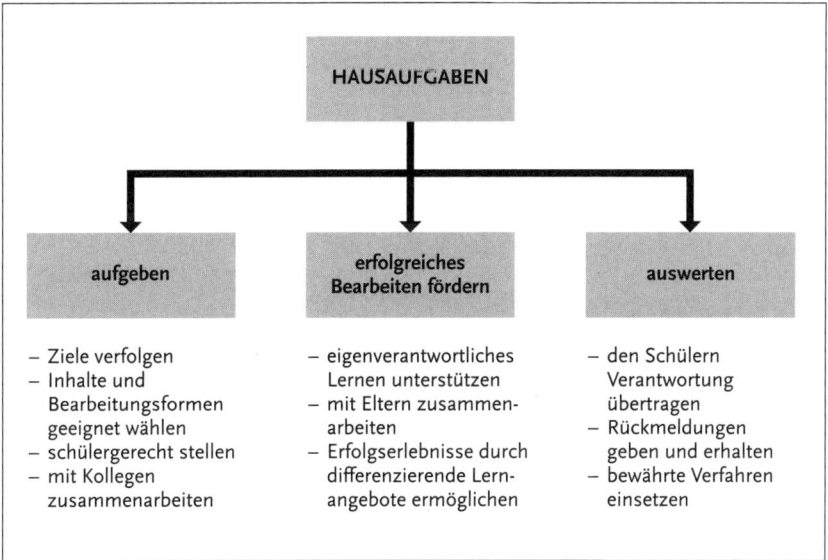

Abb. 1: Mit Hausaufgaben umgehen – eine Übersicht

4.1 Mit Hausaufgaben vielfältige Ziele verfolgen

Ohne konkret gestellte Aufgaben wird zu Hause für Mathematik kaum gelernt. Verschiedene Studien zeigen zudem, dass regelmäßige Hausaufgaben, die im Unterricht auch inhaltlich besprochen werden, in einem positiven Verhältnis zur Mathematikleistung stehen (vgl. LIPOWSKY u.a. 2004). Deshalb kommt dem regelmäßigen Stellen von Hausaufgaben eine große Bedeutung zu. Ohne das selbstständige Lösen von Aufgaben ist die Aneignung mathematischer Kompetenzen nicht möglich. Die Hausaufgaben bieten Raum dafür.

---

1   Im Rahmen eines von der Deutschen Forschungsgemeinschaft (DFG) geförderten Projektes zu Problemlösenlernen in Verbindung mit Selbstregulation haben wir ein Hausaufgabenkonzept zusammengestellt, in das auch zahlreiche Erfahrungen erfolgreicher Lehrkräfte eingegangen sind, vgl. KOMOREK u.a. (2006).

Hausaufgaben können für die Schülerinnen und Schüler vor allem dann hilfreich sein und akzeptiert werden, wenn nicht nur den Lehrkräften, sondern auch den Lernenden klar ist, welchem Ziel die jeweilige Hausaufgabe dient. Sie können beispielsweise genutzt werden zum

- Üben,
- Anwenden,
- Vertiefen,
- Sammeln persönlicher Problemlöseerfahrungen,
- Vorbereiten des weiteren Unterrichts oder von Leistungsbewertung und
- Diagnostizieren von Lernleistungsniveaus,
- Lernen lernen.

Entsprechend können in der Hausaufgabe ganz unterschiedliche *Aufgabentypen* vorkommen:

- Anwendungs- und Transferaufgaben
- Erkundungsaufgaben
- Erstellen von Mindmaps
- experimentelle Aufgaben (Stochastik: Würfelexperimente)
- fächerübergreifende Projekte/Aufgaben
- Knobelaufgaben
- kreative Aufgaben (Geschichten schreiben, Aufgaben erfinden)
- Modellierungsaufgaben
- Rückblick auf vergangene Unterrichtsstunde in Einzelarbeit
- Trainingsaufgaben für grundlegendes Können (z. B. von Rechenfertigkeiten)
- Trainingsaufgaben zum Lernen von Basiswissen
- …

Eine wichtige Voraussetzung zum erfolgreichen Verfolgen von Zielen ist die Motivation. An ihr fehlt es häufig, gerade auch im Zusammenhang mit den Hausaufgaben: Es kommt nicht selten vor, dass Hausaufgaben vor dem Unterricht schnell noch abgeschrieben oder auch gar nicht angefertigt werden. Vor Klassenarbeiten jedoch besteht für gewöhnlich eine größere Bereitschaft, sich mit den Aufgaben auseinanderzusetzen, von denen geglaubt wird, dass sie eventuell „drankommen" könnten.

Wie kann es gelingen, ein möglichst stabiles Interesse für Hausaufgaben zu wecken?

Eine Möglichkeit besteht sicher darin, an die Interessensgebiete der Schüler anzuknüpfen, und eine weitere, sie den Schülern als wertvollen Teil des Lernprozesses bewusst zu machen, damit die Lernenden möglicherweise aus Interesse an der Sache selbst zum Lösen der Aufgaben motiviert werden. Neben Aufgabenkontexten aus der Lebenswelt der Schülerinnen und Schüler eignen sich die bereits genannten Erkundungsaufgaben von der Recherche im Internet, wenn allen die technischen Möglichkeiten gegeben sind, über Interviewaufträge bis zum Sammeln mathematikhaltiger Artikel aus Zeitungen und Zeitschriften zum Unterstützen der Hausaufgabenmotivation. Hier folgt eine solche Erkundungsaufgabe für Wiederholungen zur Prozentrechnung in Klasse 8:

Beispielaufgabe: Prozenten auf der Spur

■ Finde zu Hause drei Textstellen, in denen eine Prozentangabe vorkommt. Was sagen die Prozentangaben jeweils aus? Notiere für alle drei Stellen, wo du sie gefunden hast und was die Prozentangaben bedeuten.

■ Überlege dir eine sinnvolle Aufgabenstellung, in der eine der drei Prozentangaben das Ergebnis ist.

■ Finde eine weitere Aufgabe mit einer der Prozentangaben als gegebenem Wert. Notiere und löse sie.

Tipp: Prozentangaben kannst du z. B. auf Lebensmittelverpackungen, auf den Materialetiketten von Kleidung oder auch in Zeitungen und Zeitschriften finden.

Auch kleine Experimente können dazu einen Beitrag leisten, was nicht nur in der Stochastik möglich ist, wie das folgende Beispielarbeitsblatt von DISTLER (2007) zeigt:

Beispiel-Arbeitsblatt: Mathe in der Fernsehshow

Die folgende Aufgabe wurde in einer ungarischen Fernsehshow in den sechziger Jahren als eine „Zwei-Minuten-Aufgabe" gestellt und sollte in dieser Zeit von den Kandidaten gelöst werden:

■ *The semicircular disc glides along two legs of a right angle. Which line describes point P on the perimeter of the half circle?*

Eure Mathehausaufgabe für diese Woche lautet:
a) Übersetzt die Aufgabe aus der englischen Sprache in die deutsche Sprache.

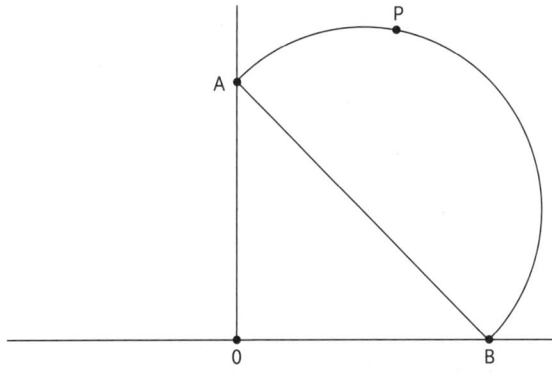

b) Baut ein Modell aus Bierdeckeln, Stecknadeln oder ähnlichen Materialien, um die Aufgabenstellung anschaulich demonstrieren zu können.

Lasst jemanden (z. B. aus eurer Familie) raten, auf welcher Kurve sich der Punkt nach unten bewegt. Der- oder diejenige kann es dann mit eurem Modell selbst ausprobieren.

Macht eventuell ein Foto von diesem Moment des Ausprobierens und notiert kurz die Reaktionen.

c) Zeichnet mehrere Lagen des Halbkreises beim Heruntergleiten.

d) Beschreibt die Kurve, auf der der Punkt P sich dabei bewegt, so präzise wie möglich. Überlegt euch Begründungen für die Kurvenform.

Wenn für Schülerinnen und Schüler ein Zusammenhang zwischen Unterricht und Hausaufgaben sichtbar wird, wenn es gelingt, durch das Bearbeiten der Hausaufgaben Erfolgserlebnisse und Anerkennung zu erhalten, wenn beispielsweise produktives Üben in den Hausaufgaben zu guten Ergebnissen auch in Testsituationen führt, dann können sich Leistungsmotivation und auch Leistungsbereitschaft entwickeln. Neben anforderungsdifferenzierenden Aufgabenstellungen können Bearbeitungsformen wie Lerntagebücher, Portfolios oder Wochenhausaufgaben die Schülermotivation steigern helfen.

Wie kann man Hausaufgaben interessanter machen?

- Die Lernenden zu Experten werden lassen, z. B. mit folgenden Rahmungen:
  Susi argumentiert so und Stefan ganz anders – wer hat recht?
  Berate ... bei seinen Entscheidungen (Einkaufen, Renovieren, Tarife auswählen für Telefon, Internet, Strom u. Ä.) mithilfe der Mathematik!
- Erkundungen: Wo kommt Mathematik vor? (Mit der „Mathebrille" durch die Welt laufen ...)
- Die Schüler aus Wahlangeboten unterschiedlicher Schwierigkeit oder verschiedener Kontexte Aufgaben aussuchen lassen.
- Bei „Päckchen" Zusatzfragen stellen (vgl. auch LEUDERS, T. 2006a), z. B.: Kann man immer so rechnen? Wann geht das nicht?
- Aufgaben mit gleichem mathematischem Inhalt, aber frei wählbarem Kontext selbst bilden lassen.
- Aufgaben nach dem Lösen noch variieren (leichter, schwerer; Lösbarkeitsfragen diskutieren, Lösungswege verallgemeinern).
- Möglichkeiten zur Selbstkontrolle bieten.
- Das Reflektieren anregen: Was hat geholfen, die Aufgabe(n) zu lösen – von der verwendeteten Mathematik und von den Strategien her?
- Einsetzen von ideellen Belohnungssystemen wie der Ankündigung einer mündlichen Note bei entsprechender Präsentation, Vergabe eines „Hausaufgabengutscheins" o. Ä.

Sollen selbstständiges Arbeiten und Übernahme von Verantwortung für das eigene Lernen gefördert werden, sind Freiräume für schülereigene Entscheidungen nötig, vgl. auch Kapitel 5. Diese können z.B. mit längerfristigen Hausaufgaben, die Wahl- und Zusatzaufgaben unterschiedlicher Schwierigkeit enthalten, geschaffen werden.

4.2 Hausaufgaben zielklar und erwartungstransparent schülergerecht stellen

Durch Hausaufgaben wie „... und wer nicht fertig ist, der macht den Rest zu Hause!" (was mitunter angebracht sein mag), werden auf Dauer Lernchancen vergeben. Erste Voraussetzung für eine erfolgreiche Hausaufgabenbearbeitung ist, dass die Lernenden wissen, was von ihnen erwartet wird und welche Aufgaben zu bearbeiten sind, also:

- ▓ klare Aufgabenstellung,
- ▓ Transparenz der Ziele der Hausaufgabe,
- ▓ Bearbeitungsweise (allein, in einer Lerngruppe, zugelassener bzw. erwarteter Hilfsmitteleinsatz),
- ▓ Angabe des vorgesehenen zeitlichen Rahmens der Aufgabenbearbeitung (Zeitumfang z.B. 30 min, zur nächsten Mathematikstunde, als Wochenaufgabe o.Ä.).

Neben der inhaltlichen Zielklarheit ist gerade der zeitliche Rahmen wichtig, sonst kann es immer wieder geschehen, dass bei schwierigen Aufgaben zu schnell aufgegeben oder auch unangemessen lange erfolglos probiert wird. Ohne eine zeitliche Orientierung ist es für die Lernenden schwierig, ihre Leistungen, die ja auch mit der aufgewendeten Zeit in Beziehung stehen, realistisch einzuschätzen.

Hierzu sind klare Absprachen zwischen Lehrkraft und Klasse nötig und es ist wichtig zu überprüfen, ob die jeweiligen Hausaufgaben richtig verstanden wurden. Eine Möglichkeit dafür besteht z.B. darin, dass eine Schülerin oder ein Schüler die Hausaufgabenstellung für alle wiederholt und dass die gesamte Klasse die Möglichkeit erhält, Fragen zu stellen. Deshalb sollten vor allem umfangreiche Hausaufgaben möglichst nicht erst am Ende einer Unterrichtsstunde gestellt werden. Werden Hausaufgaben wie oben beschrieben relativ spontan zum Stundenschluss gestellt, besteht zudem leicht die Gefahr, dass die Lernenden über- oder unterfordert werden.

Gelegentlich ist es jedoch sinnvoll, andere Hausaufgaben als geplant zu stellen, z.B. wenn im Unterricht Mängel im Basiswissen festgestellt werden, die durch Aufträge zum Wiederholen und Üben behoben werden sollen.

Um dem Vergessen vorzubeugen, sollten alle Hausaufgaben von den Schülerinnen und Schülern notiert werden. Das Führen eines Hausaufgaben-

hefts für alle Fächer wird empfohlen, weil es die Schülerinnen und Schüler
bei der eigenständigen Lernplanung unterstützen kann.

4.3 Mit den Fachkollegen im Klassenteam zusammenarbeiten

Zusammenarbeit im Kollegium ist nicht nur in Bezug auf den Unterricht,
sondern auch mit Blick auf die Hausaufgaben sinnvoll. Durch Absprachen
kann Über- oder Unterforderung durch Hausaufgaben vermieden werden.
Besonders wirkungsvoll sind fächerübergreifende einheitliche Regelungen
im Klassenteam z.b. zur äußeren Form oder zum Umgang mit nicht angefertigten Hausaufgaben.

Zudem können durch diese Zusammenarbeit auch bei den Hausaufgaben
Vorteile fächerübergreifenden Lernens zumindest gelegentlich genutzt
werden. Fächerübergreifendes Unterrichten kommt dem natürlichen Lern-
verhalten des Menschen besonders nahe, das sich eher an Themenfeldern
als an Wissensbereichen orientiert. Zudem wird dadurch vernetztes Denken gefördert, was den Lern- und Speicherprozessen des Gehirns entge-
genkommt.

Das Nutzen eines fächerübergreifenden Lernpotenzials erfordert allerdings
eine vorausschauende Unterrichts- und Hausaufgabenplanung der beteiligten Lehrkräfte. Dies ist im Schulalltag nicht immer leicht durchführbar, jedoch bieten zeitlich befristete Lösungen, wie z.B. die Zusammenarbeit im
Rahmen von Projekten, eine praktikable Möglichkeit zur Zusammenarbeit.

Eine andere Kooperationsform ist die Bildung von Klassenstufenteams. Damit sind Gruppen von Lehrerinnen und Lehrern gemeint, die innerhalb
eines Schuljahres überwiegend auf der Ebene einer Klassenstufe zusammenarbeiten. Sie können auch abstimmen, wer wann welche Aufgaben auf-
gibt und in welchem Umfang (z.B.: in Biologie machen wir gerade „Sammeln und Ordnen" – in Mathematik auch, beim „Haus der Vierecke" oder:
in Geographie geht es um die Wüstenbildung und in Mathematik vielleicht
um den Umgang mit Daten, die man auch aus dem Geographietext entneh-
men kann). Werden Ideen zu Hausaufgaben gemeinsam umgesetzt, können
die Kräfte gebündelt werden und es ist ein produktiver Erfahrungsaus-
tausch möglich.

Ein Beispiel dafür ist die für die eigene Fachschaft gebündelte Erfahrung
zur Hausaufgabenfolie von BERNDT (2007), im Folgenden als Kopiervorlage
zur Information der Schülerinnen und Schüler dargestellt.

Es empfiehlt sich, auch die Eltern über die Regelungen und Empfehlungen
zur Arbeit mit der Hausaufgabenfolie zu informieren und die Ziele zu erläutern.

Kopiervorlage: Vereinbarungen zur Arbeit mit der Hausaufgabenfolie für die Schülerinnen und Schüler

Hausaufgabenfolie   Datum:
Thema der Unterrichtseinheit: Verfasser:

Angaben zur Hausaufgabe (Seite und Nummer im Buch, Fragestellung, …)

Voraussetzungen:
Formeln/Regeln/Sätze/Zusammenhänge, die man wissen muss, um die Hausaufgabe bearbeiten zu können.

Gegebenenfalls eine Skizze anfertigen.

© United Features Syndicate Inc./distr. kipkakomiks.de

Lösung der Aufgabe:
– Die wichtigsten Lösungsschritte sauber darstellen.
– Groß und deutlich schreiben (Großbuchstabe ungefähr so groß wie ein Karokästchen im Heft).
– Endergebnis unterstreichen.

→ Kann die Aufgabe nicht gelöst werden, wird notiert, was unklar oder welche Frage noch offen ist.

→ Konnte die Aufgabe nicht vollständig gelöst werden, sollten auch erste Lösungsansätze notiert werden: z.B. Lösungsidee, Skizze oder wichtige Informationen bei einer Textaufgabe.

Korrekturen/Ergänzungen:
Hier werden nach der Präsentation der Folie die Ergebnisse der Besprechung eingefügt, z.B. alternative Lösungswege, Korrektur von Fehlern, Vervollständigen von Lücken.

Nächste Aufgabe …

Ablauf:
- Die Hausaufgabenmappe wird innerhalb der Klasse an den nächsten Schüler der Liste gereicht.
- Wasserlösliche Folienstifte (fein) stellt der Schüler bereit.
- Er/Sie fertigt die Hausaufgaben zunächst im Heft an.
- Er/Sie wählt die wichtigsten Aufgaben aus, denn bei Aufgaben, die sich zu sehr ähneln, reicht es, nur die Lösungen zu notieren.
- Übertragung dieser Auswahl und der Lösungen auf maximal zwei Folien.
- Nach der Präsentation wird die Hausaufgabenmappe weitergereicht.
- Nach der Verbesserung der Folie wird die Folie in die Mappe eingeordnet.
→ Eine Mappe mit allen Hausaufgaben und wichtigen Lerninhalten entsteht, in die jeder hineinschauen kann!

Präsentation der Folie:
Der Verfasser ist verantwortlich für die Unterrichtsphase „Besprechung der Hausaufgaben". Das heißt:
- Er/Sie fasst kurz die wichtigen Regeln, Sätze und Zusammenhänge der letzten Stunde zusammen.
- Er/Sie erklärt, wie die Hausaufgabe gelöst werden kann.
- Die eigene Lösung wird anhand der Folie erläutert.
- Fragen aus der Gruppe werden beantwortet.
- Offen gebliebene Fragen werden formuliert.

Nachbereitung der Folie:
- Die offenen Fragen werden mit der Lehrerin und der Klasse gemeinsam geklärt.
- Der Verfasser der Folie verbessert seine Fehler bzw. vervollständigt die offen gebliebenen Aufgaben.
  Die Folie wird in den Folienordner eingeordnet.

Bewertung der Hausaufgabenfolie:
- Präsentation der Hausaufgabe,
- Nachbereitung/Vollständigkeit der Aufgaben,
- Gestaltung der Folie (Struktur eingehalten, Lesbarkeit, verständliche Darstellung der Lösung).
- Zunächst nicht mitbewertet werden Fehler und Lücken bei der Präsentation!!! Diese müssen aber verbessert bzw. vervollständigt werden.
- Die Noten der Hausaufgabenfolien machen ca. ein Drittel der mündlichen Note aus.

4.4 Beispiele für erfolgreiches Arbeiten mit Hausaufgaben

Lernende, die selbstständig ihre Zeit einteilen und ihren Lernprozess planen und steuern können, werden sicher zeitökonomischer und leichter ihre Hausaufgaben bewältigen als jene, bei denen dies nicht der Fall ist. Das gilt gleichermaßen für den Mathematikunterricht wie auch für andere Fächer. Es gibt eine Reihe von Methoden, um alle Schülerinnen und Schüler dabei zu unterstützen, *das Lernen zu lernen*, d.h. zunehmend selbstständig und eigenverantwortlich zu arbeiten, vgl. auch Kapitel 5.

Eigenverantwortliches Lernen unterstützen

Schülerinnen und Schüler werden ihre Hausaufgaben dann eigenständig und erfolgreich bearbeiten, wenn sie durch den Unterricht bereits an ein systematisches und strukturiertes Vorgehen beim Bearbeiten von Aufgaben gewöhnt sind und wenn sie gelernt haben, Lernstrategien einzusetzen. Andererseits bieten Hausaufgaben die Möglichkeit, entsprechend den persönlichen Vorlieben eigene Vorgehensweisen zum erfolgreichen Lernen zu trainieren und zu verfestigen. Dabei geht es darum, sich Ziele zu setzen, das Lernen zu planen, sich selbst zu motivieren und die Arbeitsmaterialien bereitzulegen. Während des Lernens müssen Lernstrategien angewendet und „Ablenker" erfolgreich abgewehrt werden. Falls nötig, muss Hilfe gesucht und mit Fehlern sinnvoll umgegangen werden. Die Selbstreflexion nach dem Lernen ist eine grundlegende Komponente für den Lernerfolg. Ohne Analyse und Bewertung der erzielten Ergebnisse, des Vorgehens und des eigenen Verhaltens ist keine Veränderung möglich.

In vielen Schulen gibt es Projekttage oder -wochen zum „Lernen lernen". Es bietet sich an, das selbstständige und eigenverantwortliche häusliche Lernen in derartige Veranstaltungen zu integrieren. Lernstrategien, die Gegenstand solcher Projekttage sind, sollten immer auch mit Blick auf ihre Einsetzbarkeit bei den Hausaufgaben mit den Lernenden diskutiert werden. Eine wirksame Methode, um Selbstständigkeit und Eigenverantwortlichkeit zu entwickeln und um das Setzen und Verfolgen realistischer Ziele zu trainieren, sind längerfristige Hausaufgaben mit einem Bearbeitungszeitraum von einer Woche und mehr.

Zu Selbstregulationsthemen wie Ziele setzen, sich selbst motivieren, mit Ablenkern, Fehlern und Misserfolgen umgehen usw. gibt es eine Reihe von kleinen Bausteinen, die in die Mathematikhausaufgaben integriert werden können, wie es im Hausaufgabenbeispiel ab S.97 ausführlich vorgestellt wird. Die Reflexion des Vorgehens kann beispielsweise durch folgende Fragen oder Aufforderungen gefördert werden:

Fragen zur Förderung der Reflexion

- Überprüfe dein Ergebnis!
- Ist das Ergebnis sinnvoll?
- Wie bist du vorgegangen?
- Begründe dein Vorgehen!
- Gibt es andere Lösungswege?
- Wo kann man das verwendete Verfahren noch gebrauchen?
- Was kannst du beim Bearbeiten der Hausaufgaben nächstes Mal besser machen?
- Welchem Zweck dienten die Hausaufgaben?
- Was konnte ich lernen?
- Was hat mir beim Lösen der Aufgaben geholfen? Was hat mich abgelenkt?
- Wie kann ich mich nächstes Mal davor schützen?
- Was will ich nächstes Mal anders machen? ...

Wenn die Schülerinnen und Schüler erfahren, dass in Abhängigkeit von den angestrebten Lernzielen unterschiedliche Lernhandlungen und Vorgehensstrategien eingesetzt werden können, und wenn es im Unterricht immer wieder Gelegenheit gibt, dieses zielabhängige Vorgehen zu reflektieren, dann können Kompetenzen für lebenslanges Lernen ausgebildet werden. Eine gelungene und bereits mehrfach erfolgreich erprobte Umsetzung von Reflexionselementen ist der „Hausaufgabenkasten" nach HASENBANK-KRIEGBAUM (2007), der u. a. einem Nichtanfertigen von Hausaufgaben entgegenwirken und den oft mühsamen Ergebnisvergleich effektivieren kann. Die Lernenden werden aufgefordert, jeweils zum Ende der angefertigten Hausaufgabe Folgendes zu notieren:

Beginn:	Ende:
Verwendete Hilfsmittel:	
Offene Fragen:	

Erfolgserlebnisse beim Problemlösen ermöglichen

Voraussetzung zum erfolgreichen Lösen mathematischer Probleme sind neben solidem Basiswissen Kenntnisse und Kompetenzen im Umgang mit Heurismen, Anstrengungsbereitschaft und auch die bereits erworbenen eigenen Problemlöseerfahrungen. Diese können Schülerinnen und Schüler nur durch das Bearbeiten individuell schwieriger Aufgaben gewinnen. Hausaufgaben, besonders längerfristige, sind dafür besonders geeignet, denn sie bieten eine gute Gelegenheit zur Binnendifferenzierung bezüglich der Lernleistung, und damit hat man die Möglichkeit, den Frust bei Hausaufgaben zu minimieren, das „Dranbleiben" zu stärken, die erfolgreiche Bearbeitung zu fördern. Das notwendige Ausgangsniveau kann bei Bedarf durch entsprechende Zusatzaufgaben gesichert werden: „Wenn du bei den Aufgaben 3–6 Schwierigkeiten hast, bearbeite zuerst das Übungsprogramm auf der Rückseite!", vgl. das Beispiel S.97f. Durch Aufgaben unterschiedlicher Schwierigkeit können sowohl leistungsschwache als auch leistungsstarke Schüler besonders gefördert werden. Eine Umsetzung für das Arbeiten mit Wahlaufgaben enthält die Hausaufgabe zu linearen Gleichungen:

Beispiel-Hausaufgabe (langfristig!): Lineare Gleichungen

■ **Das verflixte „x"**
Ermittle die Lösungen der Gleichungen:

a) $x + 5 = 17$ b) $17x = 187$ c) $36x = -504$ d) $\frac{45}{44} = \frac{9x}{11}$

■ **Flaschenpfand**
Eine Colaflasche mit Pfand kostet 2,10€. Die Cola selbst kostet 2€ mehr als das Pfand. Wie viel Pfand muss man für die Flasche zahlen? Stelle dazu eine passende Gleichung auf.

■ **Fehlersuche**
Einige Schüler haben beim Umformen Fehler gemacht. Finde die Fehler und führe die Umformungen richtig aus:

a) $8x = 18$ b) $\frac{2}{5}x = 1$ c) $x : 7 = 28$ d) $\frac{2}{5}x + \frac{3}{5} = 0$

$x = 10$ $x = \frac{2}{5}$ $x = 4$ $x = \frac{3}{2}$

■ **Frau Silbermann und ihre Enkelin**
Frau Silbermann ist 60 Jahre alt, ihre Enkelin ist 4 Jahre alt. Wann ist die Großmutter fünfmal so alt wie ihre Enkelin?

■ **Der Wandertag**
Die Klasse 8c beginnt um 8 Uhr eine Wanderung und kommt dabei 4km/h vorwärts. Stefan kommt 5 Minuten zu spät und läuft mit einem Tempo von 5km/h hinterher. Wann und nach wie vielen Kilometern holt er die Klasse ein?

Wahlaufgaben
Wähle mindestens zwei der folgenden vier Aufgaben aus und bearbeite sie!

■ **Rechteckseiten (*)**
Die eine Seite eines Rechtecks ist um 5,2m länger als die andere Seite. Der Umfang des Rechtecks beträgt 24,8m. Wie lang sind die Seiten des Rechtecks?

■ **Wer ist wie alt? (**)**
Karin ist drei Jahre älter als Michael und Tobias ist fünfmal so alt wie Michael. Zusammen sind die drei 52 Jahre alt. Wie alt sind Karin, Michael und Tobias?

■ **Die Teilhaber (**)**
Drei Teilhaber stellen das Grundkapital einer Firma mit 105 000 €, 75 000 € und 60 000 € . Wie ist der nach einem Jahr erwirtschaftete Reingewinn von 21 600 € anteilsgerecht aufzuteilen?

■ **Zugfahrt (***)**
Ein Personenzug fährt um 12:05 Uhr mit einer Durchschnittsgeschwindigkeit von 40 km/h von einem Bahnhof ab. Um 12:35 Uhr folgt ihm ein Eilzug mit einer durchschnittlichen Geschwindigkeit von 70 km/h. Wann überholt der Eilzug den Personenzug?

Viel Erfolg beim Lösen dieser Hausaufgabe!
Notiere zum Schluss noch, wie viel Zeit du etwa für die Bearbeitung gebraucht hast: ca. ... Stunden.

Diese und weitere Beispiele für langfristige Hausaufgaben mit Lösungsvorschlägen kann man unter *www.problemloesenlernen.de* finden.

Mit Eltern zusammenarbeiten

Hausaufgaben sind im Alltag vieler Familien ein Thema, Eltern möchten ihre Kinder beim häuslichen Lernen unterstützen. Klare Vereinbarungen zwischen Lehrkräften, Eltern und Kindern zu Umfang, Inhalten und Formen von Hausaufgaben können helfen, Konflikte wegen Hausaufgaben zu vermeiden. Das Interesse der Eltern an Hausaufgaben kann genutzt werden, um bei ihnen für eine pädagogisch sinnvolle Unterstützung zu werben. Informieren Sie die Eltern über die Hausaufgabenpraxis in einer Klasse. Elternabende, an denen die Kollegen teilnehmen, die hausaufgabenintensive Fächer (i.A. sind das Mathematik, Deutsch und die Fremdsprachen) in der Klasse unterrichten, bieten eine gute Gelegenheit, um fächerübergreifende Regeln für den Umgang mit Hausaufgaben sowie Qualitätskriterien für die Hausaufgaben, die im Kollegium vereinbart wurden, den Eltern mitzuteilen. Es sollte offen über die Art und das Ausmaß der erwarteten elterlichen Mithilfe informiert werden. Weitere nützliche Hilfen für Eltern stellen Informationen über zweckmäßige Arbeitsbedingungen, angemessene Arbeitplätze, günstige Arbeitszeiten im Tagesverlauf sowie über geeignete Lern- und Arbeitstechniken dar. Als Alternative zum Elternabend eignet sich das Verteilen von Informationsblättern (vgl. Kopiervorlage „Merkblatt für Eltern und Schüler", S. 94), um Eltern zu informieren. Für Kinder, deren Eltern nicht in der Lage sind, das häusliche Lernen zu unterstützen, können Hausaufgaben in Gruppenarbeit zumindest gelegentlich einen Ausgleich schaffen, falls es gelingt, leistungsstärkere Schülerinnen und Schüler zu motivieren, ihre Kompetenzen in heterogene Lerngruppen einzubringen.

Hausaufgaben auswerten

Damit die Schülerinnen und Schüler ihre Hausaufgaben als Lernchance verstehen können und um die Wichtigkeit ihres selbstständigen Lernens deutlich zu machen, sind qualifizierte Rückmeldungen nötig. Dadurch, dass

Schülerinnen und Schüler Verantwortung für ihre Hausaufgaben tragen, und durch das Einsetzen bewährter Verfahren zum Auswerten kann es geschafft werden, zeitökonomisch den Erwartungshaltungen der Lernenden zu entsprechen.

Rückmeldungen zu Hausaufgaben/Umgang mit Fehlern

Die Lernenden möchten wissen, ob ihre Lösungen korrekt sind. Ist dies der Fall, kann daraus Lernzufriedenheit resultieren. Sind Fehler aufgetreten, dann müssen die Schülerinnen und Schüler die Möglichkeit haben, diese zu lokalisieren, bzw. die Schwächen müssen aufgedeckt und bewusst werden. Aus diesen Gründen ist ein inhaltliches Auswerten der Hausaufgaben nötig, nur so können Schülerinnen und Schüler durch Hausaufgaben gefördert werden. Eine formale Kontrolle des Anfertigens der Hausaufgaben reicht nicht aus. Zudem können über das Aufgreifen und Würdigen von Hausaufgaben im Unterricht selbst leistungsschwächere Schülerinnen und Schüler Anerkennung erfahren. Rückmeldungen zu den Hausaufgaben sind auch für Lehrerinnen und Lehrer wichtig. Sie zeigen, was von den Lehrerintentionen bei den Schülerinnen und Schülern wirklich angekommen ist, welche Aufgaben mit Freude bearbeitet werden und wo noch Übungsbedarf besteht. Sie können gelegentlich für Überraschungen sorgen. Zum Beispiel zeigt es sich bei empirischen Untersuchungen, dass die von der Lehrerin oder dem Lehrer für die Erledigung der Hausaufgaben veranschlagte Zeit oftmals weit unter der von ihren Schülerinnen und Schülern angegebenen Zeit liegt. Über das Besprechen von gestellten Reflexionsfragen (s. S. 90) können sich Lehrer und Lehrerinnen Rückmeldungen beschaffen (Hausaufgaben-Merkblatt für Eltern und Schüler s. S. 94).

Verantwortung für das Auswerten den Schülerinnen und Schülern übertragen

Die Schülerinnen und Schüler können beim Auswerten der Hausaufgaben Verantwortung für ihr Lernen übernehmen, indem sie mithilfe von Musterlösungen ihre Lösungen überprüfen. Weitere Formen der Hausaufgabenauswertung, die die Lernenden einbinden, sind: Partner- oder Gruppenkontrolle, Schülervorträge und Veröffentlichung von Musterlösungen, die entweder ausgehängt, verteilt oder in einem Lösungsordner deponiert werden. Bei dieser Art der Auswertung kommt es darauf an, Probleme, die beim Anfertigen der Aufgaben aufgetreten sind, zu erfragen und zu besprechen. Eine Möglichkeit, um das Anfertigen der Hausaufgaben auch bei offenen Kontrollformen zu gewährleisten, besteht darin, dies gelegentlich zu überprüfen. Das stichprobenmäßige Einsammeln und Korrigieren der Lösungen bietet zudem eine Möglichkeit für individuelle Rückmeldungen.

Kopiervorlage: Hausaufgaben-Merkblatt für Eltern und Schüler

Feste Gewohnheiten helfen beim Lernen

Feste Arbeitszeiten
- Mache deine Hausaufgaben möglichst immer zur selben Zeit (z.B. ½ Stunde nach dem Essen).
- Wichtig: Du musst deinen eigenen Rhythmus finden. Notiere ein paar Tage lang, zu welchen Zeiten du lernst. Wann kannst du besonders gut arbeiten?
- Vorher Hausaufgabenzeiten festlegen und eher die Hausaufgaben vor „schönen" Aktivitäten erledigen.
- Kurze Pausen fördern die Leistungsfähigkeit und die Konzentration.

Dein Arbeitsplatz
- Sorge für einen ruhigen Arbeitsplatz!
- Auf den Tisch gehören nur Dinge, die du aktuell benötigst.
- Sorge für gutes Licht! (Rechtshänder: Lampe links oder vorne, Linkshänder: Lampe rechts oder vorne)

Wichtig: Vermeide Ablenkungen (also kein Radio, Fernseher usw. nebenher)!

Die Planung
Dein *Hausaufgabenheft* ist die wichtigste Organisationshilfe! Eine Doppelseite – als Übersicht über jeweils eine Woche – hilft dir, das Lernen einzuteilen. Hausaufgaben werden für den Tag notiert, an dem sie fertig sein müssen.

Die Lernstrategien
- Teile deine Hausaufgaben in kleine Portionen. Aufgabenportionen notieren und nach Beendigung durchstreichen (Motivation).
- Lerne wie ein Sportler: Beginne leicht, steigere dann die Aufgaben und mache zum Schluss wieder etwas, das dir leicht fällt.
- Erledige abwechselnd mündliche und schriftliche Aufgaben (beugt Ermüdung vor).
- Sprich mit deinen Eltern ab, dass du die Aufgaben alleine erledigst und sie dir nur bei Problemen helfen.

Und das können Sie als Eltern tun:
- Nehmen Sie Anteil an den Erfolgen und Misserfolgen Ihres Kindes beim Lernen, z.B. durch ermunterndes Zuhören.
- Geben Sie Anerkennung für Entwicklungsfortschritte Ihres Kindes auch bei der Zeitplanung, beim Überwinden von Ablenkern usw. – z.B. verbal, durch eine gemeinsame Aktivität).
- Sprechen Sie bei Rückschlägen neue realistische Teilziele gemeinsam ab und kontrollieren Sie die Einhaltung der Verabredungen.

Kurzfristige, weniger komplexe Hausaufgaben werden oftmals im Lehrer-Schüler-Gespräch verglichen. Zum Auswerten umfangreicherer Aufgaben oder von Wahlaufgaben eignet sich selbstständiges Vergleichen oder gegenseitiges Erklären der Aufgaben in Kleingruppen. Von Lehrerkollegen erprobte und bewährte Verfahren zur Auswertung und Kontrolle der Hausaufgaben sind im Folgenden dargestellt. An offene Formen der Auswertung wie z. b. beim Vergleichen in Kleingruppen müssen die Lernenden in einem längeren Prozess herangeführt werden.

Verfahren zur Auswertung und Kontrolle von Hausaufgaben

- ■ *Lehrer-Schüler-Gespräch:* besonders geeignet für kurzfristige, weniger komplexe Hausaufgaben (5 Min.).
- ■ *Selbstständiges Vergleichen und gegenseitiges Erklären der Aufgaben in Kleingruppen,* gegebenenfalls nach Wahlaufgaben differenziert, besonders geeignet für Auswerten umfangreicherer Aufgaben oder von Wahlaufgaben.
- ■ *„Ich-Du-Wir-Prinzip":* „Schlage deine Hausaufgaben auf und schaue dir noch einmal an, was du bearbeitet hast (1 Min.). Vergleiche deine Lösungen mit deinem Nachbarn (tauscht die Hefte/kontrolliert euch gegenseitig) und besprecht euch, falls noch etwas unklar ist. In 4 Minuten können wir alle gemeinsam offene Fragen klären.
- ■ *Karteikartenmethode:* Kontrollmethode, die vor dem Unterricht von den Schülerinnen und Schülern selbst durchgeführt wird (vgl. PREWITZ 2007).
- ■ *Hausaufgabenfolien:* Aufgabenlösungen werden von freiwilligen oder ausgewählten Schülerinnen und Schülern zu Hause auf eine Folie für den Overhead-Projektor notiert und im Unterricht von ihnen erklärt (s. Kapitel 4.3).

Je besser es den Lernenden gelingt, sich selbst oder andere einzuschätzen, desto häufiger kann die Auswertung in Lerngruppen erfolgen. Gruppenarbeit bietet zudem den Vorteil, dass mehrere Schülerinnen und Schüler Gelegenheit erhalten, über ihre Aufgaben zu kommunizieren. Treten bei Aufgabentypen allgemeine Schwierigkeiten auf, kann eine Aufgabe exemplarisch im Plenum besprochen werden.

Das Arbeiten mit Hausaufgabenfolien, das bereits von HAMMER (2005) vorgestellt wurde, ist eine sowohl bei Lehrkräften als auch bei Schülerinnen und Schülern durchaus beliebte Methode. Hierbei präsentieren Schülerinnen und Schüler abwechselnd ihre Lösungen mittels einer zu Hause erstellten Overhead-Projektor-Folie, vgl. auch S. 87 f. Sie erhalten durch diese Methode die Möglichkeit, sich im Präsentieren von Lernergebnissen zu üben. Auch das Vorrechnen schwieriger Aufgaben an der Tafel bietet diesen Vorteil. Hierbei kann Zeit gespart werden, wenn verschiedene Schüler parallel ihre Lösungen anschreiben und diese dann nacheinander vorstellen. Beim Zusammenstellen von Lösungsblättern zum bereits erwähnten eigenständigen Auswerten der Hausaufgaben kann auf Schülerlösungen zurückgegriffen werden, z. B. wenn der Lehrer Hefte von Freiwilligen einsammelt, die glauben, dass ihre Lösungen richtig sind.

Es wird empfohlen, für das Auswerten kurzfristiger Hausaufgaben etwa fünf Minuten, für umfangreichere längerfristige Hausaufgaben nicht mehr als 15 Minuten zu verwenden. Nicht alle von den Schülern angesprochenen Fragen müssen immer im Unterricht und von der Lehrerin oder dem Lehrer beantwortet werden. Hier können andere Formen gefunden werden, um allen das Fragenstellen zu ermöglichen, z. b. ein *Fragenkasten* oder ein *Fragebuch*, das während der Stunde ausliegt und in das jeder Schüler mit Namen und Datum seine Frage schreiben kann. Können die Schüler die Frage dann untereinander klären, streicht der Schüler diese zu Beginn der nächsten Stunde einfach durch. Bereitet eine bestimmte Aufgabe mehreren Schülerinnen und Schülern Probleme, kann diese erneut zur Bearbeitung für zu Hause gestellt werden, wenn sich nach gemeinsamem Überlegen im Plenum Lösungsansätze abzeichnen. Ein Beispiel dazu liefert FURDEK (2007), der gleichzeitig auch eine Möglichkeit zeigt, wie damit umgegangen werden kann, wenn unterschiedliche Lösungswege zu verschiedenen Ergebnissen führen.

Weiterführende Literatur, auch mit unterschiedlichen Sichten auf Hausaufgaben, findet man für interessierte Lehrkräfte z. B. bei BECKER/KOHLER (2002), SCHÖNBRUNN (1989) und LIPOWSKY u. a. (2004) sowie für Schüler und deren Eltern bei HELMS (1995) und SCHRADER (2005).

Ausblick: Die Zukunft der Hausaufgaben

Gegenwärtig weiten in Deutschland vielerorts Schulen ihr Angebot auf den Nachmittag aus. Dabei werden Hausaufgaben keineswegs überflüssig, individuelle Lerngelegenheiten, die in ruhiger Atmosphäre bearbeitet werden können, sind unabhängig vom Schultyp nötig. Bei vielen Schulen mit Nachmittagsangeboten handelt es sich um sogenannte offene Ganztagsschulen, die den Schülerinnen und Schülern die Teilnahme an den Nachmittagsveranstaltungen freistellen, oder um Schulen mit Ganztagsbetreuung, bei denen neben Mittagessen auch eine Betreuung der Hausaufgaben angeboten wird.

Ganztagsschulen für alle Schülerinnen und Schüler, bei denen sich Unterricht und Entspannungsphasen über den gesamten Tag verteilen, sind eher Ausnahmen. In diesen Schulen werden Hausaufgaben größtenteils durch Aufgaben abgelöst, die in „Freiarbeitsstunden" von den Schülerinnen und Schülern selbstständig oder in Partner- und Gruppenarbeit bearbeitet werden sollen. Viele Aspekte für den Umgang mit Hausaufgaben behalten dabei ihre Gültigkeit. Die Aufgaben werden wie bei den Hausaufgaben durch die Fachlehrkräfte zu stellen sein. Die Betreuer müssen über die Hausaufgabenpraxis informiert werden. Ganztagsschulen bieten Chancen:

Der Zugang zum Internet kann eher gewährleistet werden, Gruppenarbeit bei Hausaufgaben ist leichter zu organisieren.

Anhang: Beispiel für eine Mathematikhausaufgabe zur differenzierten Förderung von Kompetenzen im Übersetzen von Texten in Gleichungen mit Selbstregulationsbausteinen

In der folgenden Hausaufgabe für die Klassenstufe 7–9, s. S. 101, geht es um das Übersetzen von Texten in Terme und Gleichungen. Dazu müssen bestimmte Sprachelemente beherrscht werden. Ist das (noch) nicht der Fall, müssen zuerst diese Teilhandlungen gesondert geübt werden, um dann am eigentlichen Kompetenzziel weiterarbeiten zu können. Deshalb werden einige Schülerinnen und Schüler mehr Zeit und Durchhaltevermögen für diese Hausaufgabe aufwenden müssen als andere. Diese Situation ist gut geeignet, um insbesondere auch lernschwachen Schülerinnen und Schülern Hilfen zu geben, wie sie ihren Lernprozess selbst steuern und optimieren können. Das leisten sogenannte Selbstregulationsbausteine. Die Lehrkraft wählt aus einem Arsenal solcher Bausteine aus und integriert jeweils einen, maximal zwei Bausteine in eine geplante Hausaufgabe. Die Schülerinnen und Schüler bearbeiten diese Bausteine genauso wie die üblichen Aufgaben auch, d.h., das individuell erzielte Ergebnis bzw. der Verlauf der eigenen Anwendung der Tipps in dem Baustein soll dokumentiert werden. Im Folgenden werden solche Bausteine vorgestellt.

Die angebotenen Lösungen am Ende des Übungsprogramms (s. S. 102) bieten eine Chance zur Selbstkontrolle und kürzen Auswertungen im Unterricht wesentlich ab, weil man sich auf ggf. mehrfach aufgetretene Probleme und Fragen konzentrieren kann.

Selbstregulationsbausteine zur Integration in eine Mathematikhausaufgabe

Folgende hier exemplarisch dargestellten Bausteine können dabei helfen, dass die Lernenden mehr Verantwortung für ihr eigenes Lernen übernehmen und ihren Lernprozess besser beobachten und organisieren lernen. Die Bausteine sind unterschiedlich umfangreich. Die Bausteine sind so aufgebaut, dass zunächst eine Situation geschildert wird, die für die Lernenden verständlich, anschaulich und nachvollziehbar ist. Danach werden Tipps entwickelt, wie mit dieser Situation und deren Problemen individuell umgegangen werden kann. Es folgt eine konkrete Aufgabe, was von den Lernenden zur Erprobung der Tipps erwartet wird.

Die Bausteine werden dann in ein Arbeitsblatt für eine Hausaufgabe mit eingebunden. Sie eignen sich auch gut zur Integration in ein Lerntagebuch. Weitere Selbstregulationsbausteine findet man unter *www.problemloesen-lernen.de.*

Baustein: Umgang mit Ablenkern[2]

Mal ehrlich: *Neigst du auch dazu, dich leicht ablenken zu lassen oder ständig deine Arbeit vor dir herzuschieben?*
Hier einige Tipps – lies sie durch und finde weitere Tipps!

Tipps zum Umgang mit Ablenkern

- Tür zuschließen
- Fenster schließen
- Ohrenstöpsel ins Ohr stecken
- Telefonkabel rausziehen
- Sich folgende Fragen stellen:
    - Muss *das* sein?
    - Muss das *jetzt* sein?
    - Muss das *so* sein?
    - Muss *ich* das sein?

Aufgabe 1
Notiere dir eine Liste mit Tipps, die dir helfen können, wenn du dich mal wieder von deinen Aufgaben ablenken lässt, die eigentlich dringend erledigt werden müssen.

Aufgabe 2 (freiwillig)
Falls du Probleme mit der Zeitplanung hast, dann protokolliere deine Zeit eine Woche lang ganz genau. Suche nach Zeitdieben, nach Gründen für das Aufschieben und Ablenkungen und markiere diese mit einem Textmarker. Vergiss aber nicht, dir auch Pausen und Zeitreserven zu gönnen!

Baustein: Ziele setzen

Wer zielgerichtet lernt, ist besser motiviert. Das hilft. Möchte man etwas erreichen, muss man sich zunächst Ziele setzen, aber nicht einfach irgendwelche. Die folgenden Regeln helfen dir dabei.

Nützliche Regeln für die Zielsetzung beim Lernen

- Deine Ziele solltest du nur in der Ich-Form formulieren: *Ich werde …*
- Ziele sollten realistisch und erreichbar sein
    Wenn deine Ziele nicht realistisch sind, kannst du sie nicht erreichen und fühlst dich überfordert.
- Ziele sollten herausfordernd sein
    Wenn klar ist, dass du ein Ziel sowieso erreichst, ohne die geringste Spur von Anstrengung, dann wird dich das Ziel nicht dazu herausfordern, aktiv zu werden und du fühlst dich unterfordert. Dein Ziel muss für dich persönlich wichtig sein!

---

[2] nach OPPER (2003)

■ Ziele sollten klar und konkret formuliert werden
Nur wenn du deine Ziele konkret formulierst, kannst du auch überprüfen, ob du sie erreicht hast. Also: *Ich werde ..., Ich bearbeite ...*
(Beispiel: Wenn es dein Ziel ist, bei Klassenarbeiten konzentrierter zu sein, könntest du das wie folgt formulieren: *Um bei Arbeiten konzentrierter zu sein, werde ich abends spätestens um 21 Uhr ins Bett gehen, damit ich am nächsten Morgen ausgeschlafen bin. Und dann werde ich etwas Gesundes zum Frühstück essen.*)

■ Ziele sollten positiv formuliert werden
Du findest leichter Maßnahmen zur Zielerreichung, wenn du Ziele positiv beschreibst.
(Beispiel: Wenn dein Ziel ist, deine Mathematiknote zu verbessern, dann solltest du dein Ziel *Ich möchte in diesem Schuljahr in Mathe von einer 3 auf eine 2 kommen* nennen und nicht *Ich möchte in Mathe nicht mehr so schlecht sein.*)

■ Dein Hauptziel sollte in Teilziele zerlegt werden
Ein fernes, großes Ziel solltest du in kleinere, zeitlich nähere Teilziele zerlegen.
(Beispiel: Dein Ziel ist eine 2 in Mathematik im nächsten Zeugnis. Dann überlege dir Teilziele: *Was nehme ich mir dafür für den nächsten Monat, die nächste Woche, morgen oder für diese Hausaufgabe vor?*)

Baustein: Selbstmotivation

Kennst du die Situation? *Nichts geht mehr ... ich habe keine Lust zum Lernen. Ich schaffe das sowieso nicht ...* – STOPP – So nicht!

Hier lernst du Strategien kennen, um mit Lernproblemen umzugehen und deinen inneren Schweinehund zu überwinden. Wie schaffst du es, dich zu motivieren? Wähle einige Tipps aus, die dir in einer schwierigen Situation helfen könnten!

Tipps zur Selbstmotivierung

■ Erst die Arbeit, dann das Vergnügen
■ Sich vor dem Bearbeiten der Aufgabe eine dicke Belohnung versprechen, wenn man es geschafft hat, die Aufgabe zu lösen (aber ehrlich sein!!!)
■ Sich seine Ziele zurück ins Gedächtnis rufen – Teilziele stecken
■ Ablenkungsfaktoren vermeiden, z. B. Fenster schließen, Musik aus ... – und Unordnung am Arbeitsplatz ist schlecht für die Konzentration
■ Negative Gedanken in Positive umwandeln – Mut machen: Sag dir, wo deine Stärken liegen, bevor du dich deinen Schwachstellen widmest.
■ Eine unangenehme und schwierige Aufgabe zwischen zwei angenehme Aufgaben packen
■ Überlege, ob man die Aufgabe vielleicht ganz anders angehen kann, als du schon versucht hast!
■ Kennst du ein ähnliches Problem? Wie seid ihr dabei im Unterricht vorgegangen?
■ Erzähle jemand anderem von der Aufgabe, die du lösen sollst, dabei entstehen meist neue Ideen.
■ Bearbeite die Aufgabe mit anderen zusammen – bildet Lerngruppen!

Aufgabe 1
Notiere die Tipps auf einem gesonderten Blatt, die dir gefallen und zu dir passen und die du beim nächsten Mal ausprobieren möchtest, wenn es nötig sein sollte.

Aufgabe 2
Lies folgende Geschichte durch und schreibe dann einen Brief an Moritz, indem du ihm Tipps gibst, wie er besser mit seinem inneren Schweinehund umgehen kann.

Der innere Schweinehund

Moritz sitzt an seinem Schreibtisch. Eigentlich sollte er jetzt seine Hausaufgaben erledigen. Doch sein innerer Schweinehund will die ganze Zeit mit ihm spielen. Sooft ist er da, dieser innere Schweinehund.
Moritz kennt ihn nur zu gut. „Jetzt, wo die Ferien vorbei sind, ist endlich schönes Wetter!" Moritz kaut an seinem Stift. „Ich würde viel lieber ins Schwimmbad gehen. Ob Manu mitkommt, wenn ich sie einlade?" Sein innerer Schweinehund freut sich. Unruhig rutscht Moritz auf seinem Stuhl hin und her. Er steht auf und holt sich etwas zu trinken. „Ich hatte doch noch irgendwo ein paar Kekse ... Wo sind die bloß?"
Moritz schaut auf seine Uhr: „Es ist schon 15:20 Uhr und ich habe immer noch nicht mit meinen Hausaufgaben begonnen. Und dann morgen auch noch die Klassenarbeit. Das geht doch wieder schief, wenn ich mich nicht endlich mal zusammenreiße!" Er blickt aus dem Fenster und sieht Tim mit ein paar Kumpels Basketball spielen. Moritz wäre auch viel lieber dort. Wie schafft Tim das eigentlich mit seinen Hausaufgaben?
Plötzlich erschreckt sein Schweinehund. Solche Gedanken ist er von Moritz nicht gewohnt. „Ich müsste mir etwas einfallen lassen, dass das mit der Lernerei nicht so viel Zeit kostet ... Aber einfach nicht lernen, hilft ja auch nicht. Das haben die letzten versiebten Klassenarbeiten ja gezeigt."
Der Schweinehund spitzt die Ohren. Langsam bekommt er Angst. Moritz überlegt. Tim hat ihm erzählt, dass er erst die Hausaufgaben erledigt und sich dann mit etwas Schönem belohnt. Also „erst die Arbeit, dann das Vergnügen!" „Klar, wenn man keine Hausaufgaben mehr machen muss, macht das Schwimmen gleich viel mehr Spaß."
Oder wie Manu. Sie hat Moritz doch letztens erzählt, dass sie sich immer zu jedem Thema, das in der Schule behandelt wurde, eine typische Frage oder Aufgabe heraussucht. Die versucht sie dann zu beantworten, und in Mathe denkt sie sich noch eine ähnliche Aufgabe selbst aus. Sie meint, dass sie dann erst richtig versteht, worum es überhaupt geht.
Der Schweinehund wird immer schwächer. Er hat schon nicht mehr die Kraft, die Zähne zu fletschen.
Moritz denkt weiter: „Aber das Ganze kostet mich ja noch viel mehr Zeit." Der Schweinehund schöpft wieder Hoffnung ... „Aber nur kurzfristig, denn wenn ich die Aufgaben besser verstehe, dann muss ich vor einer Klassenarbeit nicht mehr so viel lernen ... und kann mit Tim zum Basketball gehen oder mit Manu ins Schwimmbad ... und hätte auch gleich noch eine Belohnung ..."
Resigniert flüchtet der Schweinehund. Unter solchen miserablen Bedingungen müsste er ja glatt verhungern!

Hausaufgaben zum _____

Name: _____ Klasse: _____

Lernziel: Übersetzen von Texten in die Sprache der Mathematik

Mit den folgenden Aufgaben soll das Aufstellen und Lösen von Gleichungen aus Textaufgaben vorbereitet und geübt werden. Wenn du bei den Aufgaben 3–6 Schwierigkeiten hast, bearbeite am besten zuerst das Übungsprogramm auf der nächsten Seite!

Anteile beschreiben

1. In einen Glas mit verschiedenen Bonbonsorten hat jedes vierte Bonbon Colageschmack. Es gibt noch Erdbeer-, Kirsch- und Orangenbonbons.
   a) Gib den Anteil der Bonbons mit Colageschmack als Bruch an!
   b) Wie viele Bonbons haben Colageschmack?
   c) Im Bonbonglas sind insgesamt 40 Bonbons. Wie viele Bonbons davon schmecken nach Cola?
2. Welcher Anteil der Figuren in einem Schachspiel sind Bauern?

Rechenoperationen – Zahlenrätsel

3. Bilde die Summe, das Produkt, die Differenz und den Quotienten der folgenden Zahlen!
   a) 60 und 30
   b) zweier beliebiger Zahlen
   c) einer beliebigen Zahl und 10
4. Notiere die Rechnung zu den folgenden beiden Aufgaben als Gleichung!
   a) Mit welcher Zahl muss man 5 multiplizieren, um 275 zu erhalten?
   b) Mit welcher ganzen Zahl muss (-25) multipliziert werden, um 1000 zu erhalten?
5. Gib an, um welche Zahl es sich handelt!
   a) Addiert man 7 zum Fünffachen einer Zahl, erhält man 77.
   b) Multipliziert man eine um 5 vergrößerte Zahl mit 7, so erhält man 77.
6. Mit welcher Rechenoperation muss man 40 und 10 verknüpfen, um 4 als Ergebnis zu erhalten?

Rechtecke und Würfel

7. Ein Rechteck hat eine Seitenlänge von $a = 6\,\text{cm}$ und $b = 8\,\text{cm}$.
   a) Berechne den Umfang und den Flächeninhalt des Rechtecks!
   b) Wie ändern sich Umfang und Flächeninhalt, wenn a halbiert und b verdoppelt wird?
8. Ein Würfel hat eine Kantenlänge von $a = 6\,\text{cm}$.
   a) Berechne die Oberfläche und das Volumen des Würfels!
   b) Wie ändern sich Oberfläche und Volumen, wenn die Kantenlänge verdoppelt wird?
   Wie kann man das in einer Formel ausdrücken?

Übungsprogramm zum Aufstellen von Termen

Fülle die „Vokabelliste" aus:

Fachsprache	Mathematische Symbolsprache
▪ Eine Zahl	▪
▪ Die Summe zweier Zahlen	▪
▪ das Produkt dreier Zahlen	▪
▪ der Quotient zweier Zahlen	▪
▪ eine gerade Zahl	▪
▪ eine ungerade Zahl	▪

Beschreibe jeweils als Term (nicht ausrechnen)!

1. a) Das Doppelte von 150   b) Das Doppelte einer Zahl
   c) Das Siebenfache von 200   d) Das Sechzehnfache einer Zahl

2. a) Die Hälfte von 28   b) Ein Drittel einer Zahl
   c) der 5. Teil einer Zahl   d) Drei Viertel einer Zahl

3. a) Den Quotienten aus zwei Zahlen   b) Das Produkt dreier Zahlen
   c) Die Differenz zweier Zahlen   d) Die Summe von vier Zahlen

4. a) Das Doppelte einer Zahl vermehrt um 5   b) Das Zehnfache einer Zahl vermindert um 11
   c) Der sechste Teil von 1800 erhöht um 70   d) Das Produkt von 45 und 16 reduziert um eine beliebige Zahl

5. a) Die Summe von 15 und 20 multipliziert mit 10, vermehrt um 80   b) Die Differenz zweier Zahlen multipliziert mit der Hälfte einer dritten Zahl
   c) Das Produkt aus der Summe und dem Nachfolger einer dritten Zahl   d) Der Quotient aus der Differenz zweier Zahlen und der Summe der Nachfolger der beiden Zahlen

Für Freaks: Eine Zahl berechnet sich aus dem Produkt der Summe zweier weiterer Zahlen und 7. Übersetze in eine Gleichung!

Lösungen zum Hausaufgabenblatt S. 101

Anteile beschreiben	1. a) $\frac{1}{4}$ b) $\frac{3}{4}$ c) 10 Bonbons schmecken nach Cola. 2. Die Hälfte $\left(\frac{1}{2}\right)$ sind Bauern (50 %).
Rechenoperationen – Zahlenrätsel	3. a) $60 + 30 = 90$; $60 \cdot 30 = 1800$; $60 - 30 = 30$; $60 : 30 = 2$ b) $m + n$; $m \cdot n$; $m - n$; $m : n$ c) $k + 10$; $k \cdot 10$; $k - 10$; $k : 10$ 4. a) $275 : 5 = 55$ b) $1000 : (-25) = -40$ 5. a) 14 b) 6 6. mit mal ($\cdot$)
Rechtecke und Würfel	7. a) Umfang = 28 cm; Flächeninhalt = 48 cm^2 b) Umfang = 38 cm; Flächeninhalt = 48 cm^2 8. a) Oberfläche 216 cm^2; Volumen = 216 cm^3 b) Oberfläche 864 cm^2 = 24 a^2; Volumen = 1728 cm^3 = 8 a^3

5 Selbstständigkeit fördern –

Chancen für selbstständiges Lernen im Mathematikunterricht *Timo Leuders*

5.1 Wozu selbstständiges Lernen im Mathematikunterricht?

Wenn man sich für Fragen des „selbstständigen Lernens" interessiert, kann man sich an verschiedenen Stellen und unter unterschiedlichen Aspekten kundig machen:

■ In der Pädagogik gibt es zahlreiche bildungstheoretische Überlegungen darüber, welche Rolle das selbstständige Lernen im Rahmen schulischer Bildung spielt (vgl. z. b. HUBER 2000, BASTIAN/MERZIGER 2007).

■ Bei der Lernpsychologie kann man sich in empirischen Studien informieren, welche Rolle die Selbstregulation beim fachlichen Lernen spielt (vgl. z. B. LEUTNER u. a. 2004, GÜRTLER u. a. 2002, ARTELT u. a. 2001).

■ Schließlich findet man vielfältige Anregungen für die praktische Umsetzung im Rahmen von Fortbildungsprogrammen wie bei KLIPPERT (2004) und vor allem aus dem Umfeld von Modellprojekten wie z. B. SelMA[1] oder SINUS[2].

An dieser Stelle sollen allerdings nicht Konzepte und Befunde systematisch dargestellt werden, vielmehr ist Ziel dieses Kapitels, die Frage des selbstständigen Lernens auf das spezielle Schulfach *Mathematik* hin zu konkretisieren und Beispiele zu geben, wo und wie man *fachspezifisch* selbstständiges Lernen stärken kann. Zur allgemeinen Orientierung im Thema des „selbstständigen Lernens" werden daher auch nur die wichtigsten fachübergreifenden Aspekte thesenartig aufgelistet (s. S. 104).

In den letzten Jahren entstanden viele Projekte, die das selbstständige Lernen jenseits des Faches stützen, z. B. in Form von übergreifenden „Lernen-Lernen-Wochen" oder „Methodenwerkstätten". Es ist inzwischen aber wohl Konsens, dass das selbstständige Lernen nur effektiv gefördert werden kann, wenn es im Rahmen von Fachunterricht stattfindet. Diese Feststel-

---

[1] Selbstständiges Lernen in der gymnasialen Oberstufe – Mathematik, s. *www.learnline.nrw.de/angebote/selma/*.

[2] BLK-Programm zur Steigerung der Effizienz des mathematisch-naturwissenschaftlichen Unterrichts, s. *www.sinus-transfer.de/*.

lung ist auch der Ankerpunkt für dieses Kapitel. Im Folgenden soll es also um die Frage gehen, welche Chancen und Umsetzungsmöglichkeiten für

Selbstständiges Lernen – das Wichtigste in Kürze

Im Umfeld des selbstständigen Lernens gibt es eine Vielzahl von Begriffen

Selbstreguliertes, selbstständiges, selbstgesteuertes, selbstbestimmtes, eigenverantwortliches Lernen, Selbstlernen ... Hinter dieser Vielzahl von Bezeichnungen stehen durchaus unterschiedliche Konzepte – leider ohne klare Begriffstrennung. Einig ist man sich, dass die verkürzte Bezeichnung „Selbstlernen", ein gerne verwendetes Schlagwort (etwa in „Selbstlernzentrum"), näherer Betrachtung nicht standhält. Lernen ist ein individueller, aktiver Prozess, man kann also nur „selbst lernen" und nicht etwa „fremdgelernt werden".

Unter Selbstregulation bzw. Selbststeuerung versteht man, dass „der Handelnde die wesentlichen Entscheidungen, ob, was, wann, wie und woraufhin er lernt, gravierend und folgenreich beeinflussen kann" (WEINERT 1982, S.102). Selbststeuerung kann sich auf ganz verschiedene Dinge beziehen: auf die Steuerung des Problemlöseprozesses (also auf die Aufgabenbearbeitung), auf die Erarbeitung von Wissen, auf die Auswahl und Formulierung von Problemen, auf die Bewertung von Lernergebnissen usw. (vgl. HUBER 2000).

Selbstständiges Lernen ist daher nicht notwendig immer auch individualisiert. Nicht alles individualisierte Lernen ist umgekehrt in allen Dimensionen selbstständig – z.B. nicht bei der pflichtgemäßen Erledigung von Hausaufgaben (ebd.).

Selbstständigkeit ist Voraussetzung und Ziel zugleich

Selbstreguliertes Lernen ist nicht nur ein erwünschtes Bildungsziel, sondern zugleich Voraussetzung für Lernprozesse. Es ist daher Ziel von Unterricht, schrittweise und langfristig die Möglichkeit der Selbststeuerung zu geben und die Fähigkeit zum selbstgesteuerten Lernen zu stärken (WEINERT 1982). Selbstständiges Lernen zu fördern heißt im Kern nichts anderes, als „die Funktionen der Lehrenden nach und nach in die Lernenden selbst – als sich selbst Belehrende – zu verlegen" (HUBER 2000).

Es gibt verschiedene Begründungslinien für selbstständiges Lernen

Die Bildungstheorie weist auf die emanzipatorische Funktion der Selbstbestimmung des mündigen Individuums hin und zudem auf die qualifikatorische Bedeutung überfachlicher Kompetenzen: Problemlösefähigkeit, Lernkompetenz oder sozial-kommunikative Kompetenzen werden gefördert. Dies gilt umso mehr in einer sich immer schneller entwickelnden Wissensgesellschaft, in der sich Berufsbilder so schnell verändern, dass von jedem die Bereitschaft und Fähigkeit zu lebenslangem Lernen erwartet wird.

Die Lernpsychologie weist nach, dass solche Kompetenzen in angemessen gestalteten Lernumgebungen und im Rahmen der aktiven Auseinandersetzung mit fachlichen Inhalten entwickelt werden können. Wesentliche Einflussfaktoren sind dabei die Metakognition (also das Nachdenken über das eigene Denken), die Fähigkeit der Handlungssteuerung und die Motivation.

ein stärker selbstreguliertes Lernen speziell im Fach Mathematik gesehen werden. Weitere, vertiefende Aspekte zur Theorie und Praxis des Selbstlernens im Mathematikunterricht findet man z.b. bei HUßMANN (2002, 2005) und bei FRÖHLICH/HUßMANN (2005).

Selbstständiges Lernen im Mathematikunterricht – die drei wichtigsten Gründe

Lernen (und insbesondere mathematische Begriffsbildung) ist immer eine aktive und konstruktive Tätigkeit des Individuums

Mathematische Begriffe können nicht (in den Schüler) „eingeführt" werden, der Einzelne bildet sie in der Auseinandersetzung mit gehaltvollen Problemen aktiv selbst. (Dabei spielt natürlich auch der Austausch mit anderen eine Rolle, z.b. in der Übernahme von Bezeichnungskonventionen.)
Diese Feststellung weist darauf hin, dass sich Selbstständigkeit unter anderem in der Möglichkeit äußert, mathematische Zusammenhänge auf eigenen Wegen zu erkunden. Hier treffen sich die beiden Forderungen nach selbstständigem und aktiv-entdeckendem Lernen. Diese Sicht auf das Begrifflernen belässt allerdings den Lehrer selbstverständlich weiterhin in der Funktion, den Unterricht so zu gestalten, dass das Begrifflernen sinnvoll und effektiv stattfinden kann.

Der Erwerb fachlicher Kompetenzen ist immer eng verbunden mit dem Erwerb übergreifender Kompetenzen

Mathematikunterricht beschränkt sich nicht auf die Vermittlung mathematischen Wissens, sondern fördert zugleich mathematische Tätigkeiten, wie z.b. Problemlösen, Modellieren und Argumentieren. Dies gelingt nur, wenn der Unterricht zum selbstständigen aktiven Handeln anregt. Daneben hat selbstständiges mathematisches Arbeiten auch sozial-kommunikative Aspekte, auf die in Kapitel 6 näher eingegangen wird.

Authentisches Mathematiktreiben ist ein Prozess, der immer wieder individuelle Entscheidungen verlangt

Blickt man einmal nicht aus pädagogischer, sondern aus erkenntnistheoretischer Sicht auf den Prozess mathematischen Erkenntnisgewinns, so sieht man, dass sich dieser in Schritten des Fragens, des Erkundens, des Absicherns, des Kommunizierens und des Anwendens vollzieht (vgl. LEUDERS 2003b). Ziel des Mathematikunterrichts muss es sein, dass Schülerinnen und Schüler diese Formen des mathematischen Denkens und Arbeitens authentisch (und altersgemäß – schon in der Grundschule) erleben können (vgl. WITTMANN 2005).

Alle drei Gründe durchdringen implizit und explizit alle Entscheidungen bei der Planung von Unterricht, der ja zur Gewinnung neuer mathematischer Einsichten dienen soll. Wie sie berücksichtigt werden können, sollen die folgenden Abschnitte jeweils an konkreten Beispielen darlegen:

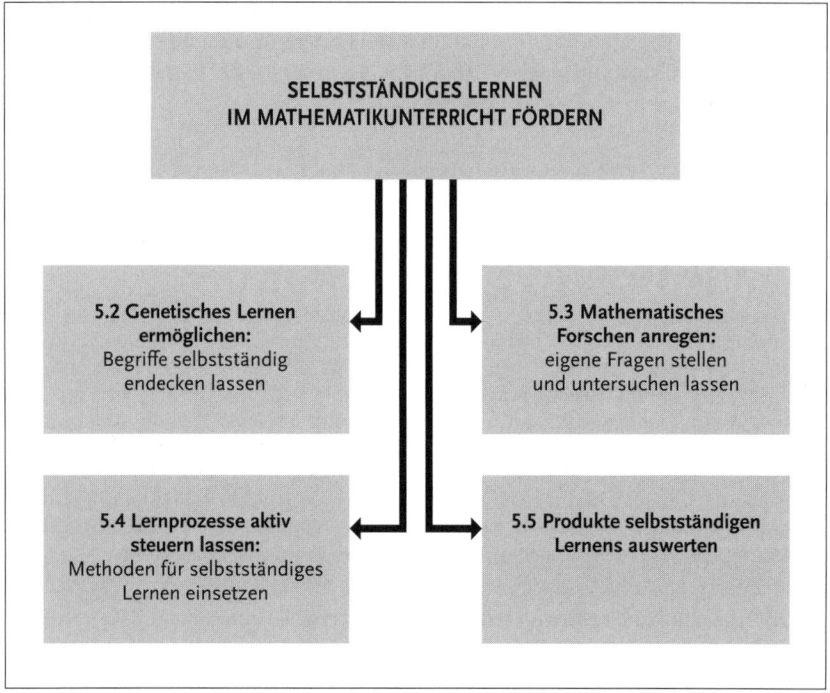

5.2 Genetisches Lernen ermöglichen: Begriffe selbstständig entdecken lassen

Eine Messlatte für die Selbstständigkeit, die Schülerinnen und Schüler im Mathematikunterricht entfalten können, ist das Maß, in dem sie mathematische Begriffe selbstständig und auf eigenen Wegen entdecken und entwickeln können. Diese Art von Selbstständigkeit ist keineswegs auf die Altersgruppe der Oberstufenschülerinnen und -schüler beschränkt (vgl. die Lernumgebungen bei HUßMANN 2002), sondern kann schon von der Grundschule an ermöglicht und gefördert werden. Die folgenden Beispiele sollen verdeutlichen, wie eine solche aktive Begriffsbildung Lernen durch geeignete Aufgabenstellungen unterstützt, aber auch wie sie behindert werden kann.

Der folgende Ausschnitt entstammt einem Kapitel zum Thema „Primzahlen", das einem traditionellen Schulbuch entnommen ist. Er zeigt einen typischen Aufbau: Zu Anfang wird fertige Mathematik präsentiert und dann die Anwendung der beschriebenen Begriffe und die Nachahmung der vorgestellten Verfahren in schrittweiser Steigerung verlangt.

Wir lernen Primzahlen kennen

Natürliche Zahlen können einen, zwei, drei oder noch mehr Teiler haben. Wir untersuchen die Teiler der Zahlen von 1 bis 10.

1 hat einen Teiler: 1	6 hat vier Teiler: 1, 2, 3, 6
2 hat zwei Teiler: 1, 2	7 hat zwei Teiler: 1, 7
3 hat zwei Teiler: 1, 3	8 hat vier Teiler: 1, 2, 4, 8
4 hat drei Teiler: 1, 2, 4	9 hat drei Teiler: 1, 3, 9
5 hat zwei Teiler: 1, 5	10 hat vier Teiler: 1, 2, 5, 10

Alle Zahlen, die größer sind als 1 und nur durch 1 und durch sich selbst teilbar sind, heißen **Primzahlen**. Sie haben genau zwei Teiler.

Primzahlen sind 2, 3, 5, 7, 11, 13, 17, 19, ...

Übungen

1 Gib die Teiler an. Welche Zahlen sind Primzahlen?

a) 12   c) 21   e) 29   g) 39   i) 51
b) 17   d) 27   f) 37   h) 49   j) 67

2 Ina legt Rechtecke aus quadratischen Kästchen zusammen. Mit 7 Kästchen konnte sie nur ein einziges Rechteck legen.

Zeichne alle möglichen Rechtecke mit
a) 5 Kästchen   c) 13 Kästchen
b) 11 Kästchen   d) 17 Kästchen

3 Für welche Zahlen zwischen 40 und 50 lässt sich nur *ein* einziges Rechteck zeichnen (siehe Aufgabe 2)?

4 Welche der Zahlen lassen sich nicht durch 2, 3, 5 oder 7 teilen? Welche sind Primzahlen?

a) 19   c) 53   e) 111
b) 49   d) 57   f) 113

Quelle: Lernstufen Mathematik, Klasse 6, Ausgabe N, Seite 19. 2001 Cornelsen Verlag

Auf der Ebene der Arbeitsabläufe können Schülerinnen und Schüler durchaus lesend-nachvollziehend und dabei dennoch selbstständig mit diesem

Material umgehen – z. B. könnte ein Arbeitsauftrag lauten: „Bearbeite die Seite des Kapitels selbstständig. Notiere alle deine Ergebnisse und Schwierigkeiten." Den Schülerinnen und Schülern wird bei einer solchen Form der Freiarbeit durchaus ein hoher Grad an Eigenverantwortung zugewiesen.

Unbefriedigend gelöst ist bei dem Einstieg allerdings die Frage der Selbstständigkeit auf inhaltlicher Ebene. Den Aufgaben fehlt dazu zunächst ein kognitiv aktivierender Aufforderungscharakter. Es gibt keine herausfordernden Probleme, sondern zunächst einmal nur zur Kenntnis zu nehmende Fakten, *fertige* Mathematik. Auf der inhaltlichen Ebene findet man hier also kaum Chancen für die selbstständige Entwicklung mathematischer Ideen. Die Philosophie des Lehrwerkes lautet: Vormachen – Nachahmen.

Aber wie erarbeiten sich Schülerinnen und Schüler einen mathematischen Begriff, der eigentlich ja schon da ist? Sie können ja keine „neuen Primzahlen" erfinden. Wohl aber können sie den Entdeckungs- bzw. Erfindungsprozess subjektiv und individuell erleben, wenn sie die Chance bekommen, ihn aktiv durchzuführen. Anstelle der obigen Aufgabenseiten würde der Unterricht dann z. B. so einsteigen:

Welche Schokolade ist die beste?

HAPPY SCHOKI
Die Tafel Schokolade
für die ganze Familie

1. Ina stellt fest: „Die Schokolade macht meine Familie gar nicht happy. Jedes Mal gibt es Streit, weil meine drei Brüder und ich nicht gleich aufteilen können. Und selbst, wenn Mama und Papa mitessen, klappt es auch nicht!"
Jana: „Ja wie viel Stückchen sind denn drin?"

2. Was wäre eine günstige Stückchenzahl, über die sich möglichst wenige Familien beschweren würden? Einigt euch und schreibt einen Brief mit Begründung an die Firma **HAPPY SCHOKI**.

Auch diese Aufgabe führt an den Primzahlbegriff heran. Es ist aber auch deutlich, dass die Aneignung sich von Anfang an aktiv und selbstständig vollzieht. Schülerinnen und Schüler müssen vielfältige Entscheidungen treffen, wie z. B.: „Welche und wie viele Tafeln wollen wir untersuchen? Wie wollen wir ein System in unsere Ergebnisse bringen? Wie wollen wir argumentieren?" Diese Offenheit ermöglicht auch einen Einstieg auf unterschiedlichem Niveau, sie zeigt, wie Differenzierungsvermögen und Selbstständigkeit eng zusammenhängen (vgl. BÜCHTER/LEUDERS 2007). Ganz „nebenbei" werden hier auch prozessbezogene Kompetenzen wie Problemlösen, Modellieren und Argumentieren gefördert.

Was an dieser Aufgabe ganz zentral ist: Wissen entsteht in einem Kontext und aktiv von Schülerinnen und Schülern generiert, mathematische Begriffe werden als Lösung eines Problems „erfunden". Nach der Bearbeitung dieses Problems wird es keine Schwierigkeit sein, die Bezeichnungen für Begriffe „Teiler" und „Primzahl" einzuführen – eigentlich sind sie ja schon erarbeitet, die Schüler verwenden in der Phase des selbstständigen Arbeitens nur nicht diese normierten Bezeichnungen. Das bedeutet auch, dass auf Phasen der Instruktion (des „Lehrerinputs") keineswegs verzichtet werden kann. Auch das anwendende Üben, das Festigen und der anschließende Transfer der erlernten Begriffe dürfen keineswegs zu kurz kommen. Entdeckendes Lernen ersetzt keinesfalls die Instruktion, sondern es geht ihr sinnstiftend voran.

Es sei noch einmal betont: Selbstregulation beim Lernen kann sich auch unabhängig von entdeckendem oder genetischem Lernen vollziehen, z.B. könnten Schülerinnen und Schüler auch mit enger geführten Lerneinheiten ihren Lernprozess selbst steuern. Dann geht es z.B. darum, sich realistische Übungsziele zu stellen, sich zu konzentrieren und gegen Ablenker zu kämpfen (vgl. den Selbstregulationszyklus bei ZIMMERMAN (2000) und unterrichtliche Konsequenzen z.B. bei PERELS u.a. (2005)). Selbstständiges mathematisches Denken im Sinne von Problemlösen, Modellieren und Argumentieren lernt man jedoch nur dann, wenn man auch die Möglichkeit bekommt, auf eine entsprechende Weise selbstständig Mathematik zu treiben. Und dazu sind u.a. geeignete offene und herausfordernde Probleme erforderlich, wie das hier dargestellte, an denen Schülerinnen und Schüler aktiv Begriffe entwickeln können.

Die unterrichtliche Voraussetzung für ein *entdeckendes Lernen auf eigenen Wegen* ist das, was man oft als sogenannte *Lernumgebung* beschrieben findet (vgl. auch LEUDERS/ULM 2007). Eine *Lernumgebung* umfasst (s. Abb. 1, S. 110)

- ■ die **Aufgaben** und ihre Trägermedien (z.B. Arbeitsblätter, zu untersuchende Objekte),
- ■ die **Organisationsformen** des Lernens (z.B. den methodischen Ablauf, Sozialformen) und
- ■ die **Unterstützungsangebote** durch den Lehrer und verfügbare Medien und Werkzeuge (Bücher, Hilfskarten, Internet usw.).

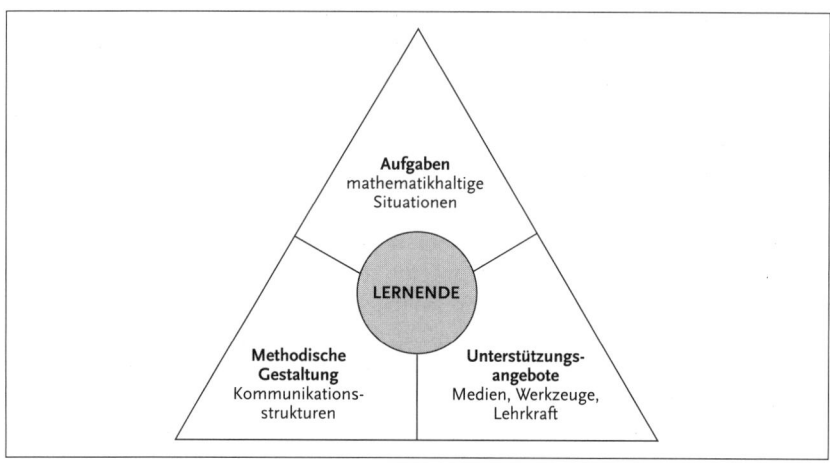

Abb. 1: Komponenten von Lernumgebungen

Das Konzept der Lernumgebung ist – ebenso wie das des entdeckenden Lernens – ein altehrwürdiges. Für Lernumgebungen, die das entdeckende Lernen in der einen oder anderen Ausprägung ermöglichen, findet man Bezeichnungen wie *problemorientierte Lernumgebung, offene Lernumgebung, produktive Lernumgebung, reichhaltiger Lernkontext (rich learning context), Mikrowelt* usw. Die Unterstützungsangebote können dabei spezielle Medien sein (etwa ein DGS) oder auch Prozesshilfen wie vorgefertigte Hilfekarten oder die Prozesshilfen durch eine Lehrperson. Die Rolle der Organisationsformen wird in Kapitel 5.4 ab S. 120 näher beschrieben.

Tragender Teil der Lernumgebung ist sicher die Aufgabe. Aufgaben, die geeignet sind für das entdeckende Lernen, werden von unterschiedlichsten Autoren charakterisiert und mit jeweils eigenen Begriffen belegt (vgl. u. a. Winter 1989). In Kasten 1 (S. 111/112) finden sich einige Umschreibungen für solche Aufgabentypen, weniger um die wissenschaftliche Breite des Konzepts darzustellen, sondern um Anregungen zu geben, wo man weitere Perspektiven, Anregungen oder Beispiele finden kann. An dieser kleinen Aufstellung erkennt man, dass hinter der äußeren und begrifflich großen Vielfalt der Konzepte ein gemeinsamer Kern steckt:

- ■ die pädagogische Grundhaltung, die auf Zutrauen in die kognitiven, selbstregulativen und kommunikativen Fähigkeiten von Schülern aufbaut;
- ■ die Konzentration auf wesentliche Inhalte und Ideen anstelle einer thematischen Überfrachtung und
- ■ die enge Verbindung von Aufgabenkonzept und unterrichtsmethodischem Ansatz, der auf die Stärkung selbstgesteuerter und offener Lernprozesse setzt.

Aufgaben für entdeckendes Lernen

■ **Originale Begegnungen** (ROTH) **und fruchtbare Momente** (COPEI); ROTH und COPEI vertreten die Sicht der geisteswissenschaftlichen Pädagogik. Sie argumentieren nicht allein aus der Sicht des Faches Mathematik.
„Wie mache ich den Gegenstand, der als Antwort auf eine Frage zustande kam, wieder zur Frage? Und umgekehrt: Wie erhalte ich das ursprüngliche Fragen des Kindes? [...] Alle methodische Kunst liegt darin beschlossen, tote Sachverhalte in lebendige Handlungen rückzuverwandeln, aus denen sie entsprungen sind: Gegenstände in Erfindungen und Entdeckungen, Werke in Schöpfungen, Pläne in Sorgen, Verträge in Beschlüsse, Lösungen in Aufgaben, Phänomene in Urphänomene. [...] Das schulmäßige Lernen besteht in der Aufgabe, Erkanntes, Erforschtes, Geschaffenes wieder nacherkennen, nacherforschen, nachschaffen zu lassen, und zwar durch den methodischen Kunstgriff, Erkanntes wieder in Erkennen, Erfahrungen wieder in Erfahrnis, Erforschtes wieder in Forschung, Geschaffenes wieder in Schaffen aufzulösen, nicht wie der Forscher und Schöpfer selbst, sondern wie ein wahrhaft Verstehenwollender, Nachdenkender und Nachschaffender tut" (ROTH 1957).

■ **„Bewegende" „herausfordernde" „weittragende" „echte" Frage**; WAGENSCHEIN (1970) nutzt hier keinen feststehenden Begriff. Aus den folgenden kurzen Auszügen werden Wagenscheins Maxime deutlich: Aus wenigen, reichhaltigen Problemen („exemplarisch") entsteht entdeckend Mathematik („genetisch"). Für Wagenschein geschieht dies vorwiegend im Gespräch („sokratisch"), er plädiert dabei für eine größtmögliche Zurückhaltung des Lehrenden und hohe Aktivität des Lernenden (ebd. S. 333 ff.).
*„Es bedeutet, dass man bei einem **Problem** ... ohne „bereitgestellte" Vorkenntnisse „einsteigt" ..., sofort also eine relativ komplexe, und damit die Spontaneität des Kindes herausfordernde Frage sich vornimmt."* (S. 302) *„Wir steigen also ... vom Problem aus hinab ins Elementare, wir suchen das, wonach es zu seiner Erklärung verlangt. Wir häufen also nicht mehr auf Vorrat, sondern suchen, was wir brauchen, wir verfahren also wie in der ursprünglichen Forschung"* (S. 303).

■ **Herausfordernde Situationen** (WINTER); *„... die Kinder zum Beobachten, Fragen, Vermuten auffordern; die Kinder zu eigenen Lösungsansätzen ermutigen; Hilfen zum Selbstfinden anbieten."*

■ **Produktive Aufgaben**; WITTMANN bezieht das aktiv-entdeckende Lernen auf Lern- und Übesituationen gleichermaßen und hat vor allem produktive Übeformate für den Arithmetikunterricht geschaffen.
„Dem Schüler werden, anders als bei der kleinschrittigen Stufung nicht alle Hindernisse aus dem Weg geräumt. So lernt er, sie zu überwinden. [Da] immer Aufgaben unterschiedlicher Schwierigkeitsniveaus abfallen, können sich alle Schüler, von lernschwachen bis leistungsstarken, beteiligen. [...] Der Schüler lernt und übt überlegter (Worum geht es? Was ist leicht? Was kann ich schon? ...) und er versucht, sich möglichst aus eigener Kraft in dem betreffenden Stoffgebiet zurechtzufinden. [...] Lernen und Üben in Sinnzusammenhängen entspricht dem Wesen der Mathematik und ihren Anwendungen" (WITTMANN 1992, S. 164).

■ **Kernideen und Aufträge;** GALLIN/RUF (1998) beschreiben die Auseinandersetzung der Lernenden mit sich selbst, miteinander und mit dem Fach als „dialogisches Lernen an Kernideen". Kernideen sind mathematisch gehaltvolle, aber noch nicht unbedingt mathematisierte Fragen, Beobachtungen, Schlüsselerlebnisse oder -objekte u.ä. Sie bilden den thematischen Kern von Aufgaben, die Gallin und Ruf „Aufträge" nennen und die sie wie folgt charakterisieren: *„Der erste Teil des Auftrags muss für alle erfüllbar sein. Er eröffnet für jedes Begabungsniveau ein lohnendes Betätigungsfeld, kann jedes Kind den ihm gemäßen Zugang wählen. [...]. Der zweite Teil des Auftrags [...] lässt das Kind die Potenz des fachlichen Gegenübers spüren und fordert es so zu Höchstleistungen heraus. Ist Individuelles gefragt, sind Aufträge zwangsläufig offen. Offene Aufträge sind Aufträge mit Überraschungseffekt. Das sichert den Kindern die volle Aufmerksamkeit ihrer Rezipienten. Selbst für routinierte Lehrpersonen sind die Lösungen nicht voraussehbar. So bleibt auch für sie die Beschäftigung mit Schülerarbeiten ein spannendes Geschäft"* (ebd. Bd. 2, S.49).

■ **Produktive Aufgaben** (HERGET/JAHNKE/KROLL 2001); Die Autoren gehen wie WITTMANN von der Kritik an einem kleinschrittigen, „nachahmenden" Lernen aus und charakterisieren produktive Aufgaben durch Offenheit, Komplexität und Anregung zu Reflexion. Sie bieten in ihrer Sammlung eine Vielzahl von konkreten Beispielen.
„Produktive Aufgaben sind Aufgaben, die die Schülerinnen und Schüler zur Eigentätigkeit anregen, sie sehen und wundern, vermuten und irren, suchen und finden, entdecken und erfahren lassen. Sie können zur Einleitung in einen Stoffabschnitt oder am Ende zur Übersicht, zur Sicherung (oder Verunsicherung), zur Konfrontation mit nicht erwarteten Ergebnissen, die sich aus Standardrechnungen ergeben, zum Aufbau und zur Vertiefung bestimmter Einsichten dienen. [...] Die Lernenden sollen dazu verlockt werden, die Sache zu ihrer eigenen zu machen. Es ist an ihnen, etwas zu untersuchen, herauszufinden" (JAHNKE, S.6f.).

■ **Intentionale Probleme;** HUßMANN (2002, 2003) entwickelt die Ideen von RUF und GALLIN weiter. Er plädiert für einen Unterricht, in dem Schülerinnen und Schüler über lange Zeiträume Mathematik auf eigenen Wegen entdecken können und dabei einen hohen Grad der Beteiligung an der Bildung mathematischer Begriffe haben. Die Probleme, die hierzu die Grundlage bilden, müssen absichtsvoll („intentional") konstruiert sein:
„Intentionale Probleme sind Lernauslöser selbstständigen Lernens; offen, unstrukturiert und authentisch; [...] sind komplex, sodass sie soziales und kooperatives Lernen möglich machen [...] führen auf unterschiedlichen Lösungswegen zu unterschiedlichen Lösungen; weisen über sich hinaus auf allgemeine mathematische Begriffe; tragen alle bereichsspezifischen Grundvorstellungen des zu erarbeitenden Gebietes in sich" (HUßMANN 2003, S.30).

■ **Open-ended problems,** auch: hatsumon 発問 (BECKER/SHIMADA 1997); Bei diesem in den USA zurzeit sehr beliebten „japanischen Ansatz", geht der Unterricht nicht von einem zu lösenden Problem aus, sondern von einer sehr offenen Situation, zu der Schülerinnen und Schüler zunächst einmal möglichst viele Fragen, Vermutungen und Zusammenhänge formulieren sollen. Konkrete Beispiele finden sich im folgenden Kapitel 5.3.

Kasten 1: Aufgaben für entdeckendes Lernen

In Schulbüchern neuerer Ausprägung (wie etwa dem Schweizer *mathbu.ch*) findet man bereits solche Lernumgebungen. Ein wesentliches Merkmal der Aufgabenstellungen ist dabei die sogenannte Problemorientierung. Ein zugängliches und herausforderndes Problem trägt die Schülerinnen und Schüler durch die Erkundung. Geeignete Probleme müssen somit die folgenden Bedingungen zugleich erfüllen:

■ Sie müssen mathematisch gehaltvoll sein, d. h., einen Begriff, ein Zusammenhang oder ein Verfahren und seine Umgebung entdecken und erkunden lassen;

■ sie müssen dabei für alle Schülerinnen und Schüler zugänglich sein, insbesondere sollen sie Bearbeitungen auf verschiedenen Komplexitäts-, Allgemeinheits- und Reflexionsniveaus zulassen, und

■ sie müssen dazu hinreichend offen sein.

Zugänglichkeit, Offenheit, Differenzierungsvermögen und mathematischer Gehalt sind also Eigenschaften, die geeignete Aufgaben für das problemorientierte Erarbeiten von Begriffen auszeichnen. (Solche Bedingungen erfüllt auch die Blütenaufgabe, s. Kapitel 2, S. 42 ff.) Die mathematischen Begriffe ergeben sich dabei organisch als Lösungen für das Ausgangsproblem. Der *Teiler*- und *Primzahl*begriff machten beispielsweise das Schokoladenproblem auf S. 108 bewältigbar.

Im folgenden Beispiel (nach GODDIJN/REUTER 1995) erfinden Schülerinnen und Schüler *selbstständig* eine Konstruktion, die auf den Begriff der Mittelsenkrechten als Lösung für ein Aufteilungsproblem führt. (Mit „Begriff" ist hier bewusst die Idee, das Konzept bzw. die Vorstellung gemeint und nicht etwa die Bezeichnung mit dem Wort „Mittelsenkrechte" oder gar die mathematische Definition.)

Die Lehrkraft ist dann weiterhin verantwortlich für die Einführung der Bezeichnung „Mittelsenkrechte" und für die weitere Unterrichtsgestaltung, in der dieser Begriff vertieft und systematisiert wird.

Beispielaufgabe: Wüstenbrunnen

Die Karte zeigt ein Stück Land. Es gibt fünf Brunnen in diesem Gebiet. Stelle dir vor, du stehst bei X mit einer Herde von Schafen, die Durst haben. Zu welchem Brunnen gehst du? Die Wahl war natürlich nicht schwierig. Du gehst zu dem nächstgelegenen Brunnen 2.

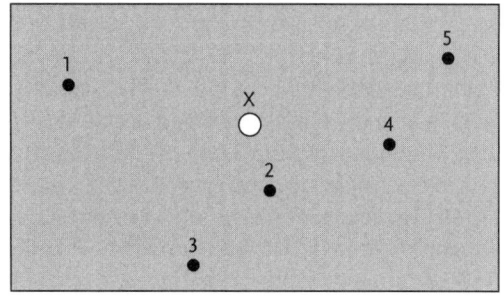

a) Färbe alle Stellen in derselben Farbe, von denen du auch zu Brunnen 2 gehen würdest.

b) Entwickle nun eine Einteilung des Landes in Gebiete, sodass in jedem Gebiet ein Brunnen steht. Die Gebiete sollten so beschaffen sein, dass wenn man in einem Gebiet steht, der Brunnen dieses Gebietes auch immer der nächstliegende Brunnen ist.

Es sei abschließend noch einmal betont, dass Begriffsbildungen mithilfe selbständiger Entdeckungen zwar ein zentrales Moment von Mathematiklernen darstellen, aber keineswegs zur exklusiven Methode hochstilisiert werden sollten. Ihnen zur Seite stehen sollten komplementäre Vorgehensweisen, wie etwa die des Begriffbildens durch Systematisieren von Erfahrungen (vgl. z.B. WINTER 1983), das übende Anwenden beim projektartigen Arbeiten oder selbstregulierte Formen der Selbstüberprüfung und des Übens. Hier findet das selbstständige Lernen ganz andere Ausdrucksformen.

5.3 Mathematisches Forschen anregen: Eigene Fragen stellen und untersuchen lassen

Die meisten Probleme des Mathematikunterrichts werden durch die Lehrkraft oder das Schulbuch gegeben. Schülerinnen und Schüler lösen fortwährend Probleme, die nicht ihre eigenen sind, oder positiver formuliert: die sie im Bearbeitungsprozess erst zu ihren eigenen machen müssen. Wie können Lernsituationen im Mathematikunterricht aussehen, dass Lernende selbst nicht nur über die Lernwege, sondern auch im Rahmen der Kompetenzziele über bestimmte Lerninhalte mitentscheiden können?

Dies bedeutet keineswegs eine Überforderung des Unterrichts oder der Lernenden: Schülerinnen und Schüler können beispielsweise aufgefordert werden, als Mathematikexperten Vorschläge zu unterbreiten, wie eine Firma, die bestimmte Süßwaren herstellt, ihren Gewinn optimieren könnte. Die Vorschläge der Schülerinnen und Schüler reichen von Ideen zur Verpackungsoptimierung und zur Änderung der Zusammensetzung (mehr Nüsse nehmen, weil die billiger sind als die Schokolade), zum Herstellungsprozess bis hin zur Umstellung der Produktpalette auf gesunde Ernährung und zu einer Kundenbefragung, wem die Teile überhaupt schmecken.

Nach einer solchen Sammlung könnte den Schülerinnen und Schülern freigestellt werden, welche Optimierungsidee sie sich wählen und ggf. auch in Partnerarbeit oder kleinen Gruppen bearbeiten wollen (vgl. Unterrichtsmaterialien unter *www.problemloesenlernen.de*). Gemeint ist hier also keineswegs die völlig freie Entscheidung – diese ist im Rahmen eines organisierten Lernens im Unterricht ohnehin nur ein Idealbild. Hinzu kommt, dass Schülerinnen und Schüler ja in der Vorausschau und in Unkenntnis der möglichen Lernergebnisse ihre „Bildungsbedürfnisse" nur sehr begrenzt einschätzen können.

Eine Unterrichtsform, in der die „Entscheidungskompetenz" in hohem Maße an die Schülerinnen und Schüler übergeben wird, ist das **Projekt**. Die Mathematik kommt erst dann ins Spiel, wenn sie für das Projektziel relevant wird, etwa zur Vorausberechnung von Materialien, zur Konstruktion eines Objektes, zur Abschätzung der Wirtschaftlichkeit usw. Der entscheidende Vorteil projektartiger Arbeitsformen besteht darin, dass mathematische Handlungskompetenz unterstützt und ausgebildet wird. Die Mathematik zeigt hier einen tatsächlichen Nutzen, aber sie muss sich auch dem Projektziel unterordnen.

Was Projekte hingegen nicht so gut leisten können, ist, ein intelligentes Wissen über mathematische Begriffe, Sätze und Verfahren und deren Zusammenhänge aufzubauen. Mitunter behilft sich der Mathematikunterricht auch durch Projekte, die von vornherein so angelegt sind, dass gewisse mathematische Probleme in Angriff genommen werden müssen, wie z.B. die folgenden *mathematischen Projekte*:

Beispiel-Projekte

■ **Heißluftballons**
Im Zuge einer Werbeaktion für eine Schule soll eine Klasse an einem fächerverbindenden Projekt (Mathematik, Physik und Kunst) beteiligt werden. Der Auftrag für die Klasse ist, die platonischen Körper in Form von (Modell-)Heißluftballons in die Lüfte steigen zu lassen (LUDWIG 2001).

■ **Routenplaner für Fußgänger**

Jeder kennt heutzutage Routenplaner oder hat bereits einen befragt – z.B. im Internet unter *www.map24.de*. Indem Schüler einen solchen Routenplaner selbst planen und erstellen, entwickeln und entdecken sie Modellierungen und Algorithmen der diskreten Mathematik (LEUDERS 2005c).

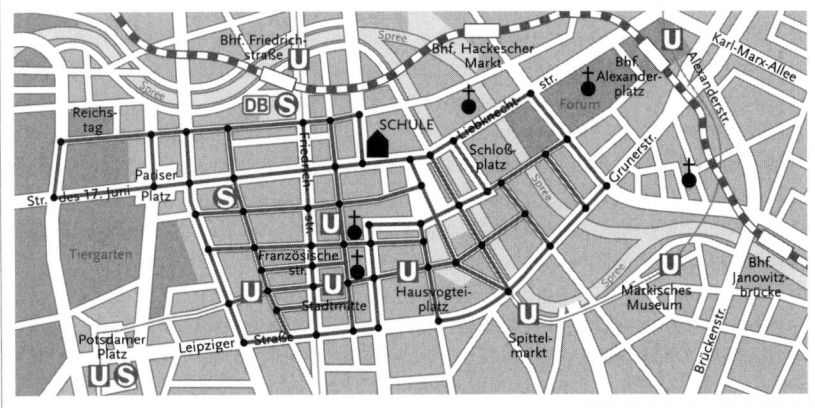

Ein Projekt ist also einerseits die ideale Verwirklichung selbstgesteuerten Lernens, andererseits kann sich systematisches fachliches Lernen nicht vollständig im Projektlernen entfalten. In den meisten Texten, in denen für Projektunterricht im Rahmen des Faches Mathematik geworben wird, wird darauf hingewiesen, dass Schülerinnen und Schüler hier die Grunderfahrung machen, dass Mathematik ein nützliches Werkzeug bei der Bewältigung von Situationen im Alltag und in unserer Umwelt ist (WINTER 1995). Mathematik erschöpft sich aber nicht in ihren Anwendungen, sie ist ebenso eine Wissenschaft, die sich mit rein gedanklichen Strukturen befasst, logische Zusammenhänge erkundet und dabei einen eigenen, deduktiv geordneten Begriffsapparat entwickelt. Schülerinnen und Schüler müssen von diesen mathematischen Prozessen nicht ausgeschlossen sein, gleichsam als Beobachter und Rezipienten einer fertigen Wissenschaft, sondern können aktiv forschend die Grunderfahrung machen, wie „reine Mathematik" funktioniert. Sie können nicht nur bewährte mathematische Begriffe wiederentdecken, sie können auch eigene Begriffe erfinden und ausloten. Sie können mathematische Situationen erkunden, eigene Vermutungen aufstellen und diese zu begründen versuchen. Sie können mathematische Probleme selbst finden und lösen. Kurz: Schülerinnen und Schüler können selbstgesteuert mathematisch forschen.

„Forscheraufgaben", die hierzu geeignet sind, kann man im Wesentlichen durch dieselben Eigenschaften kennzeichnen wie die weiter oben beschriebenen Aufgaben zur problemlösenden Begriffsbildung. Was sie besonders auszeichnet, ist ihre radikale Offenheit: Es werden möglichst nur mathematische Situationen präsentiert, die es zu lösen gilt. Die Situationen sind selbst noch so offen, dass Schülerinnen und Schüler auch das Formulieren von Fragestellungen oder Vermutungen übernehmen müssen, wie in den folgenden Beispielen.

Beispielaufgaben: Offene Lernsituationen

■ Stell dir eigene Aufgaben, bei denen es darum geht, auf welche Weise sich Figuren schneiden. Du kannst dabei verschiedene Figurentypen betrachten. Die Fragen, die du stellst, können z.B. beginnen mit: „Wie viele ...?", „Wie ...?", „Wie groß ...?"

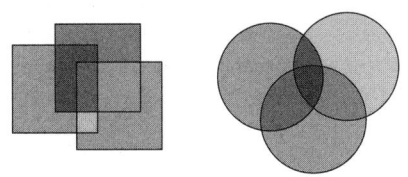

■ Falte ein DIN-A4-Blatt einmal, zweimal oder dreimal. Finde dann möglichst viele Beziehungen zwischen den Winkeln.

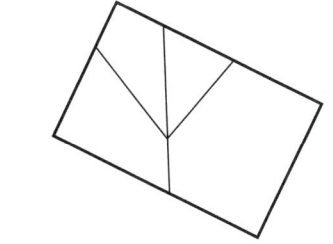

■ Wenn man die Seitenmitten eines Vielecks verbindet, erhält man wieder ein Vieleck. Probiert dies mit verschiedenen Vielecken aus und stellt so viele Aussagen wie möglich auf.

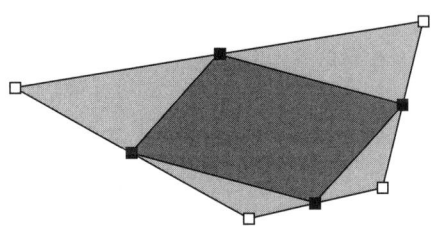

■ Wenn man Vielecke durchschneidet, entstehen seltsame Beziehungen. Was kann man mit solchen verrückten Rechnungen alles anfangen?

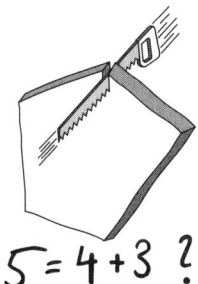

Viele weitere solcher Fragen findet man in Form „ergebnisoffener Aufgaben" unter dem Titel *open-ended problems* (BECKER/SHIMADA 1997). Aufgaben wie diese erscheinen ungewohnt. Schülerinnen und Schüler müssen erst mit der Tätigkeit vertraut werden, dass sie selbst mathematische Fragen stellen können und dürfen. Leider sind die hier vorgestellten mathematischen Tätigkeiten des ergebnisoffenen Erkundens, des Fragens und Vermutens oft aus dem Mathematikunterricht, wie wir ihn täglich erleben, ausgeblendet. Das erkennt man auch an der folgenden Darstellung (vgl. BÜCHTER/LEUDERS 2006, 2007). Hier werden mathematische Prozesse als Kreisläufe des Erkenntnisgewinns dargestellt.

Drei „Prozessspiralen"

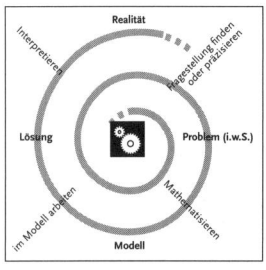 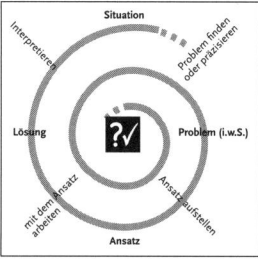 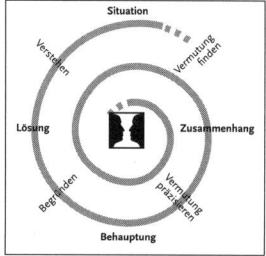

Modellieren   Problemlösen   Argumentieren

Die Spiralen – die im Uhrzeigersinn zu durchlaufen sind – versinnbildlichen mathematische Erkenntnisprozesse, an deren Anfang in der Regel das Fragen und Vermuten steht. Solche Prozesse finden sich im Unterricht oft nur stark verkürzt wieder (in Testaufgaben sind sie ohnehin kaum zu verwirklichen). Allzu oft bewegt Unterricht sich zwischen „6 Uhr" und „9 Uhr" in diesen Spiralen. Aber gerade das Finden und Präzisieren von eigenen Fragestellungen beim Modellieren, das selbstständige Finden und Präzisieren von Problemen beim Problemlösen und das Finden von eigenen Vermutungen beim Argumentieren kommt häufig viel zu kurz. Dabei ist die motivationale Wirkung offensichtlich: Wohl jeder sucht nach der Begründung für eine selbst aufgestellte Vermutung intensiver als nach einer Begründung zu einer „fremd aufgestellten", vorgegebenen Vermutung. Über die Reflexion von Aufgaben und ihre spezifische *Prozessqualität* hinaus können diese Prozessspiralen direkt genutzt werden, um ausgehend von „verkürzten" Aufgaben reichhaltigere zu gestalten.

Einen sanften Weg hin zu solcher *eigentätigen Forschung* weist eine Idee, die seit einigen Jahren von vielen Lehrerinnen und Lehrern praktiziert wird: die Aufgabenvariation, wie sie vor allem SCHUPP (2002) vorschlägt und anhand vieler Beispiele ausführt. Das Prinzip ist einfach: *Nach* der Lösung eines Problems, dem Beweis einer Vermutung, der Berechnung einer Größe oder der Konstruktion einer Figur bittet man Schülerinnen und Schüler, die Ausgangssituation zu variieren und erneut anzusetzen, zu fragen: „Was wäre wenn ...?" Auf diese Weise dienen bekannte Sachverhalte oder bereits bearbeitete Aufgaben als Kristallisationskeime für eine Vielfalt von Variationen. Dabei kann man die Variationstätigkeit zunächst, ohne allzu tiefe mathematische Kenntnisse vollziehen. Die Aufforderungen in der rechten Spalte der folgenden Tabelle (s. S. 120) lassen sich als Aufforderung zur rein syntaktischen Veränderung der mathematischen Aussagen verstehen (z. B.: ein Wort wird durch ein anderes ersetzt). Inwiefern durch die Variation ein interessantes Stück Mathematik entsteht, ist erst im zweiten Schritt die Frage. Dadurch kommt das Fragen als mathematische Tätigkeit in den Horizont von Schülerinnen und Schülern.

Beispielaufgaben: Variationen einer Aufgabenstellung

Nachdem Schülerinnen und Schüler herausgefunden haben, wie man am besten vier gleiche Kreise mit möglichst großer Gesamtfläche aus einem Quadrat schneidet, variieren sie die Frage. Eine einfache Technik besteht darin, einzelne Wörter aus der Problemstellung durch andere zu ersetzen. Die neuen Probleme könnten dann z. B. lauten:

a) Schneide aus einem Quadrat vier *beliebige* Kreise mit möglichst großer Gesamtfläche aus.

b) Schneide aus einem *Rechteck* vier gleiche Kreise mit möglichst großer Gesamtfläche aus.

c) Schneide aus einem Quadrat *drei* gleiche Kreise mit möglichst großer Gesamtfläche aus.

d) Schneide aus einem *Kreis* vier gleiche Kreise mit möglichst großer Gesamtfläche aus.

e) Schneide aus einem Kreis vier gleiche *Quadrate* mit möglichst großer Gesamtfläche aus.

f) Schneide aus einem Quadrat vier gleiche Kreise mit möglichst großem Gesamt-*umfang* aus.

g) Schneide aus einem Quadrat *beliebig viele, auch verschieden große* Kreise mit möglichst großer Gesamtfläche aus.

Der Auftrag an Schüler lautet also nicht „Löse das Problem", sondern: „Finde eigene Probleme", konkreter: „Variiere selbst das Problem und untersuche, was passiert."

Viele der entstehenden Variationen lassen sich als Nachbarprobleme oder Analogien, als Verallgemeinerungen oder Spezialisierungen, als Ober- oder Unterbegriffe identifizieren. Bei der Untersuchung der Variationsergebnisse erkunden Schülerinnen und Schüler dann logische Beziehungen und Begriffsrelationen. Diese Reflexionsebene erreichen sie jedoch erst, *nachdem* sie einige Erfahrungen mit Variationen gemacht haben. Auch das Probleme *Finden* kann man nach und nach durch Strategien, d. h., durch einfache Techniken für das Variieren unterstützen. (s. a. SCHUPP 2002, WETH 1999, LEUDERS 2003a):

Verschiedene Formen der Variation	
Tätigkeit	**Aufforderung zum Variieren**
Verallgemeinern	Lasse eine Bedingung weg.
Spezialisieren	Füge eine Bedingung hinzu.
Analogien suchen	Ersetze ein Element der Aussage durch ein anderes.
Zerlegen	Trenne die Aussage in Teile auf.
Kombinieren	Füge Verschiedenes zusammen.
Umkehren	Wechsele die Richtung der Aussage.
Kontext wechseln	Formuliere in einem ganz anderen Rahmen.
Überschreiten	Überschreite die stillschweigenden Bedingungen.
Iterieren	Mache dasselbe noch einmal.

Lehrerinnen und Lehrer können zwar vorab ausloten, welche Variationen zu erwarten sind. Eine detaillierte Planung wird jedoch dadurch unmöglich, dass Schülerinnen und Schüler immer wieder Naheliegendes unbeachtet lassen, dafür aber auf Unerwartetes stoßen. Die von ihnen erfundenen Variationen können sehr unterschiedliche Schwierigkeitsgrade aufweisen, wenn man sich an ihre Bearbeitung macht. Manche erweisen sich als trivial, manche führen auf curricular zentrale Themen, andere sind mit Mitteln der Schulmathematik kaum erfolgreich anzugehen. Diese Schilderung deutet schon darauf hin, dass das Arbeiten mit der Variationstechnik für Lehrerinnen und Lehrer interessanter, aber auch anspruchsvoller ist als das Lösenlassen wohlüberlegt ausgesuchter „fertiger" Probleme.

5.4 Lernprozesse aktiv steuern lassen: Methoden für selbstständiges Lernen nutzen

Eine Komponente einer Lernumgebung, die selbstständiges Lernen unterstützt, ist die Organisationsform des Unterrichts – aus der Planungsperspektive heraus spricht man auch von *Unterrichtsmethode*. Eine große Vielfalt von Methodenhandbüchern und Methodenworkshops gibt mittlerweile Anregungen für die Auswahl der Sozialformen, für die Inszenierung von Interaktionsabläufen, sowie für die Durchführung des Unterrichts und dessen Auswertung und Reflexion. Die Beliebtheit der *Unterrichtsmethode* hat ihren Grund vor allem darin, dass sie große Bereiche von „gutem Unterricht" in Form idealtypischer Handlungsfolgen systematisch beschreibt und Handlungsstütze für die Praxis ist.

Wichtigster Orientierungspunkt bei der Auswahl einer Unterrichtsmethode sind die Zielvorstellungen, mit denen man an Unterricht herangeht. Grundsätzliches Ziel von Unterrichtsmethoden ist die Aktivierung von Schülerinnen und Schülern, Methodenmonokultur bedeutet – jedenfalls in Deutschland – in der Regel, dass ein lehrerzentrierter, fragend-entwickelnder Unterricht vorliegt. In diesem Sinne zielen eigentlich alle Methoden, die dem Lehrer eine moderierende und dem Schüler eine aktive Rolle zuweisen, auf die Stärkung selbstgesteuerten Lernens.

Einige Methoden heben zusätzlich die eigene Verantwortung von Schülern bei der Organisation ihres Lernens hervor – sie sind unabhängig vom Fach bedeutsam, wiewohl man nach einer fachspezifischen Umsetzung, die den Besonderheiten des Mathematikunterrichts Rechnung trägt, fragen muss.

Die folgende Übersicht stellt Beispiele aus dem Handbuch „Mathematik-Methodik" (BARZEL/BÜCHTER/LEUDERS 2007) zusammen, die in diesem Sinne besonders das *eigenverantwortliche* Lernen fördern:

■ **Projekt** 	Das Projekt ist eine methodische Großform, die sich über einen längeren Zeitraum erstreckt. Schülerinnen und Schüler sind bei einem Projekt wesentlich an der Zielfindung und Planung beteiligt. Das Ziel kann sich aus einem überfachlichen Problem ergeben, das im Interesse aller Beteiligten liegt. Die Bearbeitung überschreitet meist die Grenzen des Klassenraums, des Faches und des Stundenplans und am Ende steht ein konkretes Produkt. Von projektartigem Arbeiten (oder einem „Mini-Projekt") kann man sprechen, wenn der Unterricht streckenweise mehrere dieser Kennzeichen trägt.
■ **Experimentieren** 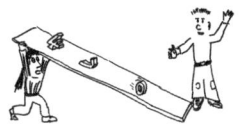	Beim Experimentieren untersuchen Schülerinnen und Schüler mathematische Objekte bzw. Zusammenhänge oder reale Phänomene mit Blick auf eine vorgegebene oder erarbeitete Fragestellung (z.B. die Teilbarkeit ganzer Zahlen oder das Abkühlen eines Heißgetränks). Dabei planen sie die Untersuchung so, dass sie aufgrund von Beobachtungen Vermutungen aufstellen, konkretisieren oder schon überprüfen können.

■ **Gruppenpuzzle** 	Mit einem Gruppenpuzzle können Schülerinnen und Schüler ein Thema, das in verschiedene Teilaspekte aufgeteilt werden kann (z. B. indem es verschiedene Zugänge oder Anwendungen ermöglicht), selbstständig und kooperativ erarbeiten. In einer ersten Gruppenrunde erarbeiten sich Schülerinnen und Schüler einen Teilaspekt und werden dabei zu „Experten" für ihn. In einer zweiten Runde werden die Gruppen dann so neu zusammengesetzt, dass jede Gruppe das gesamte Thema gemeinsam erarbeiten kann.

Diese Methoden fördern das eigenverantwortliche Arbeiten vor allem im Gruppenverbund und stellen Methoden kooperativen Lernens dar. Näheres hierzu findet sich in Kapitel 6.

Andere Methoden sind besonders geeignet, die Selbstständigkeit im Rahmen individueller Lernformen zu fördern. Hierzu gehören beispielsweise:

■ **Freiarbeit** 	Freiarbeit ist eine methodische Großform, eine grundsätzliche und langfristige Anlage des Unterrichts, bei der die Schülerinnen und Schüler innerhalb eines durch Themen und Materialien vorgegebenen Rahmens auswählen können, *was* sie bearbeiten möchten, und dabei selbst bestimmen können, *wann* sie dies erledigen. Freiarbeit in der hier vorgestellten Form kann viele Stunden pro Woche und auch mehrere Fächer umfassen. Dabei übernimmt das Material die steuernde Funktion. Freiarbeit kann sowohl in Phasen des Erkundens als auch in Übungsphasen oder bei der Lernstandsdiagnose (als Selbstkontrolle und -einschätzung) stattfinden. Für die Lehrperson ist Freiarbeit mit einem erhöhten Vorbereitungsaufwand verbunden, dafür sind die Unterrichtsstunden entspannter und es entstehen Freiräume, um individuell auf Schülerinnen und Schüler einzugehen.
■ **Stationenzirkel** 	Bei einem Stationenzirkel bearbeiten alle Schülerinnen und Schüler an mehreren Stationen Materialien, die eine vielfältige Auseinandersetzung mit einem bestimmten Thema anregen. Der Stationenzirkel kann organisatorisch variantenreich gestaltet werden, mit Pflicht- und Wahlstationen, Stationen für die Einzel-, Partner oder Gruppenarbeit usw. Stationenzirkel, die sich über eine längere Phase (z. B. mehrere Unterrichtsstunden) erstrecken, werden auch als **Lernwerkstatt** bezeichnet (vgl. z. B. BAUER 1997, HESKE 2003).

Ein Weg, die Eigenverantwortung für das eigene Lernen zu stärken, ist das Einfordern von verbindlichen individuellen (oder ggf. kooperativen) Lernprodukten. Diesen Weg gehen die folgenden Methoden:

■ Präsentation	Wenn Schülerinnen und Schüler zu einer offenen Aufgabenstellung vielfältige Bearbeitungen in Einzel-, Partner- oder Gruppenarbeit produziert haben, stellt sich die Frage, wie diese Arbeitsergebnisse gewinnbringend ausgewertet werden können. Hier bietet sich die moderierte Präsentation an, bei der es nicht um ein bloßes „Zur-Kenntnis-Nehmen" der unterschiedlichen Bearbeitungen, sondern um deren Vergleich und Systematisierung geht.
■ Gutachten	Bei dieser Methode setzen Schülerinnen und Schüler ihr mathematisches Handwerkszeug als Expertenwissen ein, um vorgegebene Probleme zu bearbeiten und begründete Lösungsvorschläge zu unterbreiten. Dabei hat sich die Inszenierung mit einer (fiktiven) Auftragsvergabe für Gutachten, die Präsentation von Gutachten und ggf. die Entscheidung zwischen konkurrierenden Lösungsvorschlägen bewährt. Beispiele: ■ Welcher Handy-Tarif ist der beste? ■ Wie sieht eine optimale Waschmittelverpackung (unter realistischen Randbedingungen) aus? ■ Wie bewertet man eine zusammengesetzte Leistung (Zehnkampf, Nordische Kombination, Bogenschießen, ...) gerecht? ■ Wie gestaltet man Vereinsbeiträge (mit Blick auf unterschiedliche Gruppen wie Familien, Studierende, Senioren usw.) gerecht?
■ Portfolio	Näheres hierzu in Kapitel 5.5, S. 126.

Abschließend soll anknüpfend an Kapitel 4 noch eine Methode beschrieben werden, die geradezu klassisch die Förderung selbstständigen Lernens zum Ziel hat: die „Hausaufgabe" oder „Hausarbeit". Hausaufgaben sind eine wesentliche Gelegenheit für zeitlich selbstorganisiertes Arbeiten. Sie kön-

nen kurzfristig oder langfristig angelegt sein, können vorbereitenden oder nachbereitenden Charakter haben und werden häufig in Einzelarbeit erledigt – gerade langfristige Hausaufgaben können aber auch genauso gut kooperativ angelegt sein.

Zu den wesentlichen Zielen von Hausaufgaben gehört es, dass Schülerinnen und Schüler zunehmend mit Formen des selbstorganisierten

Lernens vertraut werden, zu den wesentlichen Vorteilen, dass bei der Bearbeitung der Hausaufgaben ein individuelles Arbeitstempo realisiert werden kann. Im Bereich der Hausaufgaben gibt es viele intelligente Varianten, die hier nur angerissen werden können (vgl. BARZEL/BÜCHTER/LEUDERS 2007 und KOMOREK/BRUDER 2007 und Kapitel 4 in diesem Buch).

■ Die Hausaufgabe zur Reflexion und Vernetzung: Am Ende einer Unterrichtsreihe sowie vor Klassenarbeiten können die Hausaufgaben dazu dienen, sich einen Überblick über die Inhalte bzw. über die eigenen Kenntnisse oder Lücken zu verschaffen.

Beispielaufgaben

■ Sammle aus den letzten Wochen die (aus deiner Sicht) wichtigsten 10 Aufgaben. Erfinde zu jeder Aufgabe eine ähnliche Aufgabe und fertige eine Lösung dazu an.
■ Schreibe für die nächste Klassenarbeit einen Spickzettel, der alle wichtigen Dinge auf wenig Raum zusammenfasst. Die Spickzettel werden dann mit der Klasse besprochen und festgelegt, ob die Spickzettel in der Klassenarbeit zugelassen werden oder nicht.
■ Erstelle eine Landkarte mit den Begriffen und Inhalten der letzten Wochen.

■ Die langfristige Hausaufgabe, die über mehrere Wochen bearbeitet wird und Schüler auf komplexere Leistungen, wie z. B. die Facharbeit, vorbereitet.

Beispielaufgaben

■ Die Fußball-WM steht bevor – was kannst du vorweg mathematisch bestimmen? (z. B.: Anzahl aller verkauften Karten, Gewinn aus dem Kartenverkauf, Benzinverbrauch für den Besuch eines Spiels, zusätzliche Bettenkapazitäten usw.)
■ Elektrische Geräte im Haushalt verbrauchen im Standby-Betrieb auch Energie. Ermittle für den Haushalt deiner Familie die jährlichen Kosten. Stelle die volkswirtschaftlichen Folgen anschaulich dar. Wozu lässt sich hierbei Mathematik anwenden?
■ Untersuche die Wortlängen in verschiedenen Presseerzeugnissen. Welche Fragen könnte man stellen und näher untersuchen?
Auch rein innermathematische „Forschungsfragen" sind möglich:
■ Zeichnet man in ein Rechteck, das aus $n \times m$ Kästchen besteht, eine Diagonale, so durchkreuzt sie eine bestimmte Anzahl von Kästchen. Untersuche, wie man diese Anzahl aus n und m berechnen kann.

In England gibt es „Kleinformen" von Facharbeiten, die *coursework* (Kursarbeiten) genannt werden. Die Schülerinnen und Schüler beginnen mit der Arbeit in der Klasse, können auf Rückfrage Unterstützung beim Einstieg in die Aufgabe erhalten, sich untereinander austauschen oder Lehrbücher zu Rate ziehen (KAISER 2001). In Heimarbeit entsteht dann über mehrere Stunden ein Gesamtprodukt, bei dem jeder Schüler Teil- und Zwischenerfolge vorweisen kann.

5.5 Produkte selbstständigen Lernens auswerten

Weit weniger Innovationsbewegung als beim selbstständigen Lernen findet man zurzeit im Bereich der Leistungsbewertung. Über viele Jahrzehnte hinweg hat sich im deutschen Schulsystem eine spezifische Tradition der Leistungsbewertung etabliert, die nur wenig Spielraum für alternative Ansätze lässt und die im Sekundarbereich fest gefügter denn je erscheint (BARTNITZKY 1996, ARNOLD/JÜRGENS 2001).

Die Anforderungen dieser beiden Dimensionen schulischer Lernorganisation, der Förderung von Selbstständigkeit auf der einen und der Bewertung von Schülerleistungen auf der anderen Seite, werden in der täglichen Schulpraxis oft als widersprüchlich wahrgenommen. Hinter diesen scheinbar nur schwer vereinbaren Anforderungen verbirgt sich letztlich eine klassische Paradoxie der Pädagogik: Der letzte Zweck einer Erziehung zur Mündigkeit ist es, den Erziehenden überflüssig zu machen. Heute würde man das eher so formulieren: Das Lernen in der Schule muss so organisiert, so „gesteuert" werden, dass es auf ein *lebenslanges selbstgesteuertes Lernen* vorbereitet. In der Tat handelt es sich hier um eine Herausforderung, der sich die pädagogische Gestaltung schulischen Lernens offen stellen muss. Dies ist ein wesentlicher Grund, warum immer wieder das Trennen von Lernen und Leisten eingefordert wird, und zwar sowohl auf der organisatorischen Ebene (BLK 1997) als auch auf der Ebene der Aufgaben (BÜCHTER/LEUDERS 2007).

Wenn aber selbstständiges Lernen gefördert werden soll, dann reicht es nicht aus, diesem Freiräume zuzubilligen. Es müssen auch Verfahren weiterentwickelt und verbreitet werden, die in besonderem Maße geeignet sind, die Qualität und die Ergebnisse selbstständigen Lernens zu bewerten. Einige Beispiele werden abschließend vorgestellt.

Will man die Lernenden zu Leistungen herausfordern, bei denen sie ihre Individualität und Kreativität einbringen können, so muss die Aufgabenstellung möglichst offen hinsichtlich der möglichen Ergebnisse und der verwendbaren Methoden sein. Die Arbeit an solchen Problemen verläuft dann divergent und ist nur begrenzt vorhersehbar. Auch solche Arbeitsprozesse müssen gewürdigt werden – und nicht nur, wie im Mathematikunterricht so oft, die Richtigkeit der Ergebnisse. Ein Modell für ein *erweitertes Bewertungsschema* kann in etwa so aussehen (LEUDERS 2003a, S. 304):

Bewertungs-bereiche	Kreativität	Korrektheit
Gestaltung	interessante Darstellungsform, plastische Illustrationen	klare äußere Form, übersichtliche Struktur
Nutzung von Mathematik	unerwartete Ansätze, Kombination von Ideen aus verschiedenen Bereichen, Neuschöpfungen	richtige Berechnungen, mathematische Aspekte des Themas konsequent verfolgt
Sprache	ausdrucksreiche und interessante Sprache, begriffliche Neuschöpfungen	sachlich richtige und schlüssige Argumentation, präzise Ausdrucksweise, korrekte Fachsprache
Gründlichkeit	Sonderfälle und Probleme erkannt, Reflexion von Alternativen („Was wäre wenn …")	Bearbeitung aller geforderten Aufgabenteile, ausführliche Rechnungen

Dieses Schema bietet einen transparenten Kriterienkatalog, der in dieser Form den Schülerinnen und Schülern auch im Voraus an die Hand gegeben werden kann und Anreize zu kreativen, individuellen Leistungen enthält. Es berücksichtigt die divergenten (Kreativität) und konvergenten (Korrektheit) Aspekte der Leistung gleichermaßen.

Eine besondere Form, in der Schülerinnen und Schüler die Ergebnisse ihres selbstständigen Lernprozesses vorlegen können, ist das sogenannte **Portfolio**. Das ist eine strukturierte und reflektierte Sammlung von Dokumenten unterschiedlicher Art und von Beispielen persönlicher Arbeiten, die von den

Lernenden zusammengestellt wird und die sie immer wieder ergänzen und aktualisieren. Der Begriff Portfolio lässt sich lapidar mit Sammelmappe übersetzen. Außerhalb des Schulkontextes versteht man darunter die Bewerbungsmappe von Künstlern oder ein Bündel von Wertpapieren. Im Mathematikunterricht spielt das Portfolio (im Gegensatz zum Lerntagebuch) nur an wenigen Schulen eine Rolle. Dies liegt wohl vor allem daran, dass Lernerfolg und Lernfortschritt immer noch an der Erfüllung externer, einheitlicher und überindividueller Normen gemessen wird. Das Portfolio kann als produktive Repertoireergänzung für die Leistungsbewertung verschiedene Funktionen erfüllen und die traditionelle Bewertungsperspektive bereichern.

Portfolios können detailliertere inhaltliche Auskünfte über individuelle Leistungen geben als summierende Noten, die eher die Summe des kurzfristigen Lernerfolges in Klassenarbeiten dokumentieren. Portfolios geben insbesondere Raum für individuelle gestalterische Tätigkeit. Hierzu können gehören:

■ Texte über das eigene Erleben von Mathematik, z.B. Schlüsselerlebnisse, auch „interkulturelle Begegnungen" außerhalb des Unterrichts: „Wo ist mir Mathematik begegnet?"

■ Texte, die im Zusammenhang mit Unterrichtsthemen entstanden sind, z.B. Leserbriefe an eine Zeitung.

■ Künstlerisch ausgestaltete Arbeiten: Bilder, Zeichnungen, die mathematikhaltig sind oder einen mathematischen Sachverhalt augenfällig illustrieren.

■ Individuell angefertigte Arbeiten aus einem längeren Lernzeitraum (Facharbeit, längere Hausarbeit, Referat, Internetseite usw.).

Solche Produkte dokumentieren mehr als nur die Erfüllung von außen aufgetragener Pflichten und werden vom Lernenden als sinnstiftend empfunden. Das Portfolio erlaubt so eine *„Besinnung auf die eigentlichen Ziele des Mathematikunterrichts"*, auf *„schöpferische, begründende und beurteilende Fähigkeiten"* (HERGET 1996).

Was kann alles in einem Mathematik-Portfolio gesammelt werden?

Ausgewählte Materialien aus dem Arbeitsprozess
■ wichtige Arbeitsblätter
■ ausgewählte und bewertete Fundstücke aus dem Internet oder aus Zeitschriften
■ Kernmomente: Aha-Erlebnisse, wichtige Ideen und Einsichten (z.B. aus den Lerntagebucheintragungen)
■ zentrale eigene (offene) Fragen/Thesen
■ Zwischenzusammenfassungen, Mindmaps

Besondere eigene Arbeiten und Produkte
■ selbst ausgedachte Aufgaben, eigene Lösungen
■ besondere Darstellungen, z.B.:
  – geometrische Illustrationen, Skizzen
  – Erläuterung schöner Begründungen und Beweise
  – originelle Anwendungen, Weiterführungen, Verallgemeinerungen
  – Kurzvorträge (Folien), Referate, individuelle Hausarbeiten

In jedem Fall dürfen die Materialien nicht unkommentiert gesammelt werden, sondern müssen überarbeitet, strukturiert und durch persönliche Bewertungen und Kommentare eingeordnet werden. Es muss klar werden, was aus welchem Anlass oder mit welchem Ziel aufgenommen wurde.

Strukturierende Elemente
- Übersicht über wichtige Begriffe, z.B. in Form von Skizzen oder Begriffsland-
  karten
- Glossar
- Inhaltsübersicht
- gestaltete Titelseite

Auswertung des Gesamtproduktes
- Selbstbeurteilung
- ggf. Dokumente der Lehrerbeurteilung
- Ausblick auf den weiteren Arbeitsprozess

An der Entscheidung, welche Teile aufgenommen werden, sind Lernende wesentlich mitbeteiligt. Portfolios können – altersgemäß gestaltet – bereits frühzeitig eingeführt und genutzt werden und bieten Anlässe zu einer Stärkung selbstständigen Lernens.

Weitere Hinweise zum Portfolio und zu Verfahren der Auswertung von selbstständigem Lernen findet man u. a. bei WINTER (1996) oder bei LEUDERS (2003, 2004).

6 Kooperation im Mathematikunterricht fördern –

Fachliches und soziales Lernen miteinander verbinden *Timo Leuders*

Kooperatives Lernen aus der Sicht der Lernenden heißt: beim Lernen die Sache *und* die anderen zugleich im Blick haben. Dieser soziale Aspekt des gemeinsamen Lernens ist auch einer der Gründe, warum manche Schülerinnen und Schüler eine Vorliebe für Gruppenarbeit bekunden. Aber auch und gerade aus Sicht der Lehrenden gibt es eine ganze Reihe von guten Gründen für die Berücksichtigung kooperativer Lernformen. Dazu gehören u. a.:

- Stärkere Beteiligung und höhere Aktivität des Einzelnen;
- aktives Aushandeln statt Wissensübernahme *(konstruktivistisches Lernen)*;
- Anregung zur Verbalisierung und damit Förderung von Lernprozessen, dazu gehört insbesondere ein höheres Reflexionsniveau und tieferes Verstehen beim *Lernen durch Lehren*;
- Förderung von sozialkommunikativen Fähigkeiten;
- Förderung von Kooperationsfähigkeit und Verantwortungsbereitschaft.

Betrachtet man die aufgezählten Motive, lässt sich feststellen, dass kooperative Lernformen neben dem *sozialen Lernen* durchaus auch das *kognitive Lernen* fördern sollen – und das gemeinsam in *einem* unterrichtlichen Arrangement.

Man muss allerdings einräumen, dass kooperatives Lernen nicht den Königsweg zum kognitiven Lernen darstellt. Sicherlich gibt es Phänomene des kooperativen Lernens, wie die viel beschworene „positive Abhängigkeit", die Lernprozesse effektiver und freudvoller machen können. Nicht wegzudiskutieren sind hingegen auch andere Effekte, wie z. B. das Verstecken in der Gruppe, der soziale Druck, die sozial-kommunikative Überforderung oder die mangelnde Passung zum Lernstil Einzelner, die sich eher negativ auf das Lernen auswirken. Es kommt also darauf an, auf welche Weise, in welchem Maß und in welchen Zusammenhängen man kooperative Lernformen einsetzt und insbesondere, wie man Schülerinnen und Schüler an diese Arbeitsweisen heranführt.

Die aufgeführten Aspekte verdienen eigentlich eine ausführlichere Darlegung. Sie werden an dieser Stelle aber nur kurz angerissen, da sie *unabhängig* vom jeweiligen Schulfach gültig sind. Man findet eine große Zahl

von Texten, die allgemein Vorteile und Beispiele kooperativen Lernens ausführen (z. B. JOHNSON und JOHNSON 1989, DUBS 1995, MEYER 1996 oder die SINUS-Handreichungen von GRÄBER/KLEUKER 1998).
Es gibt viele Fortbildungsprogramme, die sich dem kooperativen Lernen widmen (z. B. KLIPPERT 1998, GREEN/GREEN 2005). Diese sind allerdings nicht speziell auf die Besonderheiten und Bedürfnisse des jeweiligen Faches abgestellt. So einleuchtend die dort vorgebrachten Argumente und Beispiele sind, so schwierig ist es mitunter, die vorgeschlagenen methodischen Arrangements auf das fachliche Lernen beispielsweise im Mathematikunterricht zu übertragen. Das liegt natürlich auch daran, dass die zentralen Aspekte des Mathematiklernens, wie etwa die Prozesse der Begriffsbildung, die Formen des Kommunizierens und Argumentierens oder der spezifische Umgang des Faches mit der realen Welt, nicht losgelöst vom Fach gesehen werden können. Im Gegenteil: Gerade diese Besonderheiten sind ja der Grund, warum es das jeweilige Fach überhaupt gibt.
Aus diesem Grund hat sich der vorliegende Beitrag den Anspruch gesetzt, Gründe und Beispiele für kooperatives Lernen aus der spezifischen Perspektive des Faches Mathematik zu entwickeln und dabei zahlreiche Anregungen für das Arrangement kooperativer Lernumgebungen, insbesondere für die Entwicklung und Auswahl geeigneter Aufgaben, zu geben. Die beiden ersten Abschnitte bieten übergreifende Überlegungen und Begründungen, die in Kapitel 6.3 ab S. 136 dann durch eine große Zahl konkreter Beispiele untermauert werden.

6.1 Gründe für Kooperation – auch im Mathematikunterricht

Wieso soll auch und gerade das Fach Mathematik sich stärker auf die Chancen des kooperativen Lernens einlassen? Neben den fachübergreifenden Argumenten sollen hier vor allem zwei fachspezifische Gründe angeführt und erläutert werden:

1. Kooperatives Lernen ist eine tragende Säule eines allgemeinbildenden Mathematikunterrichts

Mathematikunterricht kann und darf sich hinsichtlich des Allgemeinbildungs- und Erziehungsauftrags von Schule nicht ausklammern. Wesentliche Aspekte des Bildungsauftrages von Schule, wie etwa die Vermittlung sozialer Kompetenzen oder die Förderung kritischen Reflexionsvermögens, können nicht an einzelne Fächer delegiert werden, sondern müssen von allen Fächern entsprechend ihren Möglichkeiten mitgetragen werden.
Das Potenzial kooperativer Arbeitsformen im Mathematikunterricht wird unterschätzt, wenn man Mathematik als *Kulturtechnik* reduziert auf Rech-

nen und Überschlagen und Mathematik als *Wissenschaftsdisziplin* als eher losgelöst von gesellschaftlichen Phänomenen gesehen wird. Beide Sichtweisen sind zutiefst einseitig und verkürzend: Als *Kulturtechnik* ist Mathematik in hohem Maße zum Kommunikationsinstrument geworden. Ein beträchtlicher Teil der Information, deren Austausch zur gesellschaftlichen Teilhabe notwendig ist, tritt uns in mathematischer Gestalt entgegen: Jeder von uns muss Zahlenangaben, Tabellen und Graphen lesen und verstehen, Statistiken nicht nur zur Kenntnis nehmen, sondern auch deuten und kritisch beurteilen können. Als *Wissenschaftsdisziplin* durchdringt die Mathematik unseren zunehmend technisch bestimmten Alltag. Ohne Mathematik sind kein Handy und kein Internet denkbar. Ob wir Online-Banking vertrauen, hängt auch davon ab, wie sehr wir uns auf die Mathematik dahinter verlassen. Schließlich müssen Laien und Fachleute – in Zukunft vielleicht noch mehr als heute – bei der Aushandlung gesellschaftlicher Entscheidungen über die Mathematik und ihre Rolle in Diskurs treten können (vgl. z.B. FISCHER/MALLE 1985). Die Konsequenz aus diesen – keineswegs neuen – Erkenntnissen ist: Ein allgemeinbildender Mathematikunterricht muss diese sozialen Aspekte von Mathematik in seinen Inhalten und in seiner Gestaltung ernst nehmen. Er ist dabei ebenso den sozialen Prozessen, der Einübung in Kooperation und sozialer Verantwortung wie den fachlichen Inhalten verpflichtet (s. HEYMANN 1996).

Als ein Beispiel für den spezifischen Beitrag, den das Fach Mathematik zum sozialen Lernen leisten kann, sei hier der *konstruktive Umgang mit Unterschieden* genannt: mit Meinungsunterschieden im Einzelfall und mit Leistungsunterschieden generell.

Meinungsunterschiede lassen sich im Fach Mathematik vermeintlich leicht klären – richtig oder falsch ist ja dort angeblich festgelegt (aus Schülersicht manchmal leider eher durch das Diktum des Lehrers als durch die Möglichkeit zur objektiven Prüfung). Doch auch im Mathematikunterricht ist Meinungsvielfalt und sachlicher Diskurs oberstes Prinzip – manche Aussagen wie den Satz des Thales kann man überprüfen, andere wie eine mathematische Modellierung einer Autobahnauffahrt hängen von individuellen Entscheidungen ab. In solchen Situationen muss man zusammenarbeiten können, gemeinsame Entscheidungen treffen und Unterschiede gelten lassen.

Leistungsunterschiede zwischen Menschen sind – auch in einem gegliederten Schulsystem und erst recht in der Gesellschaft – unsere tägliche Erfahrung. In der Schule besteht die Chance, dass Schülerinnen und Schüler Wege finden, mit diesen Unterschieden konstruktiv umzugehen. Das bedeutet, dass sie Mitschülern selbstverständlich bei deren Lernbemühungen helfen (nicht nur, um gut dazustehen) und umgekehrt auch, dass sie sich helfen lassen bzw. aktiv Hilfe suchen. In Klassen, die behinderte Mitschüler integrieren, sind solche Lerneffekte übrigens besonders offenkundig.

Leider hat die aktuelle bildungspolitische Entwicklung zu einer einseitigen Betonung fachlicher und kognitiver Kompetenzen geführt. Bildungsstandards und zentrale Tests beschreiben und überprüfen vorrangig das fachliche Wissen und Können. Das liegt natürlich auch daran, dass es viel schwieriger ist, zu beschreiben und erst recht zu überprüfen, wie sie dies auf verantwortungsvolle oder kooperative Weise tun. Insofern kann man *Bildungsstandards* auch nur als *fachliche Leistungsstandards* ansehen und darauf Wert legen, dass allgemeinbildende Aspekte des Fachunterrichts, die sich dort nicht wiederfinden, nicht in den Hintergrund gedrängt werden. Fachliche, soziale und personale Kompetenzen finden im Mathematikunterricht vor allem dort zusammen, wo prozessbezogene Kompetenzen im Fokus sind, z. B.:

Kognitive Kompetenz ...	... und damit verbundene soziale Haltung
Schülerinnen und Schüler sollen ...	
in eigenen Worten und mit Fachbegriffen schlüssig **argumentieren**	und dabei konstruktiv mit Dissens und mit (fremden und eigenen) Fehlern umgehen
Informationen aus mathematischen **Darstellungen** entnehmen	und dabei die Qualität und die dahinter liegenden Absichten der Darstellung kritisch hinterfragen
die Wirklichkeit mit mathematischen **Modellen** beschreiben	und dabei mit der Pluralität und Interessenabhängigkeit von Modellen umgehen
inner- und außermathematische **Probleme lösen**	und sich dabei selbstständig und der Sache angemessen arbeitsteilig organisieren

2. Mathematiktreiben und Mathematiklernen vollzieht sich in Kommunikationsprozessen

Der scheinbar fertige Aufbau des Gebäudes „Mathematik", die unverbrüchliche Festlegung von wahr und falsch in den mathematischen Lehrbüchern, die Gestalt, in der die Mathematik dem Erstsemesterstudierenden begegnet, verdecken den Blick auf die Mathematik, wie sie sich dem aktiv Mathematiktreibenden darstellt. Mathematik entsteht nicht allein im Kopf und am Schreibtisch einzelner Mathematiker, sondern ist zugleich ein soziales Phänomen: Mathematische Zusammenhänge werden in der Regel nicht einfach nur abgeleitet oder bewiesen, sondern haben eine verzweigte Entstehungsgeschichte. Mathematiker stellen aufgrund von Beispielen, Erfahrungen oder von nicht präzisierbaren Intuitionen Hypothesen auf.

„Mathematische Begriffe und Denksysteme haben einen theoretischen Charakter. Sie gehen so, wie sie entstanden sind, nicht zwingend aus der Wirklichkeit hervor; vielmehr handelt es sich um gedankliche Entwürfe und Konstruktionen, mit denen man die Wirklichkeit deuten, erforschen und gestalten kann" (HEFENDEHL-HEBEKER 2005). Man spricht wegen der sich hierin offenbarenden Analogie zu den Naturwissenschaften auch vom *quasi-empirischen* Vorgehen der Mathematiker. Mathematik zu erfinden, ist also ein Prozess, in dem sich Begriffe und Ideen in einem Wechselspiel von Vermuten und Überprüfen weiterentwickeln. Eine wichtige Rolle spielt dabei die Kommunikation und Kooperation zwischen Menschen. Ob sich ein Begriff durchsetzt, hängt auch davon ab, ob er in der Gemeinschaft der Mathematiker überzeugen kann. Dieser Prozess ist charakterisiert durch eine zunehmende Präzisierung der mathematischen Begriffe, wodurch die Gefahr von Missverständnissen vermindert und die Grundlage für eine soziale Konsensfindung gebildet wird.

Solche sozial-kommunikativen Phänomene des mathematischen Erkenntnisgewinns können und sollen sich auch in der Organisation des Mathematikunterrichtes widerspiegeln. Schüler erfinden und entdecken Mathematik auf individuellen Lernwegen („Ich habe es so gemacht …"), die sie dann in Vergleich bringen und gemeinsam weiter erkunden („Wie hast du es gemacht?") und schließlich in einem Prozess der Konsensfindung zusammenführen („So machen wir es"). Ein so verstandenes *dialogisches Lernen* (GALLIN/RUF 1998) basiert auf Kooperation zwischen Schülerinnen und Schülern – aber auch auf einer kooperativen Grundhaltung der Lehrkraft, wenn sie schließlich Normierungen in den Lernprozess einbringt. Das Ergebnis solcher Prozesse, also letztlich die mathematischen Begriffe, ist somit – auch in der Schule – das Produkt sozialer Aushandlungen und nicht etwa zu übermittelndes „Fertigwissen".

Zusammenfassend könnte man es so ausdrücken: Mathematische Tätigkeiten – ob nun in der Wissenschaft oder im Klassenraum – sind in hohem Maße Tätigkeiten, die den sozialen Austausch zur Voraussetzung haben:

- Mathematisches **Argumentieren** ist ein kommunikativer Akt, bei dem es darum geht, nicht nur sich selbst, sondern vor allem auch andere von seinen Ergebnissen zu überzeugen.
- Beim **Modellieren** müssen Entscheidungen getroffen und Vereinfachungen gemacht werden, die man erst in der Auseinandersetzung mit unterschiedlichen Ansätzen in ihrer Angemessenheit beurteilen kann.
- Kooperatives **Problemlösen** ermöglicht, aus den Vorgehensstrategien anderer zu lernen und sein Repertoire zu erweitern.

Es gibt also viele Gründe dafür, im Mathematikunterricht Phasen kooperativen Lernens stärker zu berücksichtigen. Zu den schlechtesten Gründen zählt wohl das Argument, man müsse die Kinder zwischendurch immer wieder etwas von dem Druck der strengen Mathematik befreien, ihnen sozusagen Freilaufphasen geben, in denen das Soziale einmal wichtiger ist als die Mathematik. Diese Haltung hieße, die Mathematik als Disziplin reduktionistisch abzuwerten und die allgemeinbildende Rolle des Mathematikunterrichts zu verkennen. Die vorstehenden Argumente und mehr noch die nun folgenden Beispiele belegen hingegen, dass im kooperativen Lernen viele Chancen für die organische Verbindung von fachlichem und sozialem Lernen liegen.

6.2 Kooperatives Lernen im Fach Mathematik gestalten

Kooperatives Lernen ist kein Selbstzweck und auch nicht – wie es zuweilen beschrieben wird – Kompensation für das ansonsten drohende Übergewicht kognitiven Lernens. Soziales und kognitives Lernen lassen sich nicht gegeneinander ausspielen, sie müssen in kooperativen Lernformen miteinander organisch verschmelzen. Wann und wie fällt man aber die Entscheidung darüber, ob und wie man den Lernprozess im Einzelfall kooperativ anlegt?

Bei der Planung von Unterricht steht (in der Regel) zunächst ein thematischer roter Faden im Vordergrund. Das kann ein mathematischer Gegenstand sein, aber auch ein Lernfeld mit starkem Alltagsbezug, an dem sich mathematische Gegenstände entfalten (wie etwa in projektartigem Unterricht). An zweiter Stelle überlegt eine Lehrperson, welche mathematischen Ideen, welche Probleme und Fragen an einer bestimmten Stelle günstig für die folgenden Lernprozesse wären. Dabei kann es sein, dass das anstehende Thema besonders geeignet ist, um bestimmte mathematische Tätigkeiten, wie etwa das Modellieren oder das Argumentieren, anzuregen oder sogar zu reflektieren. (Es ist auch denkbar, dass zuweilen solche mathematischen Prozesse im Vordergrund stehen und passende inhaltliche Themen erst nachträglich gewählt werden.) Erst im dritten Schritt werden aus diesen Überlegungen konkrete Aufgaben und Unterrichtsarrangements. Geeignete Aufgaben sind dabei die „Steilvorlagen" für guten Unterricht (s. BÜCHTER/LEUDERS 2007), aber noch keine Erfolgsgarantie. Daher müssen die Aufgaben und das methodische Arrangement, in dem Schülerinnen und Schüler diese Aufgaben bearbeiten, als eng zusammengehörig gedacht und geplant werden (vgl. BARZEL/BÜCHTER/LEUDERS 2007). Hier nun ist im Einzelfall zu überlegen, welche Rolle kooperative Lernarrangements spielen können. Dabei achtet man unter anderem auf die folgenden Aspekte:

■ Welche *Funktion* hat die geplante Unterrichtsphase? Geht es um ein offenes und Vielfalt erzeugendes Erkunden, um ein absicherndes und vernetzendes Üben oder um das Anwenden bestimmter Kompetenzen? Von dieser Frage hängt ab, welches der vielen denkbaren kooperativen Arrangements seine Wirkung vermutlich am besten entfalten kann.

■ Auf welche *mathematischen Prozesse* möchte man einen Schwerpunkt legen? Sollen die Schülerinnen und Schüler etwa
  - Probleme finden und lösen,
  - Vermutungen finden und Begründungen suchen,
  - Realsituationen mathematisieren,
  - Begriffe systematisieren

  oder gar mehreres davon?

■ Mit welchen mathematischen *Ideen, Begriffen und Inhalten* bzw. auf welche soll hingearbeitet werden? Gibt es für die Schülerinnen und Schüler Gelegenheiten, diese Inhalte oder Begriffe auf verschiedenen Wegen zu erkunden, sie miteinander auszuhandeln?

■ Welche *Fähigkeiten kooperativen Arbeitens* können bereits vorausgesetzt werden bzw. welche Aspekte sollten besonders gefördert werden?

Bei der Beantwortung dieser Fragen ergibt sich ein Bild, inwieweit und welche kooperativen Lernformen zum Einsatz kommen können, welche im Einzelfall geeignet sind und wie sinnvolle methodische Arrangements aussehen können. Allerdings lässt sich eine solche Entscheidung nicht algorithmisch erzeugen, nach dem Motto: „Unter diesen und jenen Bedingungen ist diese und jene Methode sinnvoll." Zunächst einmal sind die inhaltliche Gestaltung einer Aufgabe und die organisatorische Gestaltung in Form einer Unterrichtsmethode nicht voneinander zu trennen. Zudem ist die Kooperationsfähigkeit von Schülerinnen und Schülern Voraussetzung und Ziel des Unterrichts gleichermaßen: Wer Kooperation durch methodische Gestaltung fördern will, muss immer schon davon ausgehen und darauf vertrauen, dass Schülerinnen und Schüler in bestimmter Weise kooperieren können.

Diese Verschränkung von Inhalt und Methode und von Voraussetzung und Ziel macht es natürlich nicht leicht, kooperatives Lernen zu „planen". Einfache Rezepte, die unabhängig von der jeweiligen Lerngruppe funktionieren, sind nicht angebracht. Dennoch lassen sich einige prinzipielle Anforderungen als notwendige Bedingungen an kooperative Lernsituationen formulieren:

■ Die *Kommunikation und Argumentation* zwischen Schülerinnen und Schülern ist Bestandteil von Kooperation und damit Voraussetzung für kooperatives Lernen.

■ Damit ein solcher Austausch stattfindet, müssen die Problemstellungen den Schülerinnen und Schülern Bewertungs- und Entscheidungsspielräume lassen, sie müssen also hinreichend *offen* sein.

Aufgabenstellungen, bei denen es eine einzige Lösung gibt und im Wesentlichen auch nur einen Weg dorthin, sind somit nur wenig für kooperatives

Arbeiten geeignet. Wenn alle Schülerinnen und Schüler im Prinzip dasselbe tun sollen und dabei unterschieden werden in diejenigen, die es richtig machen, und diejenigen, die es falsch machen, tritt eine Verarmung der kognitiven Aktivität ein: Im Klassenunterricht beteiligen sich nur wenige Schüler, in einer Gruppenarbeit arbeitet eine einzelne Schülerin, die anderen warten ab und verfolgen das Geschehen. Dass diese „Mitläufer" aktiv zuhören und das Gesagte „mitvollziehen" und davon profitieren, bleibt zumeist Illusion.

Für die Anregung geistiger Aktivität bedarf es also einer Lösungsvielfalt, eines Problems, das hinreichend offen ist, sodass es verschiedene Ansätze, Lösungen oder Deutungen gibt. Es wäre allerdings ein Irrtum, zu meinen, eine solche Offenheit liege bei den typischen Problemen des Faches Mathematik weniger nahe. Es ist kein unumgängliches Charakteristikum der Mathematik, sondern ein Defizit in der Qualität der Aufgabenstellung, wenn Schüler keine eigenen Wege beschreiten können. In diesem Sinne ist also Offenheit die Voraussetzung für Vielfalt, Vielfalt eine gute Voraussetzung für Kommunikation und Argumentieren, und dies wiederum eine Vorbedingung für Kooperation. Dass für eine gelingende Kooperation auch andere Rahmenbedingungen gegeben sein sollten, ist weiter oben bereits angesprochen worden.

Blickt man auf kooperativ angelegte Unterrichtssituationen, so findet man eine Reihe von Merkmalen erfüllt, die dem kooperativen Lernen förderlich sind und die diesen allgemeinen Teil beschließen sollen:

Merkmale eines Kooperation fördernden Mathematikunterrichts

Schülerinnen und Schüler
- kommunizieren direkt miteinander und nicht über die Lehrperson;
- stellen „echte" Fragen an ihre Mitschüler und an den Lehrer;
- handeln Ziele und Produkte miteinander aus;
- präsentieren Ergebnisse ihrer Gruppenarbeit und vertreten diese;
- erleben eine positive Abhängigkeit voneinander, Zusammenarbeit erscheint lohnenswert;
- …

6.3 Beispiele für kooperatives Lernen im Fach Mathematik

Im Folgenden werden nun einige geeignete Probleme und Unterrichtsarrangements dargestellt, die für eine kooperative Bearbeitung geeignet sind. An diesen Beispielen werden auch hilfreiche Prinzipien zur Konstruktion eigener Aufgaben erläutert. Für vertiefende Anregungen hinsichtlich der Aufgabenkonstruktion sei auf BÜCHTER/LEUDERS (2007) verwiesen. Eine

Übersicht über Methoden für den Mathematikunterricht, insbesondere solche, die das kooperative Lernen fördern, findet man bei BARZEL/BÜCHTER/ LEUDERS (2007). Die ersten beiden Beispiele zeigen auf, wie *Begriffsbildungsprozesse* im Mathematikunterricht kooperativ gestaltet werden können:

(1) **Gruppenexploration**

(2) **Kooperatives Systematisieren**

Danach folgen Beispiele, die das Potenzial kooperativen Lernens für *Problemlösen* und *Modellieren* hervorheben:

(3) **Kooperatives Problemlösen**

Schließlich folgen einige Beispiele, wie insbesondere das *Üben* kooperativ gestaltet werden kann:

(4) **Gegenseitiges Aufgabenstellen**

(5) **Spielend üben**

(6) **Übungspuzzle**

(1) Gruppenexploration

Der Einstieg in mathematische Themen vollzieht sich oft über betont divergente Phasen, in denen Schülerinnen und Schüler zunächst einmal eine Vielfalt individueller Ergebnisse produzieren und später diese Beispiele zusammenführen und systematisieren. Beide Phasen, die divergente und die konvergente, geben Gelegenheiten für kooperative Arbeitsformen, wie die folgenden Beispiele belegen:

Beispielaufgaben: Arbeitsteilige Primfaktorzerlegung

Ihr habt beim Aufteilen von Schokoladentafeln festgestellt, dass man Zahlen auf verschiedene Weise zerlegen kann, z.B.:

$18 = 6 \cdot 3$

$18 = 2 \cdot 9$

Nun kann man aber die 9 noch weiter zerlegen: $9 = 3 \cdot 3$. Dazu kann man einen *Zahlenbaum* zeichnen, bei dem sich der Stamm in Äste teilt, und die Äste noch weiter teilen: Natürlich kann das manchmal noch weitergehen. Untersucht alle Zahlen von 1 bis 50 darauf, welche Bäume aus ihnen wachsen.

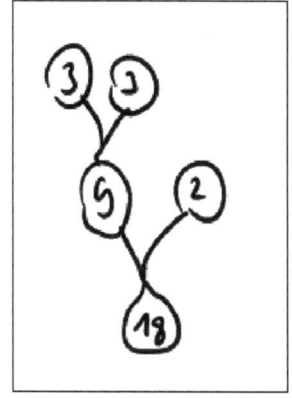

Da es so viele Zahlen sind, könnt ihr euch die Arbeit teilen: Vorne liegen leere Blätter und eine Liste mit den Zahlen von 1 bis 50 (zweimal – zu jeder Zahl dürfen zwei Teams einen Baum zeichnen). Entscheidet euch für eine Zahl und zeichnet einen zugehörigen Baum. Wenn ihr den Baum fertig habt, bringt ihn nach vorne und holt euch eine neue Zahl ab.

Dieses Beispiel ist eine eher schwache Form der Kooperation, denn die Art der Arbeitsteilung wurde von der Lehrperson im Voraus entschieden und organisiert. Schülerinnen und Schüler können nun allerdings noch nach eigenen Wünschen Zahlen auswählen, z.B. solche, die ihnen besonders einfach oder besonders interessant erscheinen. Wenn schließlich alle Zahlenbäume reihum an den Klassenwänden hängen, erleben sie, dass sie gemeinsam eine umfangreiche Arbeit erledigt haben, die jeden Einzelnen überfordert hätte. Die anschließende Phase der Systematisierung sollte durch die Lehrperson moderiert werden: Schülerinnen und Schüler erkennen die sich wiederholenden Primfaktoren in den Ästen, entdecken aber auch verschiedene Bäume zu derselben Wurzelzahl. Deren Endäste enthalten aber immer wieder dieselben Zahlen nur in verschiedener Anordnung usw.

Aufgaben wie diese kann man immer dann stellen, wenn Schülerinnen und Schüler einen umfangreichen Bereich mit vielen Beispielen arbeitsteilig erkunden sollen, z.B. eine Vielzahl von geometrischen Figuren oder eine große Zahl von Zufallsexperimenten.

Natürlich gibt es auch Aufgaben, bei denen die Schülerinnen und Schüler *selbst* über die Arbeitsteilung entscheiden, wie im folgenden Beispiel:

Beispielaufgabe: Tischanordnung

Sabrina hilft im Restaurant aus. Für die Touristen muss sie Tische zusammenstellen. Die Tische im Saal sind alle quadratisch und bieten, einzeln gestellt, auf jeder Seite einem Gast Platz. Es hat sich eine Gruppe mit 19 Personen zum Essen angemeldet.

Entscheidet in Kleingruppen:
- Was sollte für Sabrina bei der Problemlösung am wichtigsten sein? Worauf sollte sie besonders achten?
- Tragt eure Anforderungen zusammen.
- Jede Gruppe sollte sich nun eine Anforderung vornehmen.

Dann erarbeitet jede Gruppe eine möglichst gute Sitzordnung. Haltet das Ergebnis und die Begründung dafür auf einem kleinen Poster fest und wählt ein Gruppenmitglied, das das Ergebnis später dem Restaurantchef vorträgt.

Hier sind es die Schülerinnen und Schüler, die die Arbeitsteilung – gegebenenfalls moderiert von der Lehrperson – vornehmen. Ein solches Lernarrangement besteht dann etwa aus einer ersten Phase, in der die möglichen unterschiedlichen Ansätze gesammelt und verteilt werden, einer zweiten der Bearbeitung und einer dritten der Zusammenführung. Es eignen sich allerdings nur solche Probleme, die so offen sind, dass sie hinreichend viele Ansätze ermöglichen und dass die Formulierung der unterschiedlichen Ansätze noch nicht der Lösung gleichkommt. Im Beispiel können die Ansätze z. B. lauten:

- Die Tische sollten möglichst so stehen, dass jeder jeden sehen kann.
- Die Tische sollten möglichst so stehen, dass es keine Behinderungen der Gäste oder Kellner gibt.
- Es sollten möglichst wenig Tische benötigt werden.
- Die Tische sollten möglichst schön angeordnet sein.
- Die Tische sollten möglichst wenig Platz einnehmen.

Aufgaben, die sich für ein solches arbeitsteiliges Vorgehen eignen, sind vor allem ergebnisoffene Erkundungen" (sogenannte *open-ended problems*, vgl. BECKER/SHIMADA 1997, BÜCHTER/LEUDERS 2007), wie etwa die folgenden:

Beispielaufgaben: Ergebnisoffene Erkundungen

- Wie soll man beim Werfen von fünf Murmeln messen, welche Anordnung am „engsten" zusammenliegt?
- Wie soll man beim Laufwettbewerb die Teamleistung verschiedener Gruppen miteinander vergleichen? Wie soll man entscheiden, wer gewinnt?
- Welche Vermutungen kann man beim mehrmaligen Falten von Papier über die entstehenden Winkel beim auseinandergefalteten Blatt aufstellen und wie lassen sie sich begründen?

Bei manchen solcher Aufgaben, wie etwa beim ersten und zweiten Beispiel, handelt es sich um sogenannte *normative Modelle*, also Situationen, in denen konkurrierende mathematische Bewertungs- oder Entscheidungsmodelle aufgestellt werden können. Solche Situationen fördern in besonderem Maße den Diskurs zwischen Schülerinnen und Schülern, weil auch subjektive Aspekte in die Konstruktion und die Bewertung eines Modells eingehen.

In der Aufgabe „Tischanordnung" sollen die Schüler in einer ersten Phase mögliche Ansätze zusammentragen und diese danach arbeitsteilig bearbeiten. Natürlich kann man die Schülerinnen und Schüler in Gruppen auch direkt und mit identischem Auftrag an die Probleme herangehen lassen. Dann ergibt sich die Ansatz- und Lösungsvielfalt durch die verschiedenen Wege, die die Gruppen vermutlich einschlagen. Durch die gemeinsame Reflexion unterschiedlicher Ansätze und die bewusste Aufteilung zu Anfang kann aber eine größere Vielfalt erzeugt werden, es ergeben sich oft noch mehr Gelegenheiten zur Argumentation. Die Lehrperson kann auch dazu ermuntern, dass sich eine einzelne Gruppe auch mit zunächst vielleicht abwegig erscheinenden Ansätzen befasst. Eine solche Arbeitsweise ist auch im Berufsleben üblich, z. B. bei Erkundungsphasen von „Kreativteams", die Problemsituationen (eine neue Verpackung, eine neue Werbung) zunächst mit dem Ziel einer großen Lösungsvielfalt angehen.

(2) Kooperatives Systematisieren

Viele mathematische Begriffe entstehen aus der Systematisierung einer zunächst unsortierten Fülle von Einzelfällen oder Erfahrungen. Durch das Sammeln und Strukturieren dieser Einzelfälle werden Zusammenhänge sichtbar, die zu mathematischen Abstraktionen führen.

Diese mathematischen Tätigkeiten – das Sammeln, Strukturieren und Bilden von Begriffen – sind keineswegs der Erarbeitung im Klassengespräch vorbehalten, sondern eignen sich für eine kooperative Bearbeitung in Gruppen.

Beispielaufgabe: Das Geobrett

1. Phase (Einzel- oder Partnerarbeit):
■ Spanne am Geobrett möglichst viele verschiedene Vierecke, übertrage sie auf Papier und schneide sie aus. Sortiere sie.
2. Phase (Gruppenarbeit):
■ Sortiert die Vierecke in verschiedene Gruppen, gebt den Gruppen einen Namen und klebt sie auf ein Poster.
3. Phase (Klassengespräch):
■ Legt die Poster aus und sucht nach Gemeinsamkeiten und Unterschieden. Einigt euch auf eine gemeinsame Art und Weise, die Vierecke zu ordnen.

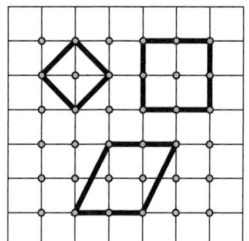

Das Prinzip dieser Aufgabe lässt sich auf viele andere Situationen übertragen:

In der *1. Phase* sollen Schüler allein oder in Partnerarbeit die der Aufgabe innewohnende Vielfalt erzeugen. Die Vorsortierung kann dazu beitragen, dass in der späteren Gruppenarbeit unterschiedliche Vorstellungen aufeinandertreffen.

In der *2. Phase* findet die eigentliche Kooperation statt: In Kleingruppen muss in die Vielfalt eine Ordnung gebracht werden. Das Poster als Zielprodukt macht es notwendig, sich auf eine gemeinsame Gruppierung zu einigen und dazu (auch) mathematisch zu argumentieren.

In der *3. Phase* muss jede Gruppe ihr Produkt mit denen der anderen vergleichen und vertreten. Hier kann die Lehrkraft intervenieren und vorsichtig die Perspektive der angestrebten Begriffsbildung einbringen (sollte aber ggf. auch abweichende oder alternative Begriffsbildungen zulassen). Die abschließende Bearbeitung im Klassengespräch kann die Lehrperson nutzen, um kooperatives Verhalten bei einem solchen Einigungsprozess modellhaft darzustellen.

Der hier dargestellte kooperative Begriffsbildungsprozess zeigt, wie Schülerinnen und Schüler in hohem Maße Akteure der Begriffsbildung sein können und wie nicht extern vorbestimmte Ergebnisse, sondern die soziale Aushandlung die Ergebnisse bestimmt.

(3) Kooperatives Problemlösen

Ein stärker selbstgesteuertes kooperatives Arbeiten stellt sich ein, wenn Schülerinnen und Schüler innerhalb einer Gruppe über Gewichtung und Verteilung verschiedener Ansätze selbst entscheiden müssen. Diese Arbeitsform ist in hohem Maße beim Projektarbeiten umgesetzt, aber sie kann auch in Vor- und Kleinformen bereits verwirklicht werden. Man spricht dann gern von *projektartigem Arbeiten*.

Notwendig hierfür sind Probleme, die hinreichend offen sind für verschiedene Ansätze und hinreichend komplex, um Arbeitsteilung günstig erscheinen zu lassen. Genau diese Vorzüge bringen Formen des projektartigen Arbeitens mit. Ein typisches Charakteristikum für eine Projektarbeit ist die Orientierung an einem gemeinsam anzufertigenden Produkt. Dieses gemeinsame Produktziel kann der Motor für ein kooperatives Vorgehen sein und macht oft Arbeitsteilung und Abstimmung auf natürliche Weise nötig.

Beispielaufgabe: Werbung mit Zahlen

Die Firma Braun hat damit geworben, dass ein Mann in 18 Monaten eine Bartfläche rasiert, die einem Fußballfeld entspricht. Die Werbung ist beim Verbraucher gut angekommen.

a) Untersucht die Werbung mathematisch und schreibt einen Brief an die Firma, in dem ihr eure Einschätzung darlegt.

b) Die Firma Braun begründet ihre Werbung mit folgender Rechnung (s. S. 142 oben):

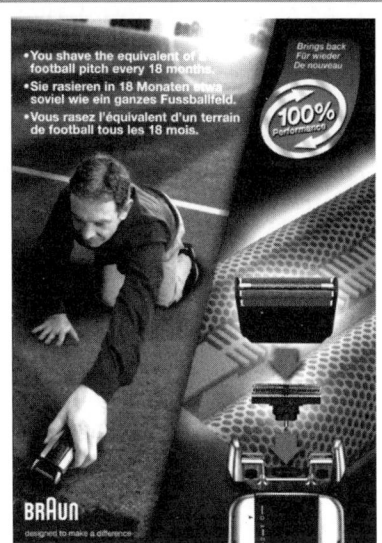

© Braun GmbH

> Die Größe eines Fußballfelds beträgt mindestens 90 x 45 m, wir gehen von 90 x 50 m aus. Das entspricht einer Fläche von 45 000 000 cm^2. Die Hautfläche im Gesicht, die täglich rasiert werden muss, beträgt ca. 480 cm^2. Diese Fläche wird pro Rasur sieben Mal überstrichen (die Scherfolie berührt ein Stück Haut nicht nur einmal), und zwar jeden Tag, 18 Monate lang. Und: Auf der Haut wachsen durchschnittlich 50 Haare pro cm^2, auf dem Fußballrasen sind es nur zwei Grashalme pro cm^2.
>
> Die Formel der Berechnung lautet: 480   cm^2 Haut
>   x 7   mehrfaches Überstreichen pro Rasur
>   x 30   Tage im Monat
>   x 18   Monate
>   x 25   Faktor Haare pro cm^2/Grashalme pro cm^2
>
> **Summa summarum macht das exakt 45 360 000 cm^2**

Ihr betreibt nun eine Werbeagentur und wollt für eine neue Automarke ein ähnliches Werbekonzept erstellen, bei dem auch auf eine Veranschaulichung gesetzt wird, für die Mathematik benötigt wird.

Die ursprüngliche Aufgabe – hier als Aufgabenteil a) – sieht „nur" die Analyse der Situation vor (vgl. LAAKMANN 2005), die Kooperation der Schüler besteht in dem gemeinsamen Verfassen eines Briefes an die werbende Firma. In der hier vorgestellten Variante (Aufgabenteil b) wird mit dem Werbekonzept ein eigenes Produkt verlangt und die Zusammenarbeit und das Argumentieren innerhalb der Gruppe noch weitergehend gefordert. Das Ziel, mit dem gemeinsamen Produkt besonders gut dazustehen, kann zu einer positiven, die Kooperation fördernden Abhängigkeit in der Gruppe führen. So etwas geht besonders gut, wenn das Ergebnis nicht nach richtig und falsch zu werten ist, sondern wenn jeder in der Gruppe die Gelegenheit hat und auch gefordert wird, zur Qualität des Produktes beizutragen.

Soll bei solchen Aufgaben den Schülerinnen und Schülern noch mehr Gelegenheit zum Argumentieren gegeben werden und will die Lehrkraft noch stärker zurückstehen, kann man den Lernenden auch bestimmte Rollen vorschlagen:

1. Phase: (wie oben) Sammeln von Ideen und Festlegung der Arbeitsteilung

2. Phase: (wie oben) Erarbeitung von Lösungen in Gruppen

3. Phase: In jeder Gruppe werden Lose gezogen: Ein Schüler wird zum Ergebnisbewerter, die anderen werden zu Ergebnispräsentatoren. Dann werden die Gruppen neu zusammengesetzt. Die Ergebnisbewerter bleiben am Gruppenplatz, die Ergebnispräsentatoren werden alle zu verschiedenen Ergebnisbewertern zugelost. Organisatorisch kann man dies mit einer Art Gruppenpuzzle (s. S. 152 f.) bewerkstelligen, es funktioniert aber auch einfacher, wenn die Ergebnispräsentatoren sich einfach selbstständig darauf einigen, wer zu welchem Gruppentisch geht. (Man muss nicht darauf drängen, dass jede neue Gruppe genau paritätisch zusammengesetzt ist.) Nun müssen sich die Ergebnisbewerter die verschiedenen Präsentationen anhören.

4. Phase: Die Ergebnisbewerter nennen vor der Klasse, welche Lösung sie am meisten überzeugt hat, und begründen dies.

Während geeignete Fragestellungen für jüngere Schüler vor allem leicht zugänglich sein müssen und die Arbeitsteilung dabei explizit in der Aufgabenstellung nahegelegt werden kann, erwartet man von älteren Schülern auch die Bearbeitung komplexerer Probleme, sie werden z.B. zu „Gutachtern", deren Expertise zu einem dargelegten Sachverhalt angefordert wird. Dann müssen sie Ergebnisse nicht nur überzeugend herleiten, sondern auch noch ebenso überzeugend darstellen oder präsentieren. Solche „Gutachteraufgaben" findet man z.b. unter den niederländischen A-lympiade Aufgaben (*www.alympiade.de*, LEUDERS/LIPPERT 2007) oder bei MERSCH (2005). Sie sind Anlässe für kooperative Problemlöse- und Modellierungsprozesse:

Beispielaufgabe: Das Gutachten

Die Firma *Siebenkraut* hat einen neuen Markt aufgetan: Die Japaner entwickeln einen Heißhunger auf deutsches Sauerkraut. Siebenkraut beauftragt eine Überseespedition mit der Kalkulation des Sauerkrauttransportes. Das Sauerkraut soll in Weißblechdosen verpackt auf genormten Europaletten im Container verschifft werden. Der Leiter der Verpackungsabteilung gibt an, dass er zylinderförmige Dosen in beliebiger Größe herstellen kann. Fertigt für die Firma ein Gutachten an, aus dem hervorgeht:
– welche Stapelmöglichkeiten es für die Dosen auf den Europaletten gibt;
– welche Dosenformate möglich sind und wie Verpackungspreis und transportierbare Sauerkrautmenge vom Dosenformat abhängen;
– mit welchem Verpackungsgewicht und -volumen für den Containertransport zu rechnen ist.

(Vgl. LEUDERS 2005)

In besonderem Maße regen Experimente zum kooperativen Arbeiten an, vor allem dann, wenn die Mitarbeit aller Teilnehmer einer Gruppe für die erfolgreiche Durchführung benötigt wird. Dies ist wieder ein Beispiel für positive gegenseitige Abhängigkeit. Experimente im Mathematikunterricht sind leider nicht allzu häufig, obwohl man sie viel öfter durchführen könnte. Ein oft anzutreffender Anlass für Experimente sind sicherlich stochastische Situationen. Aber auch eher physikalische Experimente eignen sich zur Verankerung mathematischer Begriffsbildung.

Beispielaufgabe: Die Kerze

Wie brennt eine Kerze mit der Zeit ab? Versuche den Vorgang mathematisch zu erfassen, sodass du bei Kerzen, auch ohne sie anzuzünden, Prognosen machen kannst (nach U. BRAUNER).

---

(4) Gegenseitiges Aufgabenstellen

Die Aufgaben, die im Mathematikunterricht gestellt werden, kommen in der Regel direkt von der Lehrkraft oder indirekt aus dem Schulbuch. Bestenfalls können Schülerinnen und Schüler geleitet Entdeckungen machen und vorausberechnete Fragen stellen. Viel zu selten lässt man sich darauf ein, dass die Lernenden echte Fragen aufwerfen, vielleicht auch solche, deren Beantwortbarkeit nicht vorab gesichert werden kann. Im Folgenden werden mögliche Unterrichtssituationen dargestellt, in denen Schülerinnen und Schüler der Motor des Unterrichts werden, indem sie sich gegenseitig Fragen stellen.

Aufgaben selbst stellen in Entdeckungsphasen

Es braucht keinen Mathematiker, um unerwartete Entdeckungen zu machen. Auch Schülerinnen und Schüler können zu mathematisch Forschenden werden, Fragen aufwerfen und gemeinsam an deren Lösung arbeiten. Dazu sind besonders solche Probleme geeignet, die sehr offen sind und viele verschiedene Fragen zulassen, wie etwa die Beispielaufgaben in Kapitel 5.3, S.116f. In der Reflexion ihrer Arbeit können die Schüler auch lernen, welche Arten von Fragen sich Mathematiker stellen.

Auch in außermathematischen Situationen können Schülerinnen und Schüler eigene Aufgaben erfinden. Besonders geeignet sind dazu solche Situationen, in denen man sogenannte *Fermifragen* stellen kann (HERGET/JAHNKE/ KROLL 2001, LEUDERS 2001, BÜCHTER/LEUDERS 2005, BÜCHTER/HERGET/ LEUDERS/MÜLLER 2007):

Beispielaufgabe: Schulforschung

- Welcher Lehrer redet am meisten?
- Wie viele Kilometer Weg legt ein Lehrer im Schulgebäude pro Tag zurück?
- Was ist eigentlich schwerer? Alle Lehrerinnen und Lehrer der Schule zusammen? Oder alle Schülerinnen und Schüler zusammen? Oder alle Schulbücher in der Schule? Oder alle Tische und Stühle?
- Denkt euch eine eigene Frage aus, die ihr erforschen könnt.

Gerade für jüngere Schülerinnen und Schüler ist es besonders wichtig, dass sie Modelle und Beispiele haben, wie sie beim Stellen eigener Aufgaben vorgehen können. Als eine praktikable Form der „sanften Anleitung" hat sich dabei das Prinzip der Aufgabenvariation erwiesen (SCHUPP 2002, WETH 1999). Schülerinnen und Schüler gehen dabei von einem gelösten Problem aus und variieren dieses durch Verändern, Ersetzen, Hinzufügen oder Wegnehmen von einzelnen Teilen der Problemsituation oder der Fragestellung. Dieses operative Spiel mit errungenen Produkten ist kennzeichnend für typische Prozesse mathematischen Erkenntnisgewinns. Es kann aber ebenso in der Schule stattfinden, wenn geeignete Aufgaben und eine unterstützende Lernkultur zur Verfügung stehen (Näheres dazu in Kapitel 5.3, S. 119 f.).

Allein das Aufgaben*stellen* in Entdeckungsphasen führt noch nicht zu kooperativem Lernen. Dazu bedarf es angemessener methodischer Arrangements. Eines könnte z. B. so aussehen:

1. Phase: Probleme erfinden. Alle Schülerinnen und Schüler erfinden eigene Probleme. In solchen kreativen Phasen kommt es vor allem auf Vielfalt und Bewertungsaufschub an. Diese Bedingungen werden unterstützt durch die Organisationsform des *stummen Schreibgesprächs* (s. z. B. GERBODE/ RICHTER/SCHLUCKEBIER 2005, BARZEL/BÜCHTER/LEUDERS 2007), bei dem die Schülerinnen und Schüler ausschließlich schriftlich auf ausliegenden größeren Zetteln kommunizieren. Auf den Kopf oder in die Mitte wird die Ausgangssituation notiert, z. B. eines der beiden hier beschriebenen Beispiele. Die Schülerinnen und Schüler reichen nun diese Zettel weiter oder wandern zwischen ihnen hin und her und notieren ihre Ideen zur Ausgangssituation darauf. Da sie bald immer schon Ideen ihrer Vorgänger auf dem Zettel finden, können sie sich dabei auch durch diese anregen lassen.

2. Phase: Probleme sammeln und sortieren. Die gefundenen Aufgaben- bzw. Fragestellungen werden vom Zettel abgetrennt und an der Tafel systematisch sortiert. Die gesamte Zahl an Aufgaben ist nun das „Forschungsvorhaben", das die Schülerinnen und Schüler in Gruppen arbeitsteilig angehen.

3. Phase: Lösungsversuche anstellen, ggf. Probleme lösen.

4. Phase: Lösungen zusammentragen und auswerten.
„Was haben wir insgesamt über die Ausgangssituation gelernt? Was hat jede Gruppe beigetragen?"

Aufgaben stellen in Übungsphasen

Die vorstehend beschriebene Weise des Aufgabenstellens kann zu interessanten, aber auch schwer lösbaren Fragen führen. Schülerinnen und Schüler können aber auch in einfacheren Situationen, etwa wenn es um Üben von Fertigkeiten geht, einander Aufgaben stellen. Hier ein Beispiel, wie eine Aufgabe zum produktiven Üben der Addition um „Erstellungsaufträge" (Aufgabenteil g) erweitert werden kann (vgl. „Tandemübungen" in BARZEL/BÜCHTER/LEUDERS 2007):

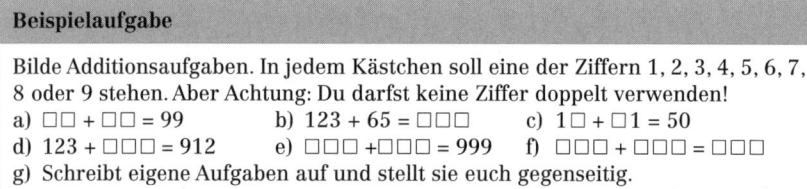

Beispielaufgabe

Bilde Additionsaufgaben. In jedem Kästchen soll eine der Ziffern 1, 2, 3, 4, 5, 6, 7, 8 oder 9 stehen. Aber Achtung: Du darfst keine Ziffer doppelt verwenden!
a) $\square\square + \square\square = 99$ b) $123 + 65 = \square\square\square$ c) $1\square + \square 1 = 50$
d) $123 + \square\square\square = 912$ e) $\square\square\square + \square\square\square = 999$ f) $\square\square\square + \square\square\square = \square\square\square$
g) Schreibt eigene Aufgaben auf und stellt sie euch gegenseitig.

Während es beim Erstellen von Fragen in Entdeckungsphasen möglich, ja sogar gewünscht ist, dass auch schwierige, nur näherungsweise lösbare oder sogar unlösbare Probleme entstehen, möchte man in Übungsphasen möglichst sicherstellen, dass alle Lernenden ihre Fähigkeiten sichern bzw. vertiefen können. Wenn also in einer solchen Phase Schülerinnen und Schüler nicht nur vorgegebene Aufgaben bearbeiten sollen, sondern eigene Aufgaben für die gegenseitige Bearbeitung erstellen, sollte man einige Aspekte beachten:

- Es sollte den Schülerinnen und Schülern möglichst transparent gemacht werden, in welchem Rahmen variiert werden kann bzw. soll.
- Bevor Schüler ihre Aufgaben weitergeben, sollten sie diese daraufhin überprüfen, ob sie lösbar sind, und ggf. schon zuvor Lösungen selbst erstellen (aber diese zunächst zurückhalten).
- Im Anschluss an die Bearbeitung sollen Aufgabensteller und Aufgabenlöser sich über die gefundenen Lösungen austauschen.

Der besondere Reiz an einem solchen aktiven Erstellen von Übungsaufgaben liegt nicht nur auf Seiten des kooperativen Übens, sondern auch darin, dass das Stellen von Aufgaben Schülerinnen und Schüler zu Reflexionen anregt, die über das reine Abarbeiten hinausgehen – vor allem die Reflexion über Bedingungen der Lösbarkeit einer Aufgabe oder über deren Schwierigkeitsniveau und die Gründe dafür (im obigen Problem

z. B. „Die Aufgabe kann man direkt rechnen", „Hier muss man probieren", „Hier hat man sehr viele Möglichkeiten", „Hier gibt es einen Übertrag".)

Aufgaben stellen und weitergeben nach dem Prinzip „Stille Post"
Zu einer einfachen, aber gewitzten methodischen Gestaltung von kooperativen Übungsphasen regt das Spiel „Stille Post" an (vgl. BARZEL/BÜCHTER/ LEUDERS 2007). Immer dann, wenn eine mathematische Situation verschiedene Darstellungsformen besitzt, kann man den Wechsel der Darstellung verwenden, um Aufgabenketten zu konstruieren, z. b. die folgende

---

Beispielaufgabe: Aufgabenkette (1)

1. Wähle einen Term (z. B. $12x - 5 = 0$)
2. Schreibe zu diesem Term eine Aufgabe, die auf den Term führt.
3. Stelle zu dieser Aufgabe einen Term auf.
4. Schreibe zu diesem Term eine Aufgabe, die auf den Term führt.
usw.

Jeder Schüler in einer Reihe erhält immer nur einen Zettel. Sobald er den Zettel des Vorgängers bekommt, nimmt er die „Lösung" des Vorgängers als Ausgangspunkt für die Bearbeitung des eigenen Zettels. Nur diesen gibt er dann an den nächsten Nachbarn weiter. Schließlich tauscht man sich in Gruppen über die beobachteten Phänomene und Irritationen aus: „Welche Fehler wurden gemacht? Welche Veränderungen sind niemandem anzulasten? Warum?" Eine andere solche Aufgabe könnte z. b. lauten:

Beispielaufgabe: Aufgabenkette (2)

1. Zeichne den Graphen einer Funktion.
2. Zeichne den Graphen der Ableitungsfunktion.
3. Zeichne den Graphen einer Stammfunktion.
4. Zeichne den Graphen der Ableitungsfunktion.
usw.

Natürlich kann man diese Aufgabe auch schon in früheren Schuljahren durchführen, wenn man beispielsweise wechselt:
– zwischen Rechenausdruck (ohne Variablen) und Rechengeschichte,
– zwischen Divisionsaufgabe mit Rest und passender Realsituation oder
– lediglich zwischen Divisionsaufgabe und Rest.
Aus dem letzten Wechsel ergeben sich dann interessante Fragen etwa danach, welche Divisionsaufgaben zu demselben Rest führen.
Die zuletzt angeführten Aufgabenbeispiele fordern eine recht zeitintensive Beschäftigung, lohnen aber unter der Kompetenzperspektive den Einsatz:

Gerade an markanten Stellen der Erkenntnisgewinnung im Unterricht sollte man genügend Zeit mit abwechslungsreichen Aufgaben und Methoden einplanen, um das nachhaltige Lernen grundlegender Kompetenzen abzusichern, und nicht dem Druck eines „Stoffschaffens" erliegen.

(5) Spielend üben (und entdecken)

Spiele sind in besonderem Maße geeignet, soziales Lernen mit fachlichem Lernen zu verbinden (vgl. LEUDERS 2008). Die Kernfrage lautet: Auf welche Weise ist das Spielen mit dem Mathematiktreiben verbunden? Es gibt Übungsspiele, bei denen das Einüben mathematischer Fertigkeiten in ein den Schülern bekanntes oder auch eigens erfundenes Regelsystem gegossen wurde. Solche Spiele verbinden soziales Lernen mit Mathematiklernen auf einer eher oberflächlichen Ebene. Dabei kann es sein, dass das Spiel nur als unterhaltsame Verpackung dient oder aber, dass die Regeln des Spiels sich als besonders geeignet für den angestrebten Lerneffekt erweisen. Das Memoryspiel mit *Rechenaufgaben und Lösungen* auf den Karten zählt wohl zur ersten Sorte. Wenn jedoch *geometrische Formen und entsprechende Gegenstände der Umwelt* abgebildet sind, wird entsprechend den Memoryregeln das Erfassen und Assoziieren von konkreten und abstrakten Formen geübt.

Ein weiteres Beispiel für ein Spiel, das der populären Spielwelt abgeschaut ist, aber mehr ist, als nur gefällige Verpackung für eine mathematische Tätigkeit ist wohl dieses (LEUDERS 2006):

Beispielaufgabe: Stadt, Land, Fluss – einmal anders …

Jeder benötigt eine solche Tabelle im Heft. Die folgende Zeile mit Wörtern, die alle mit A beginnen, ist nur ein Beispiel.

Buchstabe	Dinge, die etwa 1 cm groß sind	Dinge, die etwa 10 cm groß sind	Dinge, die etwa 1 m groß sind	Dinge, die etwa 10 m groß sind
A	Ameise	Ast	Affe	Auto

Der oder die Erste in der Runde geht im Kopf das Alphabet durch, der Zweite ruft „Stopp" und mit dem Buchstaben, bei dem stehengeblieben wurde, wird die Runde gespielt. Jeder muss nun für jede Spalte ein Ding mit diesem Anfangsbuchstaben finden. Wer zuerst fertig ist, ruft „Stopp", dann wird gezählt: Für jedes gefundene Wort gibt es

– einen Punkt, wenn mehrere Mitspieler darauf gekommen sind, und

– zwei Punkte, wenn nur einer das Wort gefunden hat.

Wenn ihr euch nicht einig seid, ob ein Wort gelten soll, könnt ihr abstimmen. Ihr könnt die Tabelle auch erweitern oder nach anderen Dingen suchen, z.B. Dinge, die etwa 10 kg schwer sind.

Der besondere Reiz liegt darin, dass Schülerinnen und Schüler hier beständig über die Zulässigkeit einer Lösung diskutieren müssen und dabei in jedem Fall wieder gezwungen sind, einen Konsens zu finden, um weiterspielen zu können. Das Spiel übt also nicht nur Größenvorstellungen, sondern stellt eine starke Herausforderung an die Toleranz und Verständigung in einer Spielgruppe dar.

Das folgende Spiel stärkt die Vorstellung und das operative Umgehen mit elementaren Brüchen. Die Spielschwierigkeit lässt sich durch die ausgewählten Karten anpassen.

Beispielaufgabe: Brüche legen (BARZEL/LEUDERS 2008)

Reihum zieht jeder Mitspieler eine Karte und legt diese an. Dabei muss jedes Mal der Anteil einer (selbst gewählten) Farbe kleiner, größer oder gleich groß sein:
- kleinere Brüche links anlegen
- größere Brüche rechts anlegen
- gleiche Brüche oberhalb

Jeder Spieler erhält so viele Punkte wie der Zähler des gekürzten Bruches.

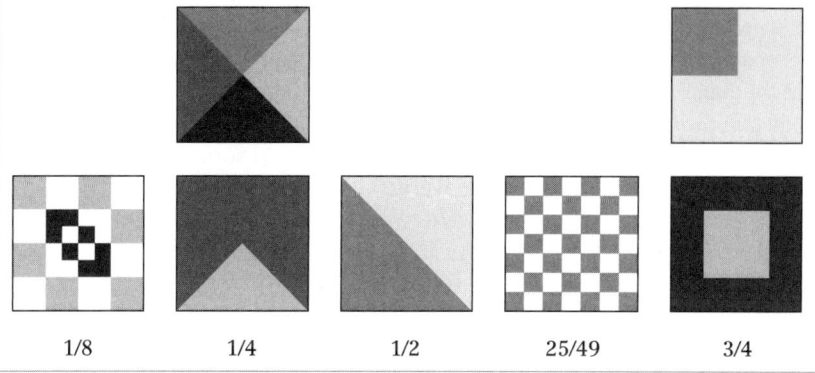

| 1/8 | 1/4 | 1/2 | 25/49 | 3/4 |

Kooperativität beim Spielen

Spiele sind eine Gelegenheit, bei der soziale und kommunikative Kompetenzen in hohem Maße im Vordergrund stehen. Allerdings ist das Gros der Spiele im Kern durch einen Konkurrenzgedanken geprägt. Das Grundprinzip bei den meisten Spielen besteht ja gerade darin, sich gegenüber anderen einen Vorteil oder einen Vorsprung zu verschaffen, letztlich zu gewinnen.

Eine zu starke Konkurrenz, die die Mitspielfreude und -bereitschaft schwächerer Schüler beeinträchtigen würde, lässt sich dadurch abmildern, dass den Spielregeln in größerem Umfang Zufälligkeiten beigemischt werden, z. B. durch Hinzufügen von Würfeln oder Kartenziehen. Dadurch entsteht allerdings noch keine Kooperation, sondern schlimmstenfalls eine Demotivierung, weil es keine Möglichkeit des strategischen Eingreifens in das Spiel seitens der Teilnehmer gibt. Und ebendieses strategische Denken, das je nach Spielregel unmittelbar mit der mathematischen Übetätigkeit verbunden ist, will man ja fördern. Zudem ist gerade das Umgehen mit Konkurrenz und Leistungsunterschieden eine wichtige Kompetenz, sodass es nicht angebracht wäre, Kooperativität beim Spielen positiv und Konkurrenzdenken negativ zu kennzeichnen.

Dennoch ist es angebracht, allgemein und bei jedem Spiel im Speziellen darüber nachzudenken, wie die Kooperativität gegebenenfalls gestärkt werden kann. Insbesondere bei Übungsspielen kann Kooperativität dazu beitragen, dass in leistungsheterogenen Gruppen die Schwächeren von den Stärkeren lernen. Im Folgenden finden sich verschiedene Merkmale, die zur Kooperativität von Spielen beitragen können und die man gegebenenfalls durch Variation einer Spielregel selbst herstellen kann.

(a) Kooperation stellt sich trotz Konkurrenz ein
Kooperation muss nicht durch Spielregeln erzwungen werden. Sie kann sich auch als natürliches Verhalten der Spielenden einstellen. Voraussetzung ist dazu allerdings, dass die Spielregeln dies auch zulassen. Das ist z.B. der Fall, wenn ein Spiel offen gespielt wird, d.h., wenn alle Mitspieler zugleich Einsicht in die Spieloptionen des Mitspielers, der an der Reihe ist, haben. Verdeckte Karten hingegen fördern Konkurrenzdenken. Das folgende Spiel dient zum Üben der Addition im Tausenderraum, des Überschlagens und fördert die Einsicht ins Stellenwertsystem. Die Spielregeln werden durch eine Spielszene erläutert, die auch gleich schon andeutet, in welcher Weise Kooperativität erwünscht ist.

Quelle: Die Matheprofis, 3. Schuljahr, S. 79. © 2002 Oldenbourg Schulbuchverlag GmbH, München.

(b) Solitärspiele gemeinsam spielen

Es gibt eine ganze Reihe sogenannter Solitärspiele, bei denen in der Regel ein Einzelner ein spielerisches Problem lösen muss (wie z.B. beim zurzeit beliebten Sudoku). Eigentlich handelt es sich dabei um Probleme oder Aufgaben, die jedoch Spielcharakter haben, z.B. durch Zufallseffekt (wie etwa beim Patiencen legen). Viele mathematische Übungsspiele machen sich eine ähnliche Struktur zunutze. Sie alle können auch zu zweit gespielt werden und regen dabei die Kooperation an. Dies kann zusätzlich noch unterstützt werden, wenn die Spielenden aufgefordert sind, wesentliche Erkenntnisse aus der Spielrunde danach zu präsentieren, etwa durch Aufgabenstellungen wie diese:
– Welche Aufgabe/Situation war für euch am schwierigsten? Warum?
– Welche Strategie habt ihr verwendet oder entwickelt?
– Welches war euer bestes/schlechtestes Ergebnis? Woran lag das?

(c) Spiele umwandeln

Manche Gruppenspiele lassen sich in solche Solitärspiele umwandeln, wie z.B. beide oben beschriebenen Beispiele:

Kooperationsspiel: Brüche legen, vgl. S.149

Jedes Team bekommt denselben Kartensatz und muss nun die Karten nach denselben Regeln anlegen. Allerdings gibt es folgende Änderungen:
– Alle Karten werden aufgedeckt, die Mitspieler wählen abwechselnd ihre Karten aus.
– Jeder Spieler darf von den anderen eine Hilfe erbitten.
– Am Schluss können die Spieler reihum Vorschläge machen, wie sie Karten umlegen würden.
Schließlich werden die Gruppenergebnisse ausgehängt, überprüft und verglichen.

Die folgende Variante regt die Klasse zu arbeitsteiliger Kooperation an.

Kooperationsspiel: Stadt, Land, Fluss (s. S.148)

Jedes Team zieht oder wählt einen Buchstaben und muss versuchen, möglichst gute Beispiele zu finden. Aus den Beiträgen jeder Gruppe entsteht ein großes Poster mit dem vollständigen Alphabet.

(d) In Gruppen gegeneinander spielen

Manche Konkurrenzspiele vertragen eine zu starke Regeländerung nicht und verlieren dann ihren Reiz – wie z.B. beim „kooperativen Schiffe versenken", wenn man gemeinsam Schiffe aufstellt und gleich wieder versenkt. Ein einfacher Kunstgriff funktioniert jedoch fast immer: Statt Einzelspieler gegeneinander antreten zu lassen, werden Teams gebildet, die dann gegen-einander spielen müssen. Die Schülerinnen und Schüler müssen allerdings vor jedem Spielzug miteinander beraten können, damit nicht der stärkere oder schnellere das Heft ergreift.

(6) Übungspuzzle

Zu den Arbeitsformen mit hoher Schüleraktivität und geringer Lehrerlen-kung, die sich immer größerer Beliebtheit erfreuen, gehören das sogenann-te *Gruppenpuzzle* (FREY/FREY-ELLING 1999 und „The jigsaw classroom" von ARONSON 1978). Ein erfolgreiches Gruppenpuzzle legt ein hohes Maß der Verantwortung für den eigenen Lernprozess und den der anderen in die Hände der Schülerinnen und Schüler. Das Gruppenpuzzle wird als eine der kooperativen Arbeitsformen schlechthin angesehen, da hier die sogenannte positive Abhängigkeit besonders ausgeprägt ist. Jeder Schüler ist hier in seinem Lernerfolg von dem Bemühen der anderen abhängig und diese be-wusst erlebte wechselseitige Abhängigkeit kann die Verantwortungs- und Anstrengungsbereitschaft stärken.

Das Gruppenpuzzle lässt sich in verschiedenen Phasen des Unterrichts ver-wenden. Oft wird es zur Erarbeitung von Wissen eingesetzt. Im Mathema-tikunterricht ist es mitunter schwieriger, wenn sich die Inhalte nicht leicht in gleichwertige Aspekte oder Beispiele trennen lassen. Im Fach Mathema-tik ist daher öfter ein Gruppenpuzzle zur Vertiefung anzutreffen, bei dem etwa ein Sachverhalt in verschiedenen Darstellungsformen bearbeitet wird oder verschiedene Anwendungsbeispiele zu demselben mathematischen Begriff oder Verfahren durchgespielt werden (vgl. LEUDERS 2001, BARZEL/BÜCHTER/LEUDERS 2007).

Weitaus einfacher ist es hingegen, das Gruppenpuzzle als methodischen Rahmen für kooperative Übungsphasen einzusetzen. Die Aufteilung des Themas erfolgt dann aus der Rückschau und durch die Schülerinnen und Schüler: Welche Inhalte der letzten Wochen wollen wir überprüfen und üben? Das kann dann so aussehen:

0. Phase: Organisation und Erläuterungen von Ablauf und Zeitplanung
Der Umfang dieser Einführungsphase hängt von den Vorerfahrungen der Schüler mit dieser Methode ab. Die Informationen, die u.a. verbindliche An-gaben zum Zeitrahmen enthalten sollten, können auch schriftlich gegeben werden. Jeder Schüler erhält für die Gruppenzuordnung ein Puzzleteil.

In Gruppenpuzzles, bei denen es um das **Wiederholen und Aufarbeiten vorhandener Kenntnisse** geht, kann in dieser Phase von allen Schülern ein Test durchgeführt und ausgewertet werden. Aus den aufgedeckten Wis-senslücken ergeben sich dann erst die Puzzlethemen (z.B. quadratische Gleichungen lösen, Exponentialgleichungen lösen, Graphen zu Parabeln le-sen und zeichnen, Graphen zu Exponentialfunktionen lesen und zeichnen).

1. Phase: Individuelles Lernen

In dieser Phase können die ausgewählten Teilthemen zunächst individuell aufgearbeitet werden. Das vom Lehrer bereitgestellte Material für diese Phase kann enthalten:

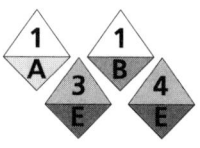

- eine Anleitung, die vorweg die Lernziele beschreibt,
- Arbeitsmaterial (Beispielaufgaben, Texte, Zeichnungen …),
- Kontrollfragen/aufgaben (zur Selbstkontrolle, inwieweit Lernziele der Phase erreicht sind oder was in der Gruppenphase noch aufgearbeitet werden muss).

2. Phase: Expertentraining (Übung vorbereiten)

Nun setzen sich alle Schülerinnen und Schüler in Gruppen mit gleichem Thema, also gleicher Nummer zusammen. Ziel der Phase ist es, in der Gruppe

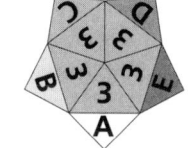

- ein (gemeinsames) Verständnis des Themas herzustellen, indem Schüler/innen im Dialog besondere Schwierigkeiten und ergänzende Perspektiven zusammentragen und Unklarheiten (durch gegenseitiges Erklären) beseitigen;
- das Thema für die nächste Phase so aufzubereiten, dass die Mitschüler etwas davon haben, die wichtigsten Aspekte herausstellen, evtl. erkannte Hürden schneller überspringen;
- die Vorgehensweise bei der Vermittlung zu planen, also z.B. zu entscheiden, wie die Inhalte den Mitschülern vermittelt werden (Vortrag, Grafik, Text) oder ob es für die Mitschüler eine Übungs- oder Testphase geben soll.

Das vom Lehrer bereitgestellte Material für diese Phase kann schriftliche Hilfestellungen zur Vorgehensweise, insbesondere zur Zeitplanung, enthalten, z.B.: „Fasst das Wesentliche zu Beginn zusammen: Worum geht's? Macht eine Zeichnung. Sollen die Zuhörer mitschreiben? Wollt ihr Rückfragen zulassen oder diese erst am Ende beantworten? Denkt euch Kontrollfragen aus, um festzustellen, ob die anderen eure Erklärungen wirklich verstanden haben."

3. Phase: Unterrichtsrunde (Übungsrunde)

Die Gruppen werden neu zusammengestellt. Jetzt treffen sich alle Schüler, die denselben Buchstaben haben. In jeder Gruppe befindet sich nun zu jedem Thema ein Experte bzw. eine Expertin, die die Übungen für ihr Thema präsentiert und bei der Bearbeitung für Rückfragen zur Verfügung steht.

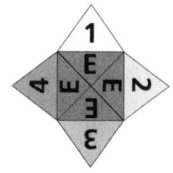

Es ist insbesondere wichtig, dass klar festgelegt ist, wie viel Übungszeit für jedes Thema zur Verfügung steht.

4. Phase: Plenum

Hier gibt es viele Möglichkeiten, die Arbeit zu beschließen:

- Eine **Manöverkritik** aller Beteiligten empfiehlt sich besonders dann, wenn die Methode für den Lehrer und/oder die Schüler noch neu ist. So geraten weitere Puzzleversuche erfreulicher und ergebnisreicher.
- Eine **Ergebnisüberprüfung** im Klassenverband kann stichpunktartig durch mündliche Kontrollfragen geschehen.
- Etwas verbindlicher ist eine (im Voraus angekündigte) *individuelle* **schriftliche Überprüfung**. Dadurch wird die Arbeitsform tatsächlich zum „Ernstfall Lernen".

Einer solchen Übung in Form des Gruppenpuzzles spricht man die folgenden Vorzüge zu:

- Schülerinnen und Schüler werden in aktiver Auseinandersetzung mit einem Thema zu Experten und übernehmen gegenüber den Mitschülern die Lehrerrolle, sie „lernen durch Lehren".
- Das Ergebnis der ersten Gruppenphase muss vom Einzelnen individuell (und ohne Rückhalt bei stärkeren Mitschülern) in die zweite Phase weitergetragen werden, daher besteht eine höhere individuelle Mitverantwortung für das Gruppenergebnis.
- Diese Verantwortung befördert auch eine höhere Schüleraktivierung in der Gruppe als bei unstrukturierter Gruppenarbeit, bei der einzelne Schüler sich leichter hinter andere zurückziehen können.

Sicherlich gibt es viele organisatorische Fragen zu klären: Wie gestaltet man ein Gruppenpuzzle mit 30, 27 oder 29 Schülern? Müssen es immer 4 Themen sein? Wie passen die einzelnen Phasen sinnvoll in das 45-Minuten-Schema? Wie werden die Gruppen zusammengesetzt? (freie Wahl oder Losentscheid?) Ab welchem Alter ist die Methode geeignet? All diese Fragen lassen sich mit etwas Fantasie und im konkreten Einzelfall klären.

Auch Gruppenpuzzeln will gelernt sein. Alle Beteiligten – Lehrer wie Schüler – müssen Erfahrungen sammeln, Eindrücke zurückmelden und das Verfahren kontinuierlich weiterentwickeln können. Man muss sich immer bewusst darüber bleiben, dass das Gruppenpuzzle auch nur *eine* Methode von vielen ist und nicht überstrapaziert werden darf.

7 Leistungen verstehensorientiert überprüfen –

Gute Aufgaben für Klassenarbeiten entwickeln
Andreas Büchter; Timo Leuders

7.1 Wozu Leistungen überprüfen?

Wenn schulisches Lernen kein Selbstzweck sein soll, dann müssen sich die Ergebnisse des Lernens für alle Beteiligten – für Lehrende wie Lernende – in erkennbaren Leistungen und Leistungsfortschritten widerspiegeln. Leisten ist also ein unabdingbarer Bestandteil des Lernens. In der Schule gibt es verschiedene Gelegenheiten für die Erfassung und Rückmeldung von Leistung:

- Die **kontinuierliche Rückmeldung** an die Lernenden über den Erfolg ihrer Arbeit im tagtäglichen Unterricht. Dazu zählt das individuelle Leistungserleben ebenso wie die von der Lehrperson gegebenen Hinweise.
- Daneben gibt es ausgewiesene Instrumente der Leistungsüberprüfung am Ende gewisser Lernabschnitte, in der Regel in Form von **Klassenarbeiten**.
- In letzter Zeit haben sich neue Instrumente der Leistungserhebung etabliert, mit denen Ergebnisse längerer Lernphasen (von mehreren Jahren) erfasst und zurückgemeldet werden können, am auffälligsten darunter **zentrale Vergleichsarbeiten**.
- Weit seltener sind **alternative Formen der Leistungsüberprüfung**, wie etwa Portfolio, Gruppenprüfungen, Projektprüfungen oder Präsentationsprüfungen, anzutreffen.

Es ist Konsens in Schulpraxis und Wissenschaft, dass jede Form der Leistungsrückmeldung auf allen Ebenen wesentliche Rückwirkungen auf die Qualität und den möglichen Erfolg, aber auch auf die Ziele des Lernens hat (vgl. DAVIER/HANSEN 1998). Insofern müssen an jede Form der Leistungsüberprüfung gewisse Qualitätsanforderungen gestellt werden:

- Leistungsüberprüfung muss beschränkt sein auf bestimmte Phasen des Unterrichts. Es muss eine erkennbare **Trennung von Lernen und Leisten** geben (vgl. BLK 1997).
- Den Schülerinnen und Schülern müssen von Anfang an die **Anforderungen transparent** gemacht werden.
- Die überprüften Leistungen müssen verständlich, individuell und konstruktiv **zurückgemeldet** werden.

■ Die Leistungsüberprüfung muss **valide** sein, d. h. wirklich diejenigen Kompetenzen widerspiegeln, die erworben werden sollen, und dabei alle wichtigen Anforderungsbereiche umfassen.

Diese Anforderungen sind nicht immer leicht zu erfüllen und können sich im Einzelfall widersprechen. Auf der Seite des Lehrerhandelns stellen sich weitere wichtige Fragen, deren Bearbeitung jedoch über die Möglichkeiten eines Buches hinausgeht:

■ Wie trennt man als Lehrkraft zwischen den Rollen, die Schülerinnen und Schüler einerseits individuell zu fördern und andererseits bei einer möglichst leistungsgerechten Selektion mitwirken zu müssen?

■ Wie macht man im Unterrichtsgespräch Schülern deutlich, dass man sich in einer Phase des gemeinsamen Lernens befindet und Fragen und Fehler nicht als Defizit, sondern als willkommene Lernanlässe aufgefasst werden?

Die mittelfristige, klasseninterne Leistungsüberprüfung ist insbesondere im Fach Mathematik vor allem durch den Typus der Klassenarbeit belegt. Aufgrund der praktischen Bedeutung dieses Formats konzentrieren wir uns in diesem Kapitel hierauf. Klassenarbeiten weisen eine Reihe von Charakteristika auf:

■ Sie sind ein zentrales Element der *Selektionsfunktion* von Schule (vgl. FEND 1980, S. 29). Klassenarbeitsnoten bestimmen wesentlich über Versetzung, Schulformzuweisung oder Abschlusszeugnis und die damit verbundenen Berechtigungen mit.

■ Sie bestimmen – vor allem aus Sicht der Schülerinnen und Schüler – die Ziele des Unterrichts. Gelernt wird, was „in der Klassenarbeit drankommen kann".

■ Sie geben den Lernenden individuelle Rückmeldungen über ihren Lernerfolg und der Lehrperson Auskunft über ihren Unterrichtserfolg – beides jedoch zunächst nur bezogen auf die vorangehende Unterrichtsreihe; über welche Kompetenzen die Schülerinnen und Schüler längerfristig und als Basis für weitere Lernprozesse verfügen, wird oft nicht erfasst und rückgemeldet.

Weniger prinzipiell und unabänderlich sind die folgenden Eigenschaften von Klassenarbeiten:

■ Sie konzentrieren sich auf Leistungen des Einzelnen, und dann auch nur auf solche, die schriftlich abgelegt werden können. Da es aber noch andere wesentliche Facetten mathematischer Leistung gibt, ruft dies alternative Überprüfungsformen auf den Plan.

■ Sie erfassen Leistung additiv in Form der summierten Leistungen bei Einzelaufgaben. Dies ist der Tradition „bewährter Punkteschemata" geschuldet, die zu einer von allen Beteiligten akzeptierten scheinbaren Objektivität führen. Einer stärker an inhaltlichen Kriterien orientierten

Leistungsüberprüfung, die mehr Kompetenzen als Kenntnisse und Fertigkeiten in den Blick nimmt, stehen diese Punkteschemata aber oft im Wege.

■ Sie beschränken sich auf die vorangehende Unterrichtsreihe, häufig auf den unmittelbar zuvor gelernten „Stoff". Dadurch stehen sie einem nachhaltigen langfristigen Lernen oft im Weg und neigen dazu, die kurzfristige Beherrschung von Verfahren zu fördern *(Kalkülorientierung)*.

Wendet man all diese Feststellungen konstruktiv, so ergeben sich einige Anforderungen an Klassenarbeiten, vor allem an die darin enthaltenen Aufgabenstellungen:

■ Die Aufgabenstellungen in Klassenarbeiten sollen wesentliche Teile mathematischer Bildung in den Blick nehmen und nicht etwa Memorierungsfähigkeiten überprüfen – oder anders ausgedrückt: Klassenarbeiten sollen fachlich *valide* Aufgaben enthalten.

■ Leistungen sollen immer auch unter *langfristiger* Perspektive überprüft werden – etwa nachhaltiges Basiswissen oder übergreifende Problemlösefähigkeiten.

■ Die Ergebnisse der Überprüfung sollen *gehaltvolle* und *differenzierte* Informationen über Kenntnisse, Fähigkeiten, Vorstellungen und ggf. Fehlerquellen liefern, die Aufgaben sollen also *diagnostische* Informationen liefern.

Zentrale Leistungsüberprüfungen ergänzen die klasseninternen Prüfungsformen in verschiedener Weise. Sie sollen Leistungen objektiv messbar und Leistungsstände von Klassen vergleichbar machen oder einen Beitrag zur Transparenz und Vergleichbarkeit der Abschlussvergabe leisten. Dadurch ergeben sich spezielle Anforderungen an zentrale Testaufgaben und deren Auswertung, die jedoch nicht unmittelbar bedeutsam für den täglichen Unterricht und die nächste Klassenarbeit sind – daher wird hierauf in diesem Buch nicht weiter eingegangen.

7.2 Was können Schüler wirklich?

Die oben genannten Anforderungen an Klassenarbeiten werden im Folgenden an Aufgabenbeispielen zu Kernthemen der Schulmathematik erläutert. Dafür gehen wir zunächst von einer authentischen und durchaus typischen Klassenarbeit zur Bruchrechnung aus – solche Beispiele aus der Praxis finden sich zunehmend auch im Internet (s. S. 158).

Im Mittelpunkt der Klassenarbeit stehen einfache Bruchoperationen – sowohl die Anwendung kontextfreier Fertigkeiten (Aufgabe 1 bis 3) als auch das Umsetzen im Kontext (Aufgabe 4 und 5). Die beiden Aufgabengruppen fokussieren dabei auf grundverschiedene Leistungsaspekte:

Klasse 6 A   *Klassenarbeit Nr. 3*

Bitte alle Aufgaben **im Heft** bearbeiten! Die Aufgaben brauchen nicht
abgeschrieben werden! **Viel Erfolg!**

Aufgabe 1
Berechne: a) $\frac{7}{8}$ von 40 m   b) $\frac{2}{7}$ von 4 €   90 Cent   c) $\frac{2}{5}$ von 4 h

Aufgabe 2
a) Ordne der Größe nach ! Verwende dabei das Zeichen < !

$$\frac{19}{22} \; ; \; \frac{5}{6} \; ; \; 8\frac{4}{7} \; ; \; \frac{28}{33} \; ; \; 5\frac{2}{11} \; ; \; 7\frac{3}{5} \; ; \; 6\frac{4}{9}$$

b) Welche Bruchzahl liegt genau in der Mitte von $\frac{1}{3}$ und $\frac{5}{9}$

Aufgabe 3
Addiere und kürze dein **Ergebnis** vollständig!

a) $\frac{7}{32} + \frac{13}{48}$ b) $\frac{17}{13} + \frac{1}{52}$ c) $\frac{11}{25} + \frac{7}{15}$ d) $\frac{1}{4} + \frac{1}{5} + \frac{7}{6}$

Aufgabe 4
Ein Angestellter mit einem Gehalt von 3 000 €   wird in den Ruhestand versetzt. Er
erhält jetzt nur noch 60 % seines Gehaltes als Rente.
a) Wieviel Rente bekommt er ?
b) Nach seinem Tod erhält seine Witwe 75% der Rente ihres Mannes als
Witwenrente. Wieviel € erhält sie?

Aufgabe 5
Für den Wertverlust eines Autos gilt:
Ein neues Auto verliert im 1.Jahr $\frac{1}{4}$, im 2. Jahr $\frac{1}{6}$ und im 3. Jahr $\frac{1}{8}$
seines **Neupreises** an Wert. Welchen Wert hat ein 3 Jahre altes Auto , das neu
19 200 Euro gekostet hat?

Abb. 1: Klassenarbeit Nr. 3, Klasse 6 A (*www.klassenarbeiten.de*)

Mit den Aufgaben 4 und 5 versucht der Aufgabensteller zu erfahren, ob
seine Schülerinnen und Schüler mit Brüchen nicht nur rechnen können,
sondern auch *verstehen*, was Brüche (in verschiedener Darstellungsform)
und Bruchoperationen in verschiedenen Kontexten bedeuten. Die Aufgaben
1 bis 3 überprüfen hingegen die zugrundeliegenden Fertigkeiten. Hier er-
fährt man z.B., ob die Schülerinnen und Schüler zwei Brüche fehlerlos vergleichen und addieren können. Allerdings bleibt ein Unbehangen:

Was kann eine Schülerin wirklich, die $\frac{7}{32} + \frac{13}{48}$ berechnet? Versteht sie, was

sie tut? Hat sie tragfähige Vorstellungen von Brüchen und deren Addition
entwickelt? Oder hat sie nur fleißig genug ein Verfahren eingeübt – womöglich mit einem Nachhilfelehrer? Für das erfolgreiche Bestehen einer Klassenarbeit reicht ein solches *Training* meist aus, die langfristigen Lernergebnisse sind dann aber eher dürftig, in höheren Jahrgangsstufen wird bei

tiefergehenden Inhalten festgestellt, dass die Grundlagen fehlen. Dass Klassenarbeiten dem kurzfristigen Lernen Vorschub leisten, liegt allerdings nicht *allein* daran, dass sie nur den eben zuvor erarbeiteten Stoff behandeln. Es sind auch die in den Aufgaben konkretisierten Anforderungen, die eine eigentlich nicht intendierte Form des Wissens und Könnens, die Kalkülorientierung, fördern – ohne dass die Beteiligten dies bewusst anstreben.

Typischerweise werden bei solchen Aufgaben, die eher die sichere Beherrschung von Verfahren überprüfen, die Anforderungen durch die technische Schwierigkeit (hier: die Größe und Anzahl der beteiligten Zahlenwerte wie bei Aufgabe 3) gesteigert. Damit werden dann eher das Durchhalte- und Konzentrationsvermögen sowie das rechnerische Geschick überprüft als die Tragfähigkeit der zugrundeliegenden Vorstellungen und die Tiefe des Verständnisses. Im Sinne einer solchen Bruchrechenkompetenz sind die Aufgaben 1 bis 3 nicht *valide*, sie überprüfen nicht, ob Schülerinnen und Schüler Brüche sicher und flexibel zur Lösung außer- oder innermathematischer Probleme anwenden können – und ein solches mathematisches Verständnis dürfte unstrittig das Unterrichtsziel sein.

Aber wie kann man das mathematische Verständnis besser erfassen? In diesem Kapitel werden einige Ansätze und Beispiele vorgestellt, denen eine einfache Unterscheidung zugrundeliegt: Anstelle von Aufgaben, die die Beherrschung von *Verfahren* überprüfen, werden eher solche eingesetzt, durch die man Auskunft über das *Verstehen* bekommt (vgl. BÜCHTER/ LEUDERS 2007). Für die Klassenarbeit zu einfachen Bruchoperationen bedeutet dies z.B.: Anstelle der „Verfahrensaufgabe 3" stelle man etwa die folgende Aufgabe:

Beispielaufgaben: Verstehensaufgaben in der Bruchrechnng (1 a)

Was kann in den Kästchen stehen? Gib jeweils zwei verschiedene Lösungen an.

a) $\frac{\square}{2} + \frac{\square}{4} = 1$ b) $\frac{\square}{4} + \frac{\square}{4} = 1$ c) $\frac{1}{\square} + \frac{\square}{\square} = 1$

Diese Aufgabe überprüft, ob Schüler bei der Bruchaddition über tragfähige Vorstellungen verfügen. Dabei kann man dann durchaus auf eine gewisse technische Komplexität verzichten. Auch zeigt das Beispiel, dass die Aufgaben durch eine solche Verstehensorientierung nicht unbedingt (deutlich) schwieriger werden.

Die Aufgabe 2 der Klassenarbeit fragt nach Verfahren des Vergleichs. (Man kann spekulieren, dass für Aufgabe 2 b zuvor ein Verfahren der Mittelwertbildung erarbeitet wurde.) Eine verstehensorientierte Umarbeitung könnte lauten:

Beispielaufgaben: Verstehensaufgaben in der Bruchrechnng (1 b)

Gesucht sind Brüche, die jeweils zwischen den angegebenen Zahlen liegen.
Gib für jede Aufgabe drei Lösungen an.

a) $\frac{2}{3}$; $\frac{5}{12}$ b) $3\frac{2}{3}$; $4\frac{1}{10}$

c) Julian hat für Aufgabe b) die Zahl 4 vorgeschlagen. Jana findet das falsch. Wie
würdest du das beurteilen?

Natürlich kann man auch für solche Aufgaben im Unterricht ein Verfahren
einüben, das Schüler in der Klassenarbeit dann oberflächlich beherrschen.
Andererseits kann man Schülerinnen und Schüler auch nicht erst in der
Klassenarbeit mit solchen Aufgabenformaten konfrontieren. Die Kunst besteht also darin, sowohl in Lern- als auch Leistungssituationen den reflek-
tierenden Umgang mit mathematischen Konzepten zu pflegen – und dafür
hinreichend viele Aufgabentypen zur Hand zu haben, damit mathematische
Ideen und nicht Aufgabentypen gelernt werden.

Ein Beispiel aus der Geometrie soll verdeutlichen, dass
der Unterschied zwischen Verfahrens- und Verstehensorientierung auch in diesem Inhaltsgebiet trägt. Nach
der Aufforderung „Zeichne alle Symmetrieachsen ein"
wird man eine große Zahl von richtigen und falschen
Lösungen finden. Womöglich werden diejenigen, die nur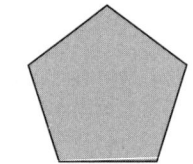
über ein oberflächliches Verständnis von Geometrie verfügen, bei dieser
Aufgabe aber auch Erfolg haben, indem sie ganz intuitiv einige „naheliegen-
gende Striche" einzeichnen. Hier könnte man analog zur obigen Aufgabe
Varianten stellen. Die letzte Variante macht zudem sichtbar, dass durch die
schlichte Wahl eines geeigneten Beispiels wichtige Aufschlüsse erhalten
werden können.

Beispielaufgaben: Verstehensaufgaben in der Geometrie (2)

- Zeichne eine Figur mit fünf Symmetrieachsen (kein regelmäßiges Fünfeck!).

- Zeichne ein Fünfeck mit nur einer Symmetrieachse.

- Ergänze die Figur so, dass sie genau drei Symmetrieachsen hat.

- Es gibt verschiedene Sorten von achsensymmetrischen
  Großbuchstaben. Wie unterscheiden sie sich?

- Zeichne alle Symmetrieachsen ein.

Die Beispiele haben spezifische Anforderungen an Leistungsaufgaben deutlich gemacht. Insbesondere kann man erkennen, dass an Aufgaben zur Leistungsüberprüfung nicht unbedingt dieselben Kriterien angelegt werden können wie an Aufgaben zum Lernen (vgl. BÜCHTER/LEUDERS 2007). Einige grundlegende Eigenschaften von Aufgaben zur Leistungsüberprüfung sind:

- ■ Die äußeren Bedingungen der Leistungsüberprüfungen machen für alle Beteiligten klar, dass es sich nicht um eine Gelegenheit handelt, offen und authentisch Mathematik zu betreiben. Problemlösen und Modellieren findet nicht mit dem Ziel statt, eine Prüfungssituation zu bewältigen, um eine möglichst gute Note zu erhalten. Für das Verfolgen von Entdeckungen, die auf dem Wege der Aufgabenbearbeitung liegen, gibt es unter solchen Rahmenbedingungen keinen guten Grund (es sei denn, dies ist Teil der Aufgabe). Es finden also weder echte innermathematische Explorationen noch authentische Modellierungen statt. Schülerinnen und Schüler wissen dies und auch die Lehrperson ist davon entlastet, bei Leistungsüberprüfungen Aufgaben mit durchweg authentischem Kontext und *intrinsischer* Lösungsmotivation zu erfinden.
- ■ Die Überprüfungssituation „Klassenarbeit" schließt in der Regel bestimmte Arbeitsweisen eher aus, so z.B. Kooperation und Kommunikation – hier bieten sich andere, komplementäre Formen der Leistungsüberprüfung an (s. Kapitel 7.6).
- ■ Die Lehrperson möchte in einer begrenzten Zeit möglichst viel über die Leistung der Schülerinnen und Schüler erfahren, die Aufgaben sind also entsprechend eher fokussiert und produktorientiert – es soll möglichst viel für die Leistungsbewertung Verwertbares auf dem Papier stehen.
- ■ Fehler sollten eher vermieden werden, als dass es ein Interesse gäbe, sie weiterzuverfolgen und aus ihnen zu lernen – der Begriff „Fehler" ist im Kontext der Leistungsüberprüfung negativ konnotiert.

Wenn man also wissen und bewerten will, was seine Schülerinnen und Schüler *wirklich* können, muss zielgerichtet und intensiv an der Formulierung geeigneter Aufgaben gearbeitet werden. Die folgenden Abschnitte sollen durch Beispiele, Kriterien und Konstruktionstechniken für Leistungsaufgaben dazu eine Hilfestellung bieten.

7.3 Verstehensorientierte Aufgaben und Unterrichtsentwicklung

Wenn im Unterricht der Aufbau tragfähiger individueller Vorstellungen und Begriffe eine stärkere Rolle bekommen soll (auf Kosten des Trainierens – oder despektierlich formuliert: des Einschleifens fertiger Verfahren), dann muss dies auch bei Leistungsüberprüfungen berücksichtigt werden. Das verständige Anwenden von tragfähigen Vorstellungen und Begriffen muss dann auch bei Klassenarbeiten das unreflektierte Anwenden von Verfahren in den Hintergrund drängen.

Dieser Perspektivenwechsel von *verfahrensorientierten* zu *verstehensorientierten* Aufgaben wird anhand der folgenden Beispiele, die aus der Arithmetik/Algebra stammen, systematisch erläutert. Dabei wird vor allem die Frage nach der Validität immer wieder gestellt: „Was genau prüft diese Aufgabe eigentlich?" Und: „Passt dies zu den Unterrichtszielen?"

Beispielaufgabe: Lineares Gleichungssystem I, Prüfungsaufgabe (3)

Löse das Gleichungssystem:

$$3 \cdot (x - 2 \cdot y) - 2 \cdot (y - x) = 14$$

$$8 \cdot (x - y) - 2 \cdot x = 16$$

Die Beispielaufgabe (3) ist ein – zumindest in einigen Bundesländern – durchaus typischer Bestandteil von zentralen Prüfungen am Ende der Sekundarstufe I. Mit ihr wird überprüft, ob Schülerinnen und Schüler ein Verfahren zum „Lösen eines linearen Gleichungssystems" auch dann beherrschen, wenn die Gleichungen durch einige Summanden und Klammersetzungen kompliziert gestaltet sind. Als Teil einer abschließenden Leistungsüberprüfung am Ende der Sekundarstufe I signalisiert eine solche Aufgabe – gewollt oder ungewollt –, dass es sich hierbei um einen zentralen Teil der (Schul-)Mathematik handelt, wichtig genug, um darüber mitzuentscheiden, ob Schülerinnen und Schülern der Erwerb der für das spätere Leben erforderlichen mathematischen Bildung bescheinigt werden soll.

Es ist natürlich nicht von Nachteil, solche Gleichungssysteme sicher lösen zu können, aber welche Kompetenzen, welche Vorstellungen, auch: welches Bild von Mathematik, sollen Schülerinnen und Schüler in ihr späteres Leben mitnehmen? Wenn schon die Beherrschung des Verfahrens „Lösen eines linearen Gleichungssystems" überprüft werden soll, dann kann man diese Verfahrensbeherrschung auch schärfer in den Blick nehmen und sollte sie nicht noch mit einer Portion Termumformung überlagern:

Beispielaufgabe: Lineares Gleichungssystem II (4)

Löse das Gleichungssystem:

$$2 \cdot y - 3 \cdot x = 14$$

$$4 \cdot y - 2 \cdot x = 16$$

Dass auch diese Aufgabe (zumindest alleine) nicht den oben genannten Zielen des Mathematiklernens und der Unterrichtsentwicklung gerecht wird, kann man daran erkennen, dass es hinreichend viele Schülerinnen und Schüler gibt, die sie lösen – und die sogar auch die Beispielaufgabe (3) lösen –, die zugleich aber nicht in der Lage sind, auch nur eine einzige sinnvolle außer- oder innermathematische Situation zu benennen, die durch dieses Gleichungssystem angemessen beschrieben wird. Genauso wenig ist es erforderlich, dass sie hiermit zusammenhängende, für die Mathematik typische Fragen angemessen beantworten können (z.B. „Warum kann man ein solches Gleichungssystem immer lösen?" oder „Wie viele Elemente kann die Lösungsmenge eines Gleichungssystems dieser Art prinzipiell haben?").

Wer den Bereich „Terme, Gleichungen und Gleichungssysteme" in einer Leistungsüberprüfung in den Blick nehmen möchte und stärker das Verstehen als die Verfahrensbeherrschung erfassen will, kann – je nach konkretem Erkenntnisinteresse – z.B. eine der folgenden Aufgaben (Beispielaufgaben (5)–(9)) stellen:

Beispielaufgabe: Lineares Gleichungssystem III (5)

Du kannst ein Gleichungssystem wie das folgende lösen:

$$2 \cdot y - 4 \cdot x = 1$$

$$3 \cdot y - 2 \cdot x = 2$$

a) Beschreibe in eigenen Worten die wichtigsten Schritte. Worauf musst du besonders achten?

b) Bei welchen ganzen Zahlen würde das Lösungsverfahren schwieriger? Warum?

Die Beispielaufgabe (5) fokussiert stärker auf den Aspekt, dass die Mathematik Verfahren zur Lösung bestimmter Problemstellungen hervorbringen kann. Im konkreten Fall sollen einige wesentliche Aspekte des erarbeiteten Algorithmus dargestellt werden. Noch schwieriger wäre sicherlich, eine Erklärung zu erwarten, wann und warum das Verfahren zum Ziel führt. In Anbetracht der Tatsache, dass heutzutage viele schultaugliche Taschenrechner solche linearen Gleichungssysteme lösen können und auch in der Praxis kaum noch jemand die Lösung mit Papier und Bleistift angeht, hat das Verstehen, warum man mit einem Taschenrechner hier immer zu einer Lösung kommen kann, vermutlich einen größeren Bildungswert als die sichere „händische" Lösung. Die Erkenntnis über die allgemeine Anwendbarkeit des Verfahrens gehört also sicher zu den Unterrichtszielen, bedarf dann aber auch einer validen Überprüfung in der Klassenarbeit. Beispiel (5) überprüft Teilaspekte davon, ebenso wie die folgende Variante:

Beispielaufgabe: Lineares Gleichungssystem IV (6)

Wie viele Elemente kann die Lösungsmenge des folgenden Gleichungssystems mit den Variablen x und y und irgendwelchen reellen Zahlen a, b, und c haben? Begründe deine Antwort.

$$y - x = b$$

$$y - a \cdot x = c$$

In dieser Variante der Aufgabe werden insbesondere verschiedene Begründungen mit unterschiedlichen Darstellungsarten ermöglicht. Die typische Vernetzung von Geometrie und Algebra kann genutzt werden, wenn anstelle der beiden Gleichungen die durch sie beschriebenen Geraden und ihre möglichen Lagebeziehungen betrachtet werden. Darüber hinaus wird ein für die Mathematik typisches Begründen eingefordert. Wenn diese konkrete Aufgabe nicht intensiv im Unterricht trainiert wurde, kann sie nicht mit dem viel zitierten „Schema F" gelöst werden.

Beispielaufgabe: Gleichung kontextualisieren (7)

Gib eine Situation an, die durch die folgende Gleichung angemessen beschrieben wird:

$$2 \cdot y - 3 \cdot x = 14$$

Schon an den Beispielen (5) und (6) lässt sich erkennen, dass sich verstehensorientierte Aufgaben nur im Anschluss an einen entsprechenden Unterricht stellen lassen, da die Schülerinnen und Schüler sonst nicht über die notwendigen Vorstellungen und Kompetenzen verfügen. Andererseits können solche Aufgaben zur Leistungsüberprüfung den Unterricht vom Trainieren des Kalküls entlasten. Dabei geht es nicht um ein Zurückdrängen des Übens, insbesondere wenn es Entdeckungen ermöglicht, also produktiv ist, sondern nur um einen Verzicht auf den „Verfahrensdrill". Die Beispielaufgabe (7) verlangt wiederum keine konkrete Rechnung, sondern soll überprüfen, ob die Schülerinnen und Schüler einen adäquaten Begriff von Variablen, Termen und Gleichungen entwickelt haben. Ist dies der Fall, so fällt es ihnen nicht schwer, eine geforderte Situation anzugeben.

In Beispielaufgabe (8) geht es erst einmal darum, selbst einen Term aufzustellen. Auch diese Aufgabe kann, wie schon die Beispielaufgaben (4)–(7), ohne eine Rechnung erfolgreich bearbeitet werden. Dies ist keine notwendige Bedingung für verstehensorientierte Aufgaben, aber doch typisch für eine vollständig andere Schwerpunktsetzung gegenüber der Prüfungsaufgabe in Beispiel (3), bei der es *nur* um eine Rechung geht.

Beispielaufgabe: Term aufstellen (8)

Gib einen Term an, mit dem man den Preis einer beliebigen Pizza in der „Pizzeria Fantastico" bestimmen kann.

Pizzeria Fantastico

Die Geschmäcke sind unterschiedlich! Stellen Sie sich Ihre Pizza deshalb selbst zusammen:
Zahlen Sie 2,50 Euro für Boden, Tomatensoße und Käse (= Pizza Margherita)
und 0,40 Euro für jede A-Zutat sowie 0,70 Euro für jede B-Zutat.

A-Zutaten		B-Zutaten
Ananas	Peperoni	Artischocken
Champignons	Salami	Broccoli
Ei	Sardellen	Feta-Käse
Kapern	Schinken	Krabben
Oliven	Spinat	Meeresfrüchte
Paprika	Zwiebeln	Mozzarella

Auf dem Weg zu einer sinnvollen, verstehensorientierten Aufgabe kann auch ausgenutzt werden, dass Terme die Möglichkeit bieten, Zusammenhänge in anderen Inhaltsbereichen der Mathematik algebraisch zu beschreiben. Gerade in der „rechnenden Geometrie" wird intensiv mit fertigen Formeln gearbeitet. Möchte man weg von der rein verfahrensorientierten Nutzung der Formeln hin zu einer Überprüfung, ob die jeweilige Bedeutung angemessen erfasst wird, kann man z. B. die folgende Aufgabe stellen:

Beispielaufgabe: Terme zur Flächen- und Umfangsberechnung (9)

Bei der Figur sind einige Seitenlängen durch die Variablen w, x, y und z angegeben. Erläutere, welche Umfänge oder Flächeninhalte man mit den folgenden Termen berechnen kann:

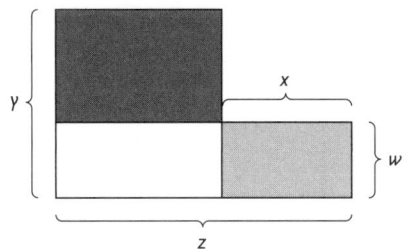

a) $2 \cdot w + 2 \cdot (z - x)$

b) $y \cdot z - x \cdot (y - w)$

c) Gib außerdem einen Term an, mit dem man den Flächeninhalt des dunkelgrauen Rechtecks berechnen kann.

Da nicht alle möglichen Maße an der Figur angegeben sind und die Figur aus mehreren Teilfiguren besteht, kommt es bei der Bearbeitung zunächst auf eine geeignete Zerlegung von Flächen und Seitenlängen an. Schließlich scheint es ohne tragfähigen Variablenbegriff kaum möglich zu sein, die Aufgaben angemessen zu bearbeiten. Und wieder kommt es nicht auf das Abspulen eines fertigen Verfahrens oder das Berechnen eines konkreten Ergebnisses an.

Leider ist der Mathematikunterricht in der gymnasialen Oberstufe vor einer Überbetonung der Verfahren genauso wenig gefeit wie der Unterricht in der Sekundarstufe I. Die oben genannten Tendenzen sind hier ebenso festzustellen (vgl. auch BORNELEIT/DANCKWERTS/HENN/WEIGAND 2001). Paradebeispiele hierfür sind die Kurvendiskussion nach „Schema F", die „Hieb- und Stichaufgaben" der analytischen Geometrie oder die schematisierten Hypothesentests. Daher schließt dieser Abschnitt mit zwei Beispielen für verstehensorientierte Aufgaben zur Leistungsüberprüfung in der Sekundarstufe II.

Beispielaufgabe: Funktion gesucht (10)

■ Zeichne das Schaubild einer auf ganz $\mathbb{R}$ differenzierbaren Funktion, die
   a) genau drei Hochpunkte, aber kein absolutes Minimum hat.
   b) genau zwei Hochpunkte und genau vier Wendepunkte hat.
   c) unendlich viele Hochpunkte, aber kein absolutes Maximum hat.

■ Eine auf ganz $\mathbb{R}$ differenzierbare Funktion hat drei Hochpunkte. Wie viele Tiefpunkte und wie viele Wendepunkte kann sie mindestens/höchstens haben?

Bei dieser Aufgabe geht es anders als bei den klassischen und zu Recht viel gescholtenen Kurvendiskussionen nach „Schema F" nicht um die algebraische Bearbeitung eines Funktionsterms nach feststehenden – und häufig unverstandenen – Regeln, sondern um den inhaltlich verständigen Umgang mit den involvierten Begriffen und deren möglichen Bedeutungen.

Beispielaufgabe: Problem gesucht![1] (11)

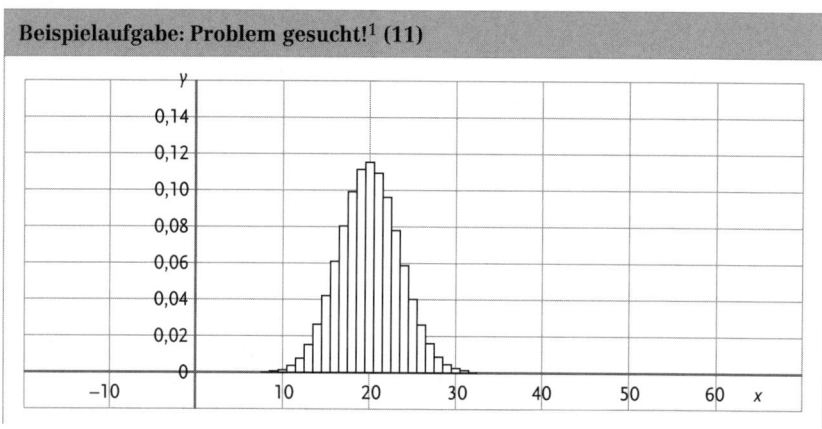

a) Gib mehrere mögliche Kombinationen für n und p an, die dem Histogramm zugrundeliegen können, und begründe deine Wahl.

b) Untersuche, welche der von dir gewählten Kombinationen für n und p am besten zutrifft (durch Berechnung geeigneter Wahrscheinlichkeiten).

c) Beschreibe ein Zufallsexperiment (kein Urnenexperiment), dass zu deiner Verteilung passen kann. Führe an diesem Beispiel einen Hypothesentest durch, indem du geeignete Werte für die Parameter des Tests festlegst.

d) Die Abbildung veranschaulicht die Entscheidungsregel zu einem weiteren Hypothesentest:

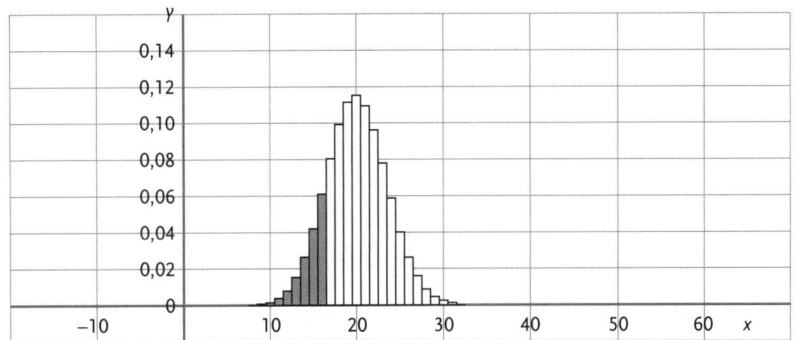

e) Charakterisiere den dargestellten Test.

f) Formuliere die Entscheidungsregel in eigenen Worten und gib Annahme- und Verwerfungsbereich an.

g) Gib an, wie die zugehörige Irrtumswahrscheinlichkeit α für den Fehler 1. Art ermittelt werden kann, und berechne sie für die in Aufgabenteil b) gewählten Werte n und p.

Diese Aufgabenstellung erfordert den kompetenten und flexiblen Umgang mit Eigenschaften der Binomialverteilung. Neben dem Modalwert der Verteilung, der der beste ganzzahlige Näherungswert für das Produkt $n \cdot p$ ist, gibt die Streuung der Verteilung einen Hinweis auf den ungefähren Wert von p. Diese Aufgabe ist also nicht nur verstehensorientiert, sondern ermöglicht sowohl eine einfachere als auch eine vertiefte erfolgreiche Bearbeitung, je nachdem, ob auch die Streuung als Anhaltspunkt für die Wahl der Werte herangezogen wird.

Das in diesem Abschnitt detaillierter dargestellte Kriterium der *Verstehensorientierung* ist wohl das zentrale, wenn es um fachlich valide Aufgabenstellungen zur Leistungsüberprüfung geht. Im nächsten Abschnitt werden weitere wichtige Eigenschaften dargestellt, bevor im übernächsten Abschnitt

---

[1] KLAUS GERBER, ABEL HALBACH, SABINE WÜLLNER, Landrat-Lucas-Gymnasium Leverkusen, im Rahmen der Setarbeit im Projekt 2 des Modellversuches SINUS Transfer.

konkrete Konstruktionsprinzipien erläutert werden, mit deren Hilfe sich verstehensorientierte Aufgaben für die Leistungsüberprüfung aus klassischen Schulbuchaufgaben „herstellen" lassen.

7.4 Kriterien für gute Aufgaben zur Leistungsüberprüfung

Wer die Qualität von Aufgaben systematisch beeinflussen möchte, muss relevante Kriterien zur Verfügung haben. Solche Kriterien und Prinzipien zur Veränderung von Aufgaben sind gewissermaßen *Werkzeuge* des *Handwerks Aufgabenentwicklung*. Da sich in Schulbüchern, anderen Lehrwerken und im Internet scheinbar unendlich viele Aufgaben finden lassen, kommt es häufig sogar nur darauf an, Kriterien für die Auswahl von Aufgaben und ggf. deren gezielte Veränderung zu haben. Im Folgenden werden einige wichtige, pragmatisch ausgewählte Kriterien[2] für gute Aufgaben zur Leistungsüberprüfung präsentiert.

Konzentration auf Kerne inhaltsbezogener Kompetenzen

Für einen kumulativen Kompetenzerwerb im Mathematikunterricht spielen – ganz im Sinne eines Spiralcurriculums – die Kerne der mathematischen Leitideen und der jeweiligen Themen eine besondere Rolle. Auf diesen bauen gerade im Fach Mathematik spätere Lernprozesse auf. So müssen Lernende zwar z.B. einen tragfähigen Begriff von natürlichen Zahlen entwickelt haben, bevor sie sinnvoll anhand geeigneter Probleme an Zahlbereichserweiterungen herangeführt werden können. Sie müssen aber nicht alle möglichen (schul-)mathematischen Betrachtungen für natürliche Zahlen, wie z.B. die differenzierte Auseinandersetzung mit Teilbarkeitsregeln, durchgeführt haben. Das heißt nicht, dass für die vertiefte Auseinandersetzung mit bestimmten Inhalten kein Raum im Mathematikunterricht sein soll, aber bei Leistungsüberprüfungen sollten vor allem die Kompetenzen erfasst werden, die für das nachhaltige fachliche Lernen besonders relevant sind. Im Rahmen einer Unterrichtsreihe zum *Satz des Thales* ist es z.B. durchaus sinnvoll, den *Umfangswinkelsatz* als Verallgemeinerung zu thematisieren, in der anschließenden Klassenarbeit muss er sich aber nicht zwingend wiederfinden.

---

[2] Wie bei anderen Kriterienkatalogen, aber auch z.B. den Katalogen wichtiger mathematischer Kompetenzen, ist diese Auflistung nicht ohne Alternative. Es lassen sich ggf. mehr oder andere Kriterien finden, vielleicht auch einige zusammenfassen. Allerdings lässt sich die hier präsentierte Zusammenstellung (vermutlich) ebenso gut begründen wie alternative Zusammenstellungen.

Kompetenzen klar in den Blick nehmen
und nicht durch andere Aspekte überlagern

Anhand der Beispielaufgaben (3) und (4) (S.162) lässt sich gut verdeutlichen, was hiermit gemeint ist: Wer daran interessiert ist, ob seine Schülerinnen und Schüler lineare Gleichungssysteme lösen können, sollte, wie in Beispiel (4), eine klare Aufgabe hierzu ohne die hohe zusätzliche rechnerische Komplexität wie in Beispiel (3) stellen. Für den Bereich der Bruchaddition lässt sich dieser Aspekt analog veranschaulichen:

Beispielaufgabe: Bruchaddition (12)

Berechne das Ergebnis der Addition.

a) $\frac{2}{3} + \frac{1}{4} =$ b) $\frac{9}{14} + \frac{3}{22} =$

Aufgabe (12 a) reicht für eine Überprüfung der prinzipiellen Beherrschung der Bruchaddition völlig aus. Hier können Schülerinnen und Schüler anhand einer sinnvoll verinnerlichten Rechenregel oder mit angemessenen grafischen Darstellungen von Brüchen zum richtigen Ergebnis kommen. Wer keine adäquate Vorstellung der Bruchaddition aufgebaut hat, wird nicht zufällig auf das richtige Ergebnis kommen. In Aufgabe (12 b) werden die Anforderungen der Bruchaddition zumindest teilweise durch komplizierte Zahlen und dadurch bedingte aufwändigere Rechnungen (Hauptnenner usw.) verdeckt. Die Aufgaben (12 a) und (12 b) stellen somit eine Analogie zu den Beispielen (3) und (4) (Lineare Gleichungssysteme) dar.

Erwartungen an die Bearbeitung einer Aufgabe
transparent darstellen

Die Transparenz der Erwartungen an die Bearbeitung einer Aufgabe ist eine Anforderung, die an jede Aufgabe zur Leistungsüberprüfung zu stellen ist. Gerade bei verstehensorientierten Aufgaben ist aber besonders darauf zu achten, dass die Schülerinnen und Schüler erkennen können, was von ihnen verlangt wird. Bei verfahrensorientierten Aufgaben ist diese Anforderung häufig erfüllt, da ein bestimmter Rechenweg zu vollziehen ist, an dessen Ende ein eindeutiges Ergebnis steht.

Beispielaufgabe: Flächeninhalt einer Raute I (13)

Berechne den Flächeninhalt einer Raute mit den Diagonalen e und f.

a) $e = 4\,cm; f = 7\,cm$

b) $e = 3\,cm; f = 4\,cm$

Bei dieser Aufgabe ist für die Schülerinnen und Schüler klar erkennbar, wann die Aufgabe im Sinne der Aufgabenstellung vollständig bearbeitet ist. Es wird jeweils ein konkretes Ergebnis erwartet und – je nach Konvention für die Bearbeitung solcher Aufgaben, die meistens innerhalb einer Lerngruppe (bei zentralen Prüfungen auch innerhalb eines Bundeslandes) festgelegt wird – die Angabe der Rechnung, die zu diesem Ergebnis führt. Ein Versuch, Beispielaufgabe (13) in eine verstehensorientierte Aufgabe abzuändern, könnte wie folgt aussehen:

Beispielaufgabe: Fläche einer Raute II (14)

Erkläre, wie man den Flächeninhalt einer Raute mit den Diagonalen e und f berechnen kann, wenn e und f bekannt sind.

Diese Aufgabe wäre natürlich in bester Absicht gestellt: Schülerinnen und Schüler sollen nicht einfach vorgegebene Längen in eine Formel einsetzen und dann das Ergebnis berechnen, was im Zweifel *ohne* adäquate Vorstellung von der Berechtigung der Formel möglich ist, sondern den zugrundeliegenden Zusammenhang geometrisch-inhaltlich erläutern, was nur *mit* einer entsprechenden Vorstellung geht. Die Aufgabenstellung lässt allerdings nicht klar erkennen, ob die folgende Bearbeitung ausreicht: „Ich rechne e mal f durch 2." Vermutlich ist dies nicht mit der Aufgabenstellung intendiert, klar erkennbar ist die Intention aber nicht.

Deswegen muss man aber nicht auf die eigentliche Absicht, den geometrisch-inhaltlichen Kern der Flächenformel zu erfassen, verzichten. Eine eindeutigere Formulierung, die zu dieser Absicht passt, könnte wie folgt lauten:

Beispielaufgabe: Fläche einer Raute III (15)

Die abgebildete Raute hat die Diagonalen e und f.

Erkläre, warum man ihren Flächeninhalt mit der Formel $\dfrac{e \cdot f}{2}$ berechnen kann.

Hier ist für die Schülerinnen und Schüler hinreichend klar erkennbar, dass sie das Zustandekommen der Formel erläutern sollen, schließlich ist diese bereits in der Aufgabenstellung vorgegeben, sodass ihr reines Zitieren nicht das Ziel der Bearbeitung sein kann.

(Möglichst) Bearbeitungen auf verschiedenen Niveaus zulassen

Bei der Zusammenstellung von Klassenarbeiten (und Leistungstests) wird immer darauf geachtet, dass sowohl leichte als auch schwierige Aufgaben vorkommen. Schließlich sollen die leistungsschwächeren Schülerinnen und Schüler auch einige Aufgaben bearbeiten können und die leistungsstärkeren ihr Potenzial an anderen Aufgaben nachweisen. Häufig werden dann die Aufgaben zuerst gestellt, von denen a priori vermutet wird, dass sie die leichteren sind. Die hehre Absicht dabei ist, dass man die leistungsschwächeren Schülerinnen und Schüler nicht schon zu Beginn der Arbeit entmutigen möchte. Trotzdem gibt es in der Progression der Aufgaben dann häufig eine Stelle, ab der viele von ihnen aufgeben. Dies kann vermieden werden, wenn man Aufgaben findet, die auf verschiedenen Niveaus bearbeitet werden können. Wie das aussehen kann, zeigt die folgende Aufgabe für eine 6. Klasse (gestellt von JUTTA PAESSENS und JÖRG KALETTA vom Gymnasium in Lohne, vgl. auch LEUDERS 2005).

Beispielaufgabe: Diagramm bewerten (16)

- Beantworte mithilfe des Diagramms folgende Fragen:
  a) Sind teurere Autos schneller?
  b) Wie viel Geld muss man ausgeben, wenn man 325 km/h schnell fahren will?
- Bewerte unten stehendes Diagramm:
  Informiert oder manipuliert es den Leser? Denke an eine Begründung deiner Entscheidung.

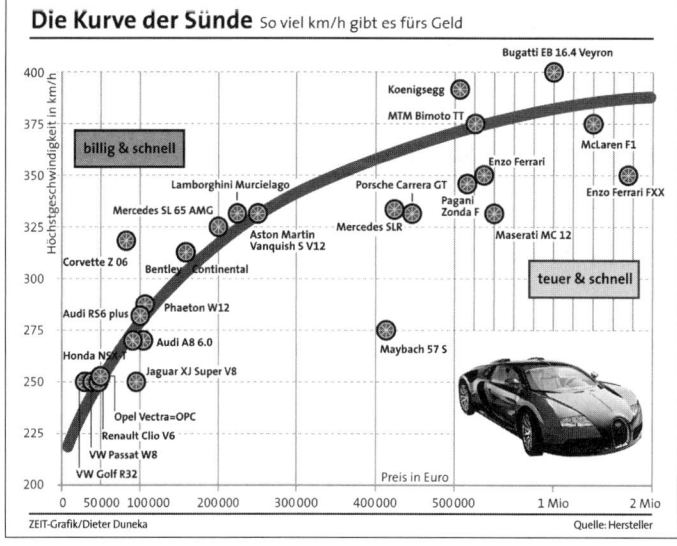

Quelle: Die ZEIT, 8.9.2005, Nr.37, S.33, Autor: BURKHARD STRASSMANN

Aufgabe (16 a) soll absichern, wie gut Schülerinnen und Schüler das Diagramm lesen können. Zwar gibt es hier eindeutig „richtige" Antworten, dennoch sind Schülerantworten auf ganz unterschiedlichem Niveau möglich. Noch deutlicher wird das Prinzip in Aufgabe (16 b). Hier wird eine hochkomplexe Grafik präsentiert, die in einer solchen Weise im Unterricht nicht behandelt wurde. Die Frage, die die Aufgabenstellerin der Arbeit mit dieser Aufgabe verbunden hat, lautet: „Inwieweit können meine Schüler ihre Kenntnisse zu möglichen grafischen Manipulationen auch in ungewohnten Kontexten anwenden? Können sie flexibel auf verschiedene Aspekte eingehen? Können sie ihre Entscheidungen begründen?"

Bei dieser Aufgabe können auch leistungsschwächere Schülerinnen und Schüler Antworten geben, die Antwort der stärkeren kann noch nach unterschiedlichem Reflexionsniveau variieren. Hier einige Beispiele:

Schülerlösungen

(1)

Es manipuliert den Leser in der Sache, dass nicht alle Punkte auf der roten Kurve sind.

(2)

Das Diagramm informiert weil die Abstände gleich sind, aber die Pfeile und die Bezeichnung x- und y- Achse fehlen.

(3)

Ich finde, es manipuliert in so fern, weil die Querachse (mit dem Geld) nicht in gleichen abständen gezeichnet ist.

(4)

Es ist manipuliert, denn der Leser denkt, es gibt nur für viel Geld schnelle Autos, denn die Angabe fängt schon bei 200 km/h an.

(5)

und darunter steht „billig und schnell". Billig sind die Autos auf keinen Fall.

Die offene Aufgabenstellung erlaubt, die Schülerantworten nach verschiedenen Niveaus einzuordnen. Dabei ist nicht die Entscheidung für die eine oder andere Antwort entscheidend, sondern die Qualität der Begründung. Man kann die Leistung beispielsweise etwa so einstufen und bewerten:

- ▪ Gibt keine Begründung oder interpretiert die Grafik fehlerhaft (1)
- ▪ Geht auf eine nebensächliche Eigenschaft der Grafik ein (2)
- ▪ Gibt ein wesentliches Defizit der Darstellung an (3)
- ▪ … begründet zudem, wie dies auf den Leser wirken könnte (4, 5)

Aufgaben, die wie diese Bewertungen und Argumentationen erfordern, sind leichter für verschiedene Lösungen zu öffnen als beispielsweise eher „rechnerische" Aufgaben. Aber auch hier gibt es Möglichkeiten, wenn man eine Rechenaufgabe öffnet, wie z. B. die Aufgaben in Beipiel (1):

$\frac{\square}{2} + \frac{\square}{4} = 1$ oder $\frac{1}{\square} + \frac{1}{\square} = 1$, und dann nach etwa diesem Schema vorgeht:

> 1. Gib eine mögliche Lösung an.
> 2. Gib (zwei, drei ...) weitere Lösungen an.
> 3. Gib alle Lösungen an. Beschreibe, wie alle Lösungen aussehen. Begründe, warum du alle gefunden hast.

Kennen Schülerinnen und Schüler diese Denkweise bereits, so kann die Aufgabe schlicht lauten:

> Gib möglichst alle Lösungen dieser Aufgabe an.

Auch leistungsschwächere Schülerinnen und Schüler können hier vermutlich eine oder mehrere Lösungen angeben. Andere Schülerinnen und Schüler werden möglicherweise alle Kombinationen benennen, aber nicht erklären können, warum dies alle sind. Wieder andere können zusätzlich, z. B. durch eine systematische Auflistung erklären, warum sie alle Möglichkeiten angegeben haben. Bei der Bewertung der Aufgabe können diese verschiedenen Niveaus der Bearbeitung berücksichtigt werden und allen Schülerinnen und Schülern kann zumindest ein Teilerfolg bescheinigt werden.

Hier deutet sich an, wie offene Aufgaben differenziertere Zugänge ermöglichen, geeignete Informationen über die Leistungsstufe einzelner Schüler geben. Diese Informationen sind zwar nicht statistisch-empirisch abgesichert, auch kann sich das Bewertungsschema im Laufe der Auswertung immer noch verändern. Dennoch kann die Lehrkraft auf der Basis ihrer Kenntnisse über den vorhergehenden Unterricht, die Lernentwicklung oder die sprachlichen Fähigkeiten und Beschränkungen einzelner Schüler viele Informationen über die Leistungsfähigkeit ihrer Schülerinnen und Schüler erhalten.

Aufgaben, die diese Anforderung erfüllen, werden auch natürlich differenzierend oder selbstdifferenzierend genannt. Sie zu finden oder zu entwickeln ist nicht in allen Bereichen gleichermaßen einfach, aber es gibt einige geeignete Heuristiken hierfür (siehe BÜCHTER/LEUDERS 2007 sowie Kapitel 3.3 und 5.3).

Inhaltsbezogenes Wissen von Problemlösefähigkeiten trennen

Anstelle dieser „natürlichen Differenzierung" kann man Aufgaben auch von vornherein differenzierend nach Teilanforderungen unterteilen. Beispielsweise kann man eine Anforderung danach analysieren, welche Anteile sich auf Wissen oder Fertigkeiten beziehen und wie es aussieht, wenn dieses Wissen in problemlösender Weise eingesetzt werden soll. Das resultiert in zweistufigen Aufgaben wie bei den beiden folgenden Beispielen:

Beispielaufgabe: Zahlen untersuchen (17)

■ Welche der folgenden Zahlen sind Primzahlen? 10, 15, 27, 31, 2, 4, 9
■ Wann ist eine Zahl durch 5 teilbar? Beschreibe.
■ Wie viele verschiedene Primzahlen gibt es, die auf die Ziffer 5 enden?
Begründe.

Beispielaufgabe: Mit Koordinaten arbeiten (18)

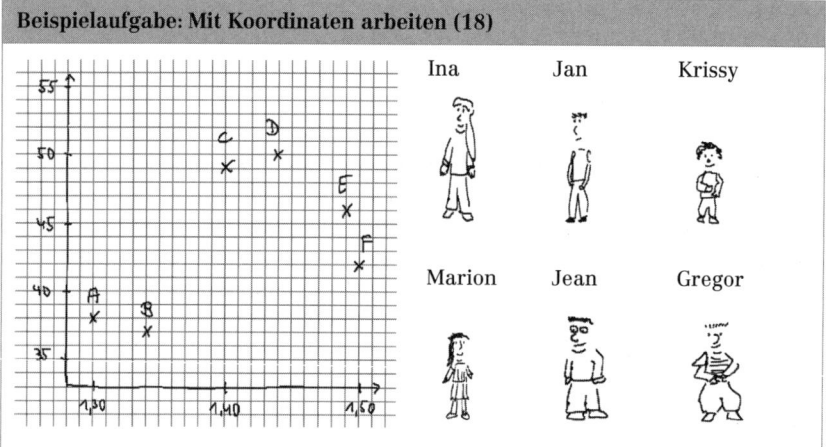

a) Wie groß ist die Person, die zu Punkt A gehört?
b) Welche Person ist kleiner als C, aber schwerer als B?
c) Welcher Punkt gehört zu Krissy?
d) Zeichne drei Personen A, B, C ins Koordinatensystem ein, sodass die folgenden drei Bedingungen alle gleichzeitig erfüllt sind:
   – B ist größer als A
   – C ist schwerer als B
   – A ist größer als C

Ein ähnliches Vorgehen, bei dem durch verschiedene Teilaufgaben differenziert wird, findet beim „Blütenmodell" Anwendung, das in Kapitel 2 (ab S. 42) vorgestellt wurde.
Die inhaltliche Bedeutung der in diesem Abschnitt dargestellten Anforderungen an gute Aufgaben zur Leistungsüberprüfung ist bereits im vorangehenden Kapitel 7.3 begründet und veranschaulicht worden. Im nächsten Abschnitt werden einige Prinzipien für die Konstruktion solcher Aufgaben angegeben.

7.5 Konstruktionsprinzipien für verstehensorientierte Aufgaben

Verstehensorientierte Aufgaben lassen sich mithilfe einiger Konstruktionsprinzipien gut aus vorliegenden Aufgaben entwickeln. Gerade wenn man von „klassischen Schulbuchaufgaben"[4] ausgeht, helfen die folgenden Prinzipien, die anhand von Beispielen erläutert werden, häufig weiter (vgl. dazu auch die Aufgabentypen aus Kapitel 2, insbesondere zum Identifizieren und Realisieren):

- Aufgaben (dosiert) öffnen, z.B. durch Umkehrung,
- Begründungen oder Gegenbeispiele einfordern, Statements begründet einschätzen lassen,
- Anwendungsbeispiele oder Grenzen eines Modells (oder auch eines Verfahrens) erfragen.

Da das *Öffnen von Aufgaben* das mächtigste Prinzip, man könnte auch sagen, die mächtigste Technik ist, wird hierauf im Folgenden am intensivsten eingegangen.

Aufgaben dosiert öffnen

Das Öffnen von Aufgaben ist seit einigen Jahren ein wichtiger Ansatz für die Weiterentwicklung der Aufgabenkultur im Mathematikunterricht. Daher gibt es mittlerweile zahlreiche theoretische und praktische Veröffentlichungen hierzu mit Hintergründen, Konstruktionsprinzipien und konkreten Beispielen (vgl. Bruder 2000; Herget 2000; Büchter/Leuders 2005a, Kapitel 3.2). Für Aufgaben zur Leistungsüberprüfung ist eine zu radikale Öffnung aber nicht praktikabel.

Beispielaufgabe: Offene Aufgabe zum Lernen (19)

Stelle Fragen zum Thema „Fußball", bei deren Beantwortung dir Mathematik helfen kann. Sammle ein paar Fragen und bearbeite sie.

Diese Aufgabe kann zwar sehr gut für den Unterricht geeignet sein, gerade wenn es um das Verhältnis von Mathematik und dem „Rest der Welt" geht,

---

[4] Zur Ehrenrettung der Schulbücher für die Sekundarstufe I *muss* gesagt werden, dass viele Ausgaben, die in den letzten Jahren überarbeitet wurden, einen deutlichen Fortschritt gegenüber früheren Ausgaben darstellen. So lassen sich reichhaltige Lernumgebungen am Anfang von Themenbereichen finden, die Aufgaben und Übungsformate sind häufig produktiver geworden. Allerdings lassen sich auch immer noch unproduktive Übungswüsten mit grauen Päckchen finden. Hier ist ein intelligenter Umgang mit wenig intelligenten Übungspäckchen gefragt (vgl. Leuders 2006a, Büchter/Leuders 2007, Kapitel 4.3).

für eine Klassenarbeit ist sie aber so offen, dass sie kaum „auswertbar" erscheint, d.h., dass die Lösungen so vielfältig divergieren, dass daraus keine Einschätzung über eine bestimmte Kompetenz resultiert – die Aufgabe verliert ihren Fokus. Ein einfaches Konstruktionsprinzip zur dosierten Öffnung von Aufgaben ist die *Umkehrung geschlossener Aufgaben.*

Beispielaufgabe: Parallelogramm – geschlossene Aufgabe (20)

Die Grundseite eines Parallelogramms hat die Länge 8 cm, seine Höhe ist 3,5 cm lang. Zeichne ein solches Parallelogramm und berechne seinen Flächeninhalt.

Bei dieser Schulbuchaufgabe können Schülerinnen und Schüler schematisch vorgehen. Das *Öffnen durch Zielumkehr* ist eine einfache Technik, die ein solches schematisches Bearbeiten verhindert. Süffisanterweise kann diese Technik von der Lehrkraft gleichsam schematisch angewendet werden, genau darin liegt ihr besonderer Reiz. Die Kurzform der Technik lautet: „Nimm das Ergebnis einer geschlossenen Aufgabe und frage nach möglichen Ausgangswerten."

Beispielaufgabe: Parallelogramm – durch Zielumkehr geöffnete Aufgabe (21)

Zeichne ein Parallelogramm mit einem Flächeninhalt von 24 cm².

Durch die Umkehrung kann das Ziel dieser geöffneten Aufgabe nicht einfach durch Einsetzen von Werten in eine Formel erreicht werden. Die Formel zur Berechnung des Flächeninhalts wird zwar benötigt, aber zuvor muss der Schüler oder die Schülerin eine Länge selbst festlegen und dann flexibel mit dieser Formel umgehen. Zugleich ist die Erwartung an eine vollständige Bearbeitung der Aufgabe sehr transparent und ein Ergebnis gut überprüfbar. Die Lösung der Aufgabe mithilfe eines Rechtecks, das die Anforderungen erfüllt, ist übrigens keine Trivialisierung, die nicht so honoriert werden kann wie eine Lösung mit einem „echten" Parallelogramm. Vielmehr gelingt es in der Regel nur Schülerinnen und Schülern, die sehr sicher mit den verschiedenen Vierecken arbeiten können, diese „einfache" Lösung anzugeben. Allein durch die Wahl des Rechtecks haben diese dann ein gut ausgeprägtes Verständnis angewendet.

Wenn man einmal anfängt, geschlossene Aufgaben durch Umkehrung zu öffnen, drängen sich fast von selbst Variationen auf.

Beispielaufgabe: Variation I zu Beispiel 21 (22)

Zeichne zwei unterschiedliche Parallelogramme, die jeweils einen Flächeninhalt von 24 cm² haben.

Diese Aufgabe lässt sich vor allem auf zwei Wegen erfolgreich bearbeiten: Die Schülerinnen und Schüler können bei gleicher Grundseite und gleicher Höhe nicht deckungsgleiche Parallelogramme mit gleichem Flächeninhalt durch Scherung erzeugen. Sie können aber natürlich auch zwei unterschiedliche Kombinationen für Längen von Grundseite und Höhe bestimmen. Gegenüber Beispielaufgabe (21) ist z.b. eine entsprechende Vorstellung über flächengleiche Parallelogramme zusätzlich für die Bearbeitung erforderlich.

Beispielaufgabe: Variation II zu Beispiel 21 (23)

Gesucht ist ein Parallelogramm, das einen Flächeninhalt von $24\,\mathrm{cm}^2$ hat. Gib zwei unterschiedliche Lösungen für Grundseite und Höhe an.

Bei dieser zweiten Variation der geöffneten Parallelogramm-Aufgabe wird die Bestimmung von zwei unterschiedlichen Kombinationen für Längen von Grundseite und Höhe zielgerichtet eingefordert, die Beispielaufgabe (22) wird also auf eine rechnerische Lösungsvariante fokussiert. Da es möglicherweise mehr als zwei solcher Kombinationen geben kann, und 24 eine Zahl mit vielen ganzzahligen Teilern ist, lässt sich in einer weiteren Variante eine Vernetzung mit der Arithmetik herstellen:

Beispielaufgabe: Variation III zu Beispiel 21 (24)

Gib möglichst viele unterschiedliche Kombinationen für die Länge der Grundseite und die Höhe eines Parallelogramms mit einem Flächeninhalt von $24\,\mathrm{cm}^2$ an. Wähle nur ganzzahlige Werte für die Länge und die Höhe. Wenn du dir sicher bist, alle Möglichkeiten gefunden zu haben, dann begründe, warum es keine weiteren geben kann.

Die Analogie zum Beispiel auf S. 173 ist augenscheinlich. Durch diese Variation erhält man also eine selbstdifferenzierende Aufgabe, wenn auch auf hohem Niveau. Anstelle der Grundseite und der Höhe kann man aber auch den Umfang des Parallelogramms mit in den Blick nehmen und gelangt so zu einer anspruchsvollen verstehensorientierten Aufgabe.

Beispielaufgabe: Variation IV zu Beispiel 21 (25)

Ein Parallelogramm hat einen Flächeninhalt von $24\,\mathrm{cm}^2$. Was kannst du über seinen Umfang aussagen?

Aufgrund der möglichen Scherungen kann der Umfang zwar beliebig groß werden, wenn man aber die Flächen-Umfangs-Optimalität des Quadrats berücksichtig, kann man aussagen, dass kein kleinerer Umfang als $4 \cdot \sqrt{24}$ cm möglich ist.

Das hier angedeutete Potenzial der Variation von Aufgaben lässt sich nicht nur – eigentlich sogar nicht vorrangig – für Aufgaben zur Leistungsüberprüfung nutzen. Vielmehr entfaltet es seine volle Kraft in Lernsituationen, wenn die Variation nicht durch die Lehrkraft, sondern durch die Schülerinnen und Schüler durchgeführt wird. Die Aufgabenvariation durch Schülerinnen und Schüler wurde von SCHUPP erfolgreich umgesetzt, erforscht und dokumentiert (vgl. SCHUPP 2002). Das besondere Potenzial dieses Konzeptes haben wir bereits in den Vorschlägen in Kapitel 2 (ab S. 18), Kapitel 5 (ab S. 103) und Kapitel 6 (ab S. 129) genutzt.

Diese Öffnung von Aufgaben durch Zielumkehr ist keine Spezialität geometrischer Fragestellungen. Zur Verdeutlichung werden einige Beispiele aus der beschreibenden Statistik kommentarlos dargestellt:

Beispielaufgabe: Mittelwerte – geschlossene Aufgabe (26)

Frank arbeitet neben seinem Studium montags bis freitags als Kellner. An seinen Arbeitstagen der vergangenen Woche hat er 24 €, 27 €, 28 €, 19 € und 27 € Trinkgeld bekommen. Bestimme das arithmetische Mittel und den Median dieser fünf Werte.

Beispielaufgabe: Mittelwerte I – geöffnete Aufgabe (27)

Frank arbeitet neben seinem Studium montags bis freitags als Kellner. An seinen Arbeitstagen der vergangenen Woche hat er 24 €, 27 €, 28 €, 19 € und 27 € Trinkgeld bekommen. Im Durchschnitt (arithmetisches Mittel) sind dies 25 €. Verändere einen der Geldbeträge so, dass das arithmetische Mittel 26 € beträgt.

Beispielaufgabe: Mittelwerte II – geöffnete Aufgabe (28)

Gib eine Datenreihe mit fünf Geldbeträgen an, deren Median 27 € und deren arithmetisches Mittel 25 € ist.

Begründungen oder Gegenbeispiele einfordern, Statements einschätzen lassen

Wenn man verstehensorientiert Leistung überprüfen möchte, so bietet es sich auch an, Begründungen oder Gegenbeispiele zu bestimmten Aussagen einzufordern oder vorgegebene Statements begründet einschätzen zu lassen. Allerdings sind dann für die Bearbeitung der Aufgabe schnell größere verbale Darstellungsleistungen erforderlich.

Beispielaufgabe: Aussagen zu Sinus und Cosinus im Dreieck (29)

α, β und γ bezeichnen die Innenwinkel in einem Dreieck. Beurteile jeweils, ob die folgenden Aussagen zutreffen können, und begründe deine Einschätzung:
a) Die Summe $\sin \alpha + \sin \beta + \sin \gamma$ kann größer als 3 sein.
b) Das Produkt $\sin \alpha \cdot \sin \beta \cdot \sin \gamma$ ist immer größer als 0.
c) Die Summe $\cos \alpha + \cos \beta + \cos \gamma$ kann gleich 0 sein.

Mit „Schema F" lässt sich diese Aufgabe nicht bearbeiten. Allerdings können Schülerinnen und Schüler, die über adäquate Vorstellungen von Dreiecken und der Sinus- bzw. Cosinus-Funktion verfügen, diese ohne großen Aufwand erfolgreich bearbeiten. Hingegen werden Schülerinnen und Schüler, die keine adäquaten Vorstellungen ausgebildet haben, kaum zu einer angemessenen Lösung gelangen. Die Aufgabe unterscheidet also trennscharf zwischen diesen beiden Gruppen. Diese Eigenschaft der Aufgabe kann aber auch als Nachteil angesehen werden: Sie ist nicht selbstdifferenzierend.

Anwendungsbeispiele oder Grenzen eines Modells erfragen

Als letztes Prinzip oder letzte Technik zur Entwicklung verstehensorientierter Aufgaben wird hier auf den Bereich der mathematischen Modelle zurückgegriffen. Die Mathematik hält viele universelle Modelle zur Beschreibung von Phänomenen bereit. Das dominante Modell der Sekundarstufe I ist häufig die Linearität. Ein wichtiges Ziel des Mathematikunterrichts ist der kompetente Umgang mit solchen Modellen, insbesondere auch das Erkennen der Grenzen solcher Modelle. Damit lassen sich direkt verstehensorientierte Aufgaben konstruieren:

Beispielaufgabe: Wachstumsmodelle (30)

Gib jeweils einen Wachstumsprozess an, der sich besonders gut durch eine
a) Exponentialfunktion
b) quadratische Funktion
c) lineare Funktion
beschreiben lässt.

Mit dieser Aufgabe kann einfach überprüft werden, ob Schülerinnen und Schüler über paradigmatische Beispiele zu den verschiedenen Wachstumsmodellen verfügen. Dass hier nicht gerechnet werden muss, ist typisch für diese Art der Aufgabe. Wer allerdings die Realisierung konkreter Werte in den Blick nehmen möchte, kann auch Funktionsterme vorgeben und hierzu Beispiele einfordern.

Beispielaufgabe: Wachstumsfunktionen (31)

Gib jeweils einen Wachstumsprozess an, der sich besonders gut durch die Funktion
a) $f(x) = 4 \cdot 2^x$
b) $g(x) = 0{,}2 \cdot x^2$
c) $h(x) = 0{,}19 \cdot x$
beschreiben lässt.

Wenn auf die Qualität der Beispiele – z.b. im Sinne der inhaltlichen Angemessenheit und des Realitätsgehalts – geachtet wird, steigt durch diese Konkretisierung allerdings auch das Anforderungsniveau erheblich.

Da die Kenntnis der Grenzen von Modellen für den kompetenten Umgang mit Modellen mindestens so wichtig ist wie Beispiele für die Realisierung bestimmter Modelle – schließlich ist nicht die ganze Welt linear, auch wenn es in einigen Phasen einer Lernbiografie so erscheinen mag –, sollten z.B. auch andere Wachstumsprozesse explizit Thema des Unterrichts und auch der Leistungsüberprüfung sein.

Beispielaufgabe: Grenzen von Modellen (32)

Gib einen Wachstumsprozess an, der sich weder durch eine Exponentialfunktion noch durch eine quadratische Funktion, noch durch eine lineare Funktion angemessen beschreiben lässt.

Konstruktionsprinzipien für verstehensorientierte Aufgaben im Überblick

Abschließend soll dieser Durchgang durch die Konstruktionsverfahren noch einmal zusammengefasst dargestellt werden – angereichert um einige weitere Verfahren und konkretisiert am gleichen mathematischen Kontext (vgl. LEUDERS 2006b). Das zeigt noch einmal deutlich, dass es sich hier um eine erlernbare Technik, um Handwerkszeug für den Alltag des Erstellens von Klassenarbeiten handelt.

Techniken zum Erzeugen verstehensorientierter Aufgaben

Verfahrensorientierte Aufgabe:

Berechne den Mittelwert der Datenreihe 0; 1,5; 2,5; 3,1; 4; 4,2.

Verstehensorientierte Aufgabenvarianten

Technik	Ergebnis
Fragestellung umkehren	*Gib fünf verschiedene Werte so an, dass der Mittelwert 7 ist. Gib auch ein Beispiel an, bei dem keiner der Werte gleich 7 ist.*
Erklären/Beschreiben lassen	*Beschreibe an einem Beispiel, warum du beim Mittelwert addieren und dann durch die Anzahl dividieren musst.*
Vergleiche/Analogien bewerten lassen	*„Man bildet den Mittelwert, indem man die Werte multipliziert und dann durch die Anzahl teilt". Was meinst du zu dieser veränderten Mittelwertregel?*
Darstellung wechseln	*Zeichne den Mittelwert der Daten auf dem Zahlenstrahl ein, ohne zu rechnen.*
Schätzen/Überschlagen	*Wie groß ist der Mittelwert der folgenden drei Zahlen 1, 2, 3, 10 000 ungefähr? Wie kann man das Ergebnis überschlagen, ohne den Mittelwert auszurechnen?*
Anwenden: den Begriff oder das Verfahren erkunden	*Bei fünf Zahlen liegt der Mittelwert immer neben der mittleren Zahl. Stimmt das?*
Anwenden: mit dem Begriff oder dem Verfahren Probleme lösen	*Beim Gruppenwettbewerb (Viererteams) sind Marisa und Julia 14,2 und 15,1 Sekunden gelaufen. Welche Zeiten dürfen sich Clarissa und Judith erlauben, um im Gruppendurchschnitt nicht über 15,0 Sekunden zu kommen?*
Anwenden: mit dem Begriff argumentieren	*Peter meint, der Mittelwert von 10 und 1000 liegt ungefähr bei 100? Kannst du ihn auch ohne Rechnung überzeugen?*
Funktionale Abhängigkeit erfragen	*Wie kann man die Daten verändern, sodass der Mittelwert um 1 wächst?*
Beispiel geben lassen	*Erläutere an einem Beispiel, was der Mittelwert bedeutet.*
Situativ interpretieren lassen	*(1 + 2 + 5 + 10) : 4 = 4,5. Gib eine möglichst realistische Beispielsituation für diese Mittelwertberechnung an.*

7.6 Ausblick: Alternative Formen der Leistungsüberprüfung

Es bliebe noch viel dazu zu sagen, wie man geeignete Leistungsüberprüfungen erstellt. In diesem Kapitel haben wir hauptsächlich auf die einzelne Aufgabe geblickt und nicht die Frage behandelt, wie man Aufgaben zusammensetzt, wie man geeignete Bewertungsschemata erstellt, wie man die Überprüfung langfristigen Basiswissens anlegt usw. Einige dieser Aspekte finden sich in Kapitel 2 (ab S. 18).

Der Schwerpunkt dieses Kapitels liegt auf einer veränderten Aufgabenkultur für die *Klassenarbeit*. Dabei stand das Erfassen des mathematischen Verständnisses der Schülerinnen und Schüler im Vordergrund. Leistungsüberprüfungen können aber vielfältiger sein, sekundäre Funktionen erfüllen und durch einen geweiteten Blick auf Schülerleistungen die Unterrichtsentwicklung im Fach Mathematik noch stärker unterstützen. Anhand von drei Konzepten wird dies in einem abschließenden Ausblick exemplarisch dargestellt.

Leistungsüberprüfungen als Planungsgrundlage für individuelle Förderung

Sollen Lernsituationen produktiv sein, dann müssen sie für Schülerinnen und Schüler auf der einen Seite herausfordernd, auf der anderen aber zugleich auch zugänglich sein. Für die Planung von Unterricht bedeutet dies, dass Lehrerinnen und Lehrer in der Lage sein müssen, vorhandene Kompetenzen der Schülerinnen und Schüler möglichst genau zu erfassen – oder wie man auch sagt: Die Lehrerinnen und Lehrer müssen über *diagnostische Kompetenzen* verfügen. Dabei sollte nicht die Frage, was ein Schüler oder eine Schülerin noch nicht kann, im Vordergrund stehen, sondern die Frage, was er oder sie schon kann, denn die weitere individuelle Förderung muss auf den vorhandenen Kompetenzen aufbauen. Diese Sichtweise wird im fachdidaktischen Konzept einer *kompetenzorientierten Diagnose* umgesetzt. Dieses Konzept ist ausführlicher in BÜCHTER/LEUDERS (2005a, Kapitel 5.1) und in Landesinstitut für Schule/Qualitätsagentur (2006) dargestellt.

In Klassenarbeiten oder anderen Leistungsüberprüfungen geht es zwar zunächst darum, die Leistungen von Schülerinnen und Schülern in zentralen Bereichen des Faches möglichst gut zu erfassen und gerecht zu bewerten. Wenn dies aber mit verstehensorientierten Aufgaben, die Bearbeitungen auf verschiedenen Niveaus zulassen, geschieht, lassen sich immer auch vorhandene Kompetenzen von Schülerinnen und Schülern in den Blick nehmen. So kann z. B. die Klassenarbeit zumindest teilweise ein diagnostischer Ausgangspunkt für kommende Lernprozesse und nicht nur eine summative Evaluation bereits abgeschlossener Lernprozesse sein.

Leistungsüberprüfungen als Bestandteil selbstregulierten Lernens

Die Forderung nach einem stärker selbstregulierten Lernen ist heute Konsens innerhalb der Psychologie, der Erziehungswissenschaft und der Fachdidaktiken. Egal, ob mit reformpädagogischen Konzepten, mit einer lerntheoretischen Variante des Konstruktivismus oder mit aktuellen neurobiologischen Befunden begründet, soll den Schülerinnen und Schülern mehr Freiheit *und* mehr Verantwortung für ihren Lernprozess übertragen werden. Dabei ist besonders wichtig, dass Schülerinnen und Schüler sich angemessen selbst einschätzen können, um anschließend gemäß ihrer vorhandenen Kompetenzen neue Herausforderungen zu suchen.

Bei dieser *Selbsteinschätzung* können sie durch Selbsteinschätzungsbögen und darauf abgestimmte Aufgaben zur Leistungsüberprüfung, die sie im Idealfall selbst auswerten können, unterstützt werden. In Schweden werden mit solchen Materialien vom dortigen Skolverket seit vielen Jahren gute Erfahrungen gemacht, in Deutschland gibt es vermehrt Ansätze in dieser Richtung – u. a. in Projekten im Rahmen von SINUS-Transfer (vgl. Landesinstitut für Schule/Qualitätsagentur 2006, Kapitel 3).

Leistungsüberprüfungen jenseits der schriftlichen Klassenarbeit

Schließlich muss in einem Kapitel zur Unterrichtsentwicklung, das sich fast ausschließlich mit schriftlichen Leistungsüberprüfungen beschäftigt, betont werden, dass auf diesem Wege nur ein Ausschnitt der mathematischen Kompetenzen von Schülerinnen und Schülern erfasst werden kann. Gerade viele kommunikative, expressive oder kreative Kompetenzen lassen sich mit Papier und Bleistift und den Rahmenbedingungen einer Klassenarbeit kaum erfassen. Zur Ergänzung sollten Schülerinnen und Schüler mit Präsentationsprüfungen, Projektarbeiten, Portfolios oder ähnlichen Konzepten die Gelegenheit haben, ihre Kompetenzen umfassender in die Bewertung einzubringen.

Für die Projektarbeiten und Portfolios finden sich weitere fachbezogene Anregungen und Beispiele bei LEUDERS (2004), BARZEL/BÜCHTER/LEUDERS (2007) und im Kapitel 5 unter dem Stichwort Portfolio (S. 126). Zu Präsentationen und Präsentationsprüfungen, die mittlerweile in einigen Bundesländern obligatorischer Bestandteil des Schulalltags sind, gibt es ein Themenheft „Präsentieren" der Zeitschrift *mathematik lehren* (Heft 143).

Mittlerweile gibt es eine Vielzahl von Beiträgen in fachdidaktischen schulpädagogischen Zeitschriften und auch einige praxisorientierte Bücher, die Vorschläge für eine Leistungsbewertung mit einem geweiteten Verständnis von Schülerleistungen machen. Damit gibt es konkrete Ansätze für eine Leistungsbewertung in Zeiten einer veränderten und sich weiter verändernden Lernkultur, die insbesondere auch kreative Aspekte von Schülerleistung sowie offene und schülerorientierte Arbeitsformen berücksichtigen. An dieser Stelle sei besonders das Buch von F. WINTER (2004) *Leistungsbewertung – eine neue Lernkultur braucht einen anderen Umgang mit den Schülerleistungen* empfohlen.

Literaturverzeichnis

ARNOLD, K.-H./JÜRGENS, E. (2001): Schülerbeurteilung ohne Zensuren. München.

ARTELT, C./DEMMRICH, A./BAUMERT, J. (2001): Selbstreguliertes Lernen. In: Deutsches Pisa Konsortium (Hrsg.): PISA 2000. Basiskompetenzen von Schülerinnen und Schülern im internationalen Vergleich. Leske & Budrich.

BARTNITZKY, H. (1996): Ohne Noten oder mit Noten. In: Bambach u. a. (Hrsg.): Prüfen und beurteilen. Friedrich Jahresheft XIV.

BARZEL, B./BÜCHTER, A./LEUDERS, T. (2007). Mathematik Methodik. Handbuch für die Sekundarstufe I und II. Berlin: Cornelsen Scriptor.

BARZEL, B./LEUDERS, T. (2008): Bruchspiele. In: Praxis der Mathematik in der Schule, 22.

BASTIAN, J./MERZIGER, P. (2007): Selbstreguliert Lernen. Konzept–Befunde–Erfahrungen. In: Pädagogik 7–8, S. 6–11.

BAUER, R. (1997): Schülergerechtes Arbeiten in der Sekundarstufe I: Lernen an Stationen. Berlin: Cornelsen Scriptor.

BECKER, J. P./SHIMADA, S. (Hrsg.) (1997): The open-ended approach: a new proposal for teaching mathematics. Reston VA: NCTM.

BECKER, G. E/KOHLER, B. (2002): Hausaufgaben kritisch sehen und die Praxis sinnvoll gestalten. Weinheim und Basel: Beltz.

BERNDT, S. (2007): Hausaufgabenfolie. www.problemloesenlernen.dvlp.de/erfahrungen.html.

BIERMANN, M./BLUM, W. (2001): Eine ganz normale Mathe-Stunde? In: mathematik lehren, 108, S. 52–54.

BIERMANN, M./WIEGAND, B./BLUM, W.(2003): Nicht „irgendwie", sondern zielgerichtet Aufgaben verändern. In: Aufgaben. Jahresheft 2003, S. 32–35. Friedrich Verlag. Bildungsstandards für den mittleren Schulabschluss Mathematik: www.kmk.org/schul/Bildungsstandards/Mathematik_MSA_BS_04-12-2003.pdf.

BLUM, W., u. a. (Hrsg.) (2006): Bildungsstandards Mathematik: konkret, Sekundarstufe I. Berlin: Cornelsen Scriptor.

BLK (1997). Gutachten zur Vorbereitung des Programms „Steigerung der Effizienz des mathematisch-naturwissenschaftlichen Unterrichts". Materialien zur Bildungsplanung und zur Forschungsförderung, Heft 60. Bonn: Bund-Länder-Kommission für Bildungsplanung und Forschungsförderung. www.sinus-transfer.uni-bayreuth.de/fileadmin/MaterialienDB/385/heft60.pdf.

BMBF (Hrsg.) (2001). TIMSS – Impulse für Schule und Unterricht. Forschungsbefunde, Reforminitiativen, Praxisberichte und Video-Dokumente. Bonn: Bundesministerium für Bildung und Forschung. www.bmbf.de/pub/timss.pdf.

BONSEN, M./BÜCHTER, A./OPHUYSEN, S./VAN (2004): Im Fokus: Leistung. Zentrale Aspekte der Schulleistungsforschung und ihre Bedeutung für die Schulentwicklung. In: Holtappels, H. G./Klemm, K./Pfeiffer, H./Rolff, H.-G./Schulz-Zander, R. (Hrsg.): Jahrbuch der Schulentwicklung. Daten, Beispiele und Perspektiven. Band 13, S. 187–223. Weinheim, München: Juventa.

BONSEN, M./GATHEN, J. VON DER (2004): Schulentwicklung und Testdaten – die innerschulische Verarbeitung von Leistungsrückmeldungen. In: Holtappels, H. G./Klemm, K./Pfeiffer, H./Rolff, H.-G./Schulz-Zander, R. (Hrsg.): Jahrbuch der Schulentwicklung. Daten, Beispiele und Perspektiven. Band 13, S. 225–252. Weinheim, München: Juventa.

BORNELEIT, P./DANCKWERTS, R./HENN, H.-W./WEIGAND, H.-G. (2001): Expertise zum Mathematikunterricht in der gymnasialen Oberstufe. In: Journal für Mathematikdidaktik 1 (22), S. 73–90.

BRAUNER, U./LEUDERS, T. (2006): Es ist wahr, denn es steht in der Zeitung ... In: Pädagogik, Heft 5, S. 14–19.

BRUDER, R. (2007): Lerngelegenheiten für Reflexionen im Mathematikunterricht. In: Peter-Koop, A./Bikner-Ahsbahs, A. (Hrsg.): mathematische bildung – mathematische leistung. Festschrift für Michael Neubrand zum 60. Geburtstag. Franzbecker, S. 305–316.

BRUDER, R./KOMOREK, E. (2007): Aufgaben für Hausaufgaben. In: mathematik lehren 140, Friedrich Verlag, S. 11–17.

BRUDER, R. (2006): Langfristiger Kompetenzaufbau. In: Blum, W./Drüke-Noe, C./ Hartung, R./Köller, O. (Hrsg.): Bildungsstandards Mathematik: konkret. Sekundarstufe I: Aufgabenbeispiele, Unterrichtsanregungen, Fortbildungsideen. Berlin: Cornelsen Scriptor, S. 135–151.

BRUDER, R. (Hrsg.) (2006): Aufgaben mit CAS-Einsatz. Modellversuch 2004/2005. Texas Instruments.

BRUDER, R. (2003): Konstruieren, auswählen – begleiten. Über den Umgang mit Aufgaben. In: Aufgaben. Jahresheft 2003, Friedrich Verlag, S. 12–15.

BRUDER, R. (2002): Lernen, geeignete Fragen zu stellen. Heuristik im Mathematikunterricht. In: mathematik lehren 115. Friedrich Verlag, S. 4–8.

BRUDER, R. (2001): Mathematik lernen und behalten. In: Heymann, H.-W. (Hrsg.): Lernergebnisse sichern. Pädagogik 53, Heft 10, S. 15–18.

BRUDER, R. (2000). Eine akzentuierte Aufgabenauswahl und Vermitteln heuristischer Erfahrung – Wege zu einem anspruchsvollen Mathematikunterricht für alle. In: Flade/Herget (Hrsg.): Mathematik lehren und lernen nach TIMSS – Anregungen für die Sekundarstufen. Berlin: Volk und Wissen, S. 69–78.

BRUDER, R. (1991): Unterrichtssituationen – ein Modell für die Aus- und Weiterbildung zur Gestaltung von Mathematikunterricht. In: Wiss. ZS der Brandenburgischen Landeshochschule Potsdam. Heft 2, S. 129–134.

BRUNER, J. S. (1974): Entwurf einer Unterrichtstheorie. Berlin.

BÜCHTER, A. (2005): Ein Spiel mit merkwürdigen Würfeln? In: Praxis der Mathematik in der Schule 3.

BÜCHTER, A./LEUDERS, T. (2005a): Mathematikaufgaben selbst entwickeln. Lernen fördern – Leistung überprüfen. Berlin: Cornelsen Verlag Scriptor.

BÜCHTER, A./LEUDERS, T. (2005b): Standards für das Leisten brauchen Aufgaben für das Lernen! PM – Praxis der Mathematik in der Schule, 47 (2), S. 40–41.

BÜCHTER, A./LEUDERS, T. (2005c): Zentrale Tests und Unterrichtsentwicklung ... bei guten Aufgaben und gehaltvollen Rückmeldungen kein Widerspruch. Pädagogik, 57 (5), S. 14–18.

BÜCHTER, A./LEUDERS, T. (2006): Was ist eine gute Aufgabe? Das kommt darauf an! Praxis der Naturwissenschaften – Chemie in der Schule, 55 (8), S. 9–15.

BÜCHTER, A./HERGET, W./LEUDERS, T. /MÜLLER, J. H. (2007). Die Fermi-Box. Für die Klassen 5–7. Seelze/Velber: Friedrich Verlag.

DAVIER VON, M./HANSEN, H. (1998): BLK-Programmförderung: „Steigerung der Effizienz des mathematisch-naturwissenschaftlichen Unterrichts". Erläuterung zu Modul 10: Prüfen: Erfassen und Rückmelden von Kompetenzzuwachs". Kiel: Leibniz-Institut für die Pädagogik der Naturwissenschaften. www.sinus-transfer.unibayreuth.de/index.php?id=936.

DISTLER, M. (2007): Eine Wochenhausaufgabe zur Geometrie. In: mathematik lehren 140, Friedrich Verlag, S. 43–45.

DRECHSEL, B./SENKBEIL, M. (2004): Institutionelle und organisatorische Rahmenbedingungen von Schule. In: Prenzel, M./Baumert, J./Blum, W./ Lehmann, R./Leutner,

D./Neubrand, M./Pekrun, R./Rolff, H.-G./Rost, J./Schiefele, U. (Hrsg.): PISA 2003: Der Bildungsstand der Jugendlichen in Deutschland – Ergebnisse des zweiten internationalen Vergleiches. Münster: Waxmann.

DUBS, R. (1995): Konstruktivismus: Einige Überlegungen aus der Sicht der Unterrichtsgestaltung. In: Zeitschrift für Pädagogik 6, S. 889–903.

FEND, H. (1980). Theorie der Schule. München, Wien, Baltimore: Urban & Schwarzenberg.

FISCHER, R./MALLE, G. (1985): Mensch und Mathematik: Eine Einführung in didaktisches Denken und Handeln. Mannheim: Bibliographisches Institut.

FRIEDRICH, H. F. (1999): Selbstgesteuertes Lernen – sechs Fragen, sechs Antworten. Soest: Landesinstitut für Schule und Weiterbildung.

FREY-EILING, A./FREY, K. (1999): Gruppenpuzzle. In: Wiechmann J. (Hrsg.): Zwölf Unterrichtsmethoden. Beltz, Weinheim.

FRÖHLICH, I./HUSSMANN, S. (2005): Selber lernen macht schlau – Selbstlernen Schritt für Schritt. Praxis der Mathematik im Unterricht 1.

FURDEK, A. (2007): Tangente zum Schaubild. In: mathematik lehren. Friedrich Verlag, 140, S. 48–50.

GALLIN, P./RUF, U. (1998): Dialogisches Lernen im Mathematikunterricht. Seelze-Velber: Kallmeyer.

GERBODE B./RICHTER, J./SCHLUCKEBIER, D. (2005): SIMSEN (SMS) im Mathematikunterricht – stumme Schreibgespräche. Praxis der Mathematik in der Schule 5.

GIRMES, R.(2003): Die Welt als Aufgabe?! In: Aufgaben. Jahresheft 2003. Friedrich Verlag, S. 6–11.

GODDIJN, A. J./REUTER, W. (1995): Afstanden, grenzen en gebiedsindelingen (Nieuwe wiskunde tweede fase). Freudenthal Instituut.

GRÄBER, W./KLEUKER, U. (1998): Entwicklung von Aufgaben für die Kooperation von Schülern. Erläuterungen zu Modul 8 des BLK-Modellversuch SINUS. www.sinustransfer.uni-bayreuth.de/.

GREEN, N./GREEN, K. (2005): Kooperatives Lernen im Klassenraum und im Kollegium. Kallmeyer.

GROEBEN, A. v. d. (2003): Lernen in heterogenen Gruppen. Chance und Herausforderung. In: Pädagogik 9, S. 6–9.

GÜRTLER, T./PERELS, F./SCHMITZ, B./BRUDER, R. (2002): Training zur Förderung selbstregulativer Fähigkeiten in Kombination mit Problemlösen in Mathematik. In: Prenzel, M./Doll, J. (Hrsg.): Bildungsqualität von Schule. Weinheim: Beltz, S. 222–239.

HAMMER, C. (2002): Weiterentwicklung des mathematisch-naturwissenschaftlichen Unterrichts. Erfahrungsbericht zum BLK-Programm SINUS in Bayern. München: ISB.

HAMMER, C. (2005): Mut zu veränderten Methoden und Aufgaben. In: mathematik lehren 128. Friedrich Verlag.

HASSELHORN, M./HAGER, W. (2001): Kognitives Training. In: Rost, D. H. (Hrsg.): Handbuch Pädagogische Psychologie. Weinheim: Psychologie Verlags Union, S. 343–351.

HASENBANK-KRIEGBAUM, F. (2007): Hab' ich vergessen!? In: mathematik lehren 140. Friedrich Verlag, S. 21.

HELMS, W. (1995): Hausaufgaben erledigen – konzentriert, motiviert, engagiert. Wien: Kerle.

HEFENDEHL-HEBEKER, L. (2005): Perspektiven für einen künftigen Mathematikunterricht. In: Bayrhuber, H./Ralle, B./Reiss, K./Schön, H./Vollmer, H. (Hrsg.): Konsequenzen aus PISA – Perspektiven der Fachdidaktiken. Innsbruck: Studienverlag.

HERGET, W. (Hrsg.) (2000): Aufgaben öffnen. In: mathematik lehren, Heft 100. Friedrich Verlag.

HERGET, W. (1996): Die etwas andere Mathe-Aufgabe. Der Lösungsvielfalt gerecht werden. In: Bambach u.a. (Hrsg.): Prüfen und Beurteilen. Jahresheft XIV. Friedrich Verlag.

HERGET, W./JAHNKE, T./KROLL,W. (2001): Produktive Aufgaben für den Mathematikunterricht in der Sekundarstufe I. Cornelsen.

HERGET, W./SCHOLZ, D. (1989): Die etwas andere Aufgabe. Mathematik-Aufgaben Sek. I aus der Zeitung. Friedrich Verlag.

HESKE, H. (2003): Ganzheitliches Lernen. In: Leuders, T. (Hrsg.): Mathematik Didaktik. Berlin: Cornelsen Scriptor.

HEUVEL-PANHUIZEN VAN DEN, M./WIJERS, M. (2005): Mathematics standards and curricula in the Netherlands. Zentralblatt für Didaktik der Mathematik. 37 (4), S.287–307.

HEYMANN, H.-W. (1996): Allgemeinbildung und Mathematik. Weinheim, Basel: Beltz.

HOFE VOM, R. (Hrsg.) (2003): Grundvorstellungen entwickeln. In: mathematik lehren, Heft 118. Friedrich Verlag.

HUBER, L. (2000): Selbstständiges Lernen als Weg und Ziel. In: Huber, L./Schäfer-Koch, K. (Red.): Förderung des selbstständigen Lernens auf der gymnasialen Oberstufe. Bönen (Reihe Curriculum; hrsg. vom LSW), S.9–37.

HUßMANN, S. (2002): Mathematik entdecken und erforschen in der Sekundarstufe II – Theorie und Praxis des Selbstlernen in der Sekundarstufe II. Berlin: Cornelsen Scriptor.

HUßMANN, S. (2003): Lerntagebücher in der Sprache des Verstehens In: Leuders, T. (Hrsg.): Mathematik Didaktik. Berlin: Cornelsen Scriptor.

HUßMANN, S. (Hrsg.) (2004): Selbstgesteuertes Lernen im Mathematikunterricht. Der Mathematik-Unterricht. Seelze: Friedrich Verlag.

HUßMANN, S./LUTZ-WESTPHAL, B. (2006): Kombinatorische Optimierung erleben. In Studium und Unterricht. Wiesbaden: Vieweg.

JOHNSON, D. W./JOHNSON, R. T. (1989): Cooperation and competition: Theory and research. Edina, MN: Interaction Book Company.

KAISER, G. (2001): Coursework – alternative Form der Leistungsmessung. Anregungen für Facharbeiten aus England und Australien. In: mathematik lehren, Heft 107, 15–18. www.coursework.info.

KIEHL, M. (2003): Eine Autobahnauffahrt planen. Mathematische Modellierung mit Schülern. In: Aufgaben. Jahresheft 2003. Friedrich Verlag, S.122–125.

KLIPPERT, H. (1998): Teamentwicklung im Klassenraum. Weinheim, Basel: Beltz.

KLIPPERT, H. (2004): Eigenverantwortliches Arbeiten und Lernen. Bausteine für den Fachunterricht. Weinheim, Basel: Beltz, 4. Aufl.

KOMOREK, E./BRUDER, R. (2007): Die Lernzeit nutzen. In: mathematik lehren, Heft 140. Friedrich Verlag, S.4–10.

KOMOREK, E. (2006): Mit Hausaufgaben Problemlösen und eigenverantwortliches Lernen in der Sekundarstufe I fördern. Entwicklung und Evaluation eines Ausbildungsprogramms für Mathematiklehrkräfte. Dissertation. Berlin: Logos.

KOMOREK, E./BRUDER, R./COLLET, C./SCHMITZ, B. (2006): Inhalte und Ergebnisse einer Intervention im Mathematikunterricht der Sekundarstufe I mit einem Unterrichtskonzept zur Förderung mathematischen Problemlösens und von Selbstregulationskompetenzen. In: Prenzel, M./Allolio-Näcke, L. (Hrsg.): Untersuchungen zur Bildungsqualität von Schule. Abschlußbericht des Schwerpunktprogramms BIQUA. Münster: Waxmann, S.240–267.

KRIPPNER (1992): Mathematik differenziert unterrichten. Schroedel. Landesinstitut für Schule/Qualitätsagentur (Hrsg.) (2006): Kompetenzorientierte Diagnose. Aufgaben für den Mathematikunterricht. Stuttgart: Klett. www.learn-line.nrw.de/angebote/sinus/projekt5/index.html.

LAAKMANN, H. (2005): Werbung und Mathematik – oder: Rasiert man(n) in 18 Monaten ein Fußballfeld? Praxis der Mathematik in der Schule 3.

LENNÉ, H.(1969): Analyse der Mathematikdidaktik in Deutschland. Stuttgart.

LEOPOLD, C./LEUTNER, D. (2004): Selbstreguliertes Lernen und seine Förderung durch Prozessorientiertes Training. In: Doll, J./Prenzel, M. (Hrsg.): Bildungsqualität von Schule. Münster: Waxmann.

LEUDERS, T. (2001): Qualität im Mathematikunterricht. Berlin: Cornelsen Scriptor.

LEUDERS, T. (2003a): Mathematikunterricht auswerten. In: Leuders (Hrsg.): Mathematik Didaktik. Berlin: Cornelsen Scriptor, S. 292–322.

LEUDERS, T. (2003b): Prozessorientierter Mathematikunterricht. In: Leuders, T. (Hrsg.): Mathematik Didaktik. Berlin: Cornelsen Scriptor, S. 265–291.

LEUDERS, T. (2004): Selbstständiges Lernen und Leistungsbewertung. Der Mathematikunterricht, 3.

LEUDERS, T. (2005). Ein Routenplaner für Fußgänger. In: Pallack/Leuders (Hrsg.): Materialien für einen projektorientierten Mathematik- und Informatikunterricht, Band 2. Hildesheim: Franzbecker.

LEUDERS, T. (2005): Denkzettel „Sauer macht erfinderisch". In: Praxis der Mathematik in der Schule, 3.

LEUDERS, T. (2006a). Reflektierendes Üben mit Plantagenaufgaben. Der mathematische und naturwissenschaftliche Unterricht, 59 (5), S. 276–284.

LEUDERS, T. (2006b). Erläutere an einem Beispiel … Mathematische Kompetenzen erkennen und fördern – mit offenen Aufgaben. In: Becker u. a. (Hrsg.): Diagnostizieren und Fördern. Jahresheft 2006, S. 78–83. Friedrich Verlag.

LEUDERS, T. (2008). Gespielt – gelernt – gewonnen. Erarbeitungs- und Übungsspiele. Praxis der Mathematik in der Schule, 22.

LEUDERS, T./LIPPERT, M. (2007): Glatteis und Mathematik. Nützlichkeit erleben – auch in der Oberstufe! Praxis der Mathematik in der Schule, 8.

LEUDERS, T./ULM, V. (2007): Viel-Eckiges forschend entdecken. Praxis der Mathematik in der Schule, 18.

LEUTNER, D./Klieme, E./Meyer, K./Wirth, J. (2004): Problemlösen. In: PISA-Konsortium Deutschland (Hrsg.): PISA 2003. Münster: Waxmann, S. 147–175.

LIPOWSKY, F./RAKOCZY, K./KLIEME, E./REUSSER, K./PAULI, C. (2004): Hausaufgabenpraxis im Mathematikunterricht – ein Thema für die Unterrichtsqualitätsforschung? In: Doll, J./ Prenzel, M. (Hrsg.): Studien zur Verbesserung der Bildungsqualität von Schule: Lehrerprofessionalisierung, Unterrichtsentwicklung und Schülerförderung. Münster: Waxmann, S. 250–266.

LOMPSCHER, J. (2004): Lernkultur Kompetenzentwicklung aus kulturhistorischer Sicht. Berlin: ICHS.

LUDWIG, M. (2001): Projekte im mathematisch-naturwissenschaftlichen Unterricht. Hildesheim: Franzbecker.

mathbu.ch, 7., 8. und 9. Schuljahr, Lernumgebungen. Stuttgart: Klett.

mathematik lehren, 143 (2007). Präsentieren. Friedrich Verlag.

MERSCH, B. (2005): Mit Gutachteraufgaben mathematisch argumentieren. In: Barzel/Hußmann/Leuders (Hrsg.): Computer, Internet & Co. im Mathematikunterricht. Berlin: Cornelsen Scriptor.

MEYER, E. (1996): Gruppenunterricht – Grundlegung und Beispiel. Hohengehren, 9. Aufl.

NCTM (2000): Principles and Standards for school mathematics. Reston, VA: National Council of Teachers of Mathematics. www.nctm.org/standards/.

NEUBRAND, J. (2002): Eine Klassifikation mathematischer Aufgaben zur Analyse von Unterrichtssituationen. Selbsttätiges Arbeiten in Schülerarbeitsphasen in den Stunden der TIMSS-Video-Studie. Hildesheim, Berlin: Franzbecker.

NISS, M. (2003): Mathematical Competencies and the Learning of Mathematics: The Danish KOM Project. In: Gagatsis, A./Papastavridis, S. (Hrsg.): 3rd Mediterranean Conference on Mathematical Education, S. 115–124.

OPPER, M. (2007): Ah, so geht's: Zuordnungen und Prozente. In: mathematik lehren, Heft 140. Friedrich Verlag, S. 22–26.

PEKRUN/GÖTZ/V.HOFE/BLUM/JULLIEN/ZIRNGIBL/KLEINE/WARTHA/JORDAN (2004): Emotionen und Leistung im Fach Mathematik: Ziele und erste Befunde aus dem „Projekt zur Analyse der Leistungsentwicklung in Mathematik" (PALMA). Münster: Waxmann, s. S. 359.

PERELS, F./BRUDER, R./GÜRTLER, T./SCHMITZ, B.(2003): Das eigene Tun beobachten. Aufgaben zur Förderung von Selbstregulation und Problemlösen. In: Aufgaben. Friedrich Jahresheft XXI, S. 66–70.

PERELS, F./SCHMITZ, B./BRUDER, R. (2005): Lernstrategien zur Förderung von mathematischer Problemlösekompetenz. In: Moschner, B./Artelt, C. (Hrsg.): Lernstrategien und Metakognition: Implikationen für Forschung und Praxis. Münster: Waxmann, S. 155–176.

PISA 2003, Ergebnisse des zweiten internationalen Vergleichs. Zusammenfassung unter: www.pisa.ipn.uni-kiel.de/.

PISA (2004): PISA. Learning for tomorrow's world. First results from PISA 2003. OECD Publishing.

PREWITZ, P. (2007): Meine Striche mach ich selbst! Beispiel für eine selbstbestimmte Hausaufgabenkontrolle. In: mathematik lehren, Heft 140, Friedrich Verlag, S. 20.

REIBIS, E. (1996): Individualisierte Genese elementaren Könnens im Mathematikunterricht der Sek I und II. In: RAAbits. Berlin: Raabe, Fachverlag für die Schule, Teil Y B. Beiträge zur Didaktik und Methodik.

RHEINBERG F./KRUG, S. (1999): Motivationsförderung im Schulalltag. Göttingen: Hogrefe, S. 41.

ROTH, H. (1957): Pädagogische Psychologie des lehrens und Lernens. Schroedel.

SCHÖNBRUNN, G. (1989): Hausaufgaben in der pädagogischen Diskussion. In: Der Mathematikunterricht, 35, Heft 3, S. 5–21.

SCHRADER, B. (2005): Duden-Hausaufgaben und Klassenarbeiten. Probleme erkennen – Lösungen finden (Ein schulgerechter Leitfaden für Schüler der 5. bis 7. Klasse zur Überwindung der typischen Probleme bei Hausaufgaben und Klassenarbeiten.) Mannheim: Dudenverlag.

SCHUPP, H. (2002): Thema mit Variationen. Aufgabenvariation im Mathematikunterricht. Hildesheim, Berlin: Franzbecker.

SINUS (2006): Konzepte und Aufgaben zur Sicherung von Basiskompetenzen. Projekt 1 im Rahmen von SINUS-Transfer NRW. Stuttgart: Klett.

SUNDERMANN, B./SELTER, C. (2006): Beurteilen und Fördern im Mathematikunterricht. Berlin: Cornelsen Scriptor.

SUNDERMANN, B./SELTER, Ch. (2000): Quattro Stagioni – Nachdenkliches zum Stationenlernen aus mathematikdidaktischer Perspektive. Friedrich Jahresheft 2000: Üben und Wiederholen, S. 110–113.

VOLLRATH, H.-J. (2001): Grundlagen des Mathematikunterrichts in der Sekundarstufe. Heidelberg, Berlin, S. 50 ff.

WAGENSCHEIN, M. (1970): Ursprügliches Verstehen und exaktes Denken. Stuttgart: Klett.

WEINERT, F. E. (1982): Selbstgesteuertes Lernen als Voraussetzung, Methode und Ziel des Unterrichts. Unterrichtswissenschaft, 10 (2), S.99–110.

WEINERT, F. E. (2001): Vergleichende Leistungsmessung in Schulen – eine umstrittene Selbstverständlichkeit. In: Weinert, F. E. (Hrsg.): Leistungsmessung in Schulen. Weinheim, Basel: Beltz.

WETH, T. (1999): Kreativität im Mathematikunterricht. Begriffsbildung als kreatives Tun. Franzbecker.

WINTER, F. (1996): Schülerselbstbewertung. Die Kommunikation über Leistung verbessern. In: Bambach, H./Bartnitzky, H./v. Ilsemann, C./Otto, G. (Hrsg.): Prüfen und Beurteilen. Friedrich Jahresheft, Seelze, S.34–37.

WINTER, F.: (2004): Leistungsbewertung. Eine neue Lernkultur braucht einen anderen Umgang mit den Schülerleistungen. Baltmannsweiler: Schneider Verlag Hohengehren.

WINTER, H. (1975): Allgemeine Lernziele für den Mathematikunterricht? Zentralblatt für Didaktik der Mathematik, 3, S.106–116.

WINTER, H. (1983): Über die Entfaltung begrifflichen Denkens im Mathematikunterricht. In: Journal für Mathematik-Didaktik, 3.

WINTER, H. (1985): Sachrechnen in der Grundschule. Berlin: Cornelsen Scriptor.

WINTER, H. (1989): Entdeckendes Lernen im Mathematikunterricht. Braunschweig: Vieweg.

WINTER, H. (1996): Mathematikunterricht und Allgemeinbildung. In: Mitteilungen der Gesellschaft für Didaktik der Mathematik, Nr. 61, S.37–46.

WITTMANN, E. C. (1982): Unterrichtsbeispiele als integrierender Kern der Mathematikdidaktik. Journal für Mathematik-Didaktik, 3 (1), S.1–18.

WITTMANN, E. C. (1992). Mathematikdidaktik als „design science". Journal für Mathematik-Didaktik, 13 (1), S.55–70.

WITTMANN, E. C. (1992): Wider die Flut der bunten Hunde und der grauen Päckchen: Die Konzeption des aktiv-entdeckenden Lernens und produktiven Übens. In: Wittmann, E. C./Müller, G. N.: Handbuch produktiver Rechenübungen 1. Stuttgart: Klett.

WITTMANN, E. C. (2005): Eine Leitlinie für die Unterrichtsentwicklung von Fach aus: (Elementar-)Mathematik als Wissenschaft von Mustern. Der Mathematikunterricht, 51, 2/3, S.5–22.

WYGOTSKI, L. (1987): Ausgewählte Schriften. Band 2: Arbeiten zur psychischen Entwicklung der Persönlichkeit. Köln: Pahl-Rugenstein.

ZIMMERMAN, B. J. (2000): Attaining self-regulation: A social cognitive perspective. In: Boekaerts, M./Pintrich, P. R./Zeidner, M.: Handbook of self-regulation. San Diego, CA: Academic Press, S.13–41.

Internetadressen

www.sinus-transfer.de
www.sinus-transfer.uni-bayreuth.de/
www.lehrer-online.de/
www.bildungsserver.de/Landesbildungsserver.html
www.madaba.de
www.prolehre.de
www.mued.de
www.bundesregierung.de
www.kmk.org/schul/Bildungsstandards/Hauptschule_Mathematik_BS_307KMK.pdf
www.problemloesenlernen.de
www.prolehre.de
www.lars-balzer.info/projects/projekt_markus.html
www.btmdx1.mat.uni-bayreuth.de/smart/wp/indexe.php
www.ipn.uni-kiel.de/projekte/blk_prog/gutacht/gut9.htm
www.math-learning.com
www.math-edu.de/Anwendungen/anwendungen.html
www.amustud.de
www.mnu.de
www.learn-line.nrw.de/angebote/selma/
www.map24.de
www.alympiade.de
www.klassenarbeiten.de
www.problemloesenlernen.dvlp.de/erfahrungen.html
www.kmk.org/schul/Bildungsstandards/Mathematik_MSA_BS_04-12-2003.pdf
www.sinus-transfer.uni-bayreuth.de/fileadmin/MaterialienDB/385/heft60.pdf
www.sinus-transfer.uni-bayreuth.de/index.php?id=936
www.bmbf.de/pub/timss.pdf
www.coursework.info
www.learn-line.nrw.de/angebote/sinus/projekt5/index.html
www.nctm.org/standards/
www.pisa.ipn.uni-kiel.de/